U0248693

全球视野下的计算思维与教育

王晓春　著

科学出版社
北　京

内 容 简 介

自2006年周以真在*Communications of the ACM*中发表视角观点“计算思维”以来，有关计算思维的宣传和推广从未停息。周以真认为，计算思维是21世纪每个公民应具备的核心素养，是每个人都应该学习的基本技能。即使在人工智能时代，计算思维也被认为是该时代的核心素养。计算思维成为与理论思维、实验思维并列的三大思维之一。本书从计算思维概述、计算思维的理论内涵与本质分析、计算思维核心要素剖析、计算思维课程的开发、计算思维的教与学、计算思维评价、计算思维的教师专业发展，以及计算思维教育的全球化推动等方面进行全方位分析和阐述，最后描述了计算思维与教育的未来。

本书适合中小学信息技术教师阅读，可作为计算机科学教育的教材，也适合计算思维与教育、计算机科学教育、人工智能教育、STEM/STEAM教育、创客教育的研究者阅读与学习。

图书在版编目(CIP)数据

全球视野下的计算思维与教育/王晓春著. —北京：科学出版社，2021.10
ISBN 978-7-03-068430-1

Ⅰ. ①全… Ⅱ. ①王… Ⅲ. ①计算方法-思维方法-教学研究 Ⅳ. ①O241

中国版本图书馆CIP数据核字(2021)第049049号

责任编辑：潘斯斯 / 责任校对：王 瑞
责任印制：张 伟 / 封面设计：迷底书装

科学出版社 出版
北京东黄城根北街16号
邮政编码：100717
http://www.sciencep.com

北京九州迅驰传媒文化有限公司 印刷

科学出版社发行 各地新华书店经销
*
2021年10月第 一 版 开本：720×1000 1/16
2022年 2 月第二次印刷 印张：15 3/4
字数：310 000

定价：118.00元
(如有印装质量问题，我社负责调换)

前　言

计算机逐渐融入人们的日常生活、工作和学习之中，并成为解决问题的一种重要工具。人们需要学会使用计算机，熟练掌握信息技术。但信息技术日新月异，从云计算、大数据，到 VR(Virtual Reality)技术，再到当前火热的人工智能，软件和硬件不断升级，其表现形式、操作形式、交互手段都在不断发生变化，如果仅讲实际操作便会导致软、硬件一升级人们可能就不再会操作它们的现象发生。在千变万化的计算应用中，学会快速使用计算机；在计算世界中，以不变应万变，在计算环境中使工作得心应手，正成为一种关键技能。软件的基础理论发展缓慢，计算机科学里所蕴含的思想和方法相对恒定，学习这些内容有助于人们理解计算机科学应用、开发和研究的本质，快速应对计算环境和应用形式的变化。

同时，计算思维的倡导者认为现代信息技术社会不断发展，人们仅仅掌握计算机的使用方法是不够的，还应掌握设计与开发中的基本思想，从而更好地参与计算。因此，周以真将这种能力用计算思维这一概念加以概括。观念改变之后，认识问题和思考问题的方式也随之改变，因此有必要对作为 21 世纪核心素养的计算思维进行全面客观的阐释。

计算机天生的工具性、计算性、跨学科性(领域的开放性)促使其正逐渐广泛应用于并改变着各个领域。计算思维的具体形式不断发展，其领域范畴变得宽广，从当初的计算机科学学科扩展为以计算(Computing)命名的领域，相关课程数量和专业数量暴增，非专业者学习其所有知识变得更加困难，萃取计算领域基本思想并进行学习成为一种需要。

然而部分计算思维研究者并未真正了解计算思维的内涵和意义，甚至在计算机科学的概念框架下滥用计算思维的概念，产生了一些以计算思维为主题但与计算思维无关的学术论文。许多倡导者和宣传者把计算机科学、计算思维、编码、编程等概念等同起来，致使非计算机科学专业人员难以感知它们之间的区别。如果需要理解计算思维，就必须首先了解计算思维提出的背景和目的，以及通过辩论和研究而达成的以下共识。

(1) 希望有更多的人从事计算机科学相关职业。

(2) 让人们不再惧怕计算机科学、克服对编程的恐惧。

(3) 利用迁移的学习方式帮助普通人学习计算思维。

(4) 通过强调计算思维概念引起人们对计算机科学教育的重视。

计算思维提出至今，人们对计算思维的概念本身、内涵和外延、知识范畴等还存在诸多争议，但可喜的是，许多组织机构和学者开始意识到，从概念等狭隘角度继续争议计算思维已经毫无意义，他们放下争议，进行课程开发与实践，希望人们从实践角度发现计算思维的范畴。在国外中小学阶段出现了许多融入计算思维的课程标准与课程；在国内出现了很多书名中含有"计算思维"一词的大学教材。计算思维课程的实践研究在全球范围内出现了百花齐放、百家争鸣的局面。因此，本书希望能够梳理计算思维的研究内容和国内外发展现状，以和国内外同行讨论什么是计算思维、什么是计算思维教育，以及如何开展计算思维教育。

在"计算思维"一词被提出以前，计算思维所包含的思想(如步骤化思维、算法思维)已经存在并成为当时计算机科学教育的目的，它们随着计算机科学领域的完善而趋于稳定。随着计算机科学领域的扩展和社会对人才需求的变化，我们需要重新审视计算机科学领域的教育内容，很明显，步骤化思维、算法思维这些术语所涵盖的学习内容已经无法满足当前的教育需求，计算思维这一教育领域应运而生。计算思维是像计算机科学家一样思考的别称，即在利用计算机解决问题时的思维过程和思维方法。依据这种定义，计算思维应该随着计算机科学的出现而出现，并随着计算机科学理论、方法、实践的发展而不断扩展。

本书着力于研究计算思维定义、理论、过程、课程和实践的相关内容，在全球视野下总结、分析和研究计算思维，指出计算思维在理论、课程、教学实践和教师培养中的不足，主要内容如下。

第 1 章介绍计算思维的主流定义，计算思维的发展历程，计算思维与逻辑思维、数学思维、工程思维、设计思维之间的关系，计算思维与计算机科学、编程、编码、数字素养的概念差异，以及计算思维教育的开展概况。第 2 章介绍计算思维的内涵演化、核心要素、过程及一些疑问的反思。第 3 章主要剖析抽象、分解、模式识别、算法思维、模拟与模型、自动化等计算思维核心要素及其在多学科中的表现。第 4 章介绍当前融入计算思维的课程标准，国内外的一些融入计算思维的正规课程、非正规课程和实验课程。第 5 章论述计算思维的教与学的方式，介绍计算思维的学习模式、实践工具和学习实践活动等。第 6 章探讨计算思维评价。第 7 章介绍计算思维的教师专业发展。第 8 章描述计算思维教育的全球化推动。第 9 章构想计算思维与教育的未来发展趋势。

在创客教育、STEM[①]教育、编程教育兴起之时，我接触了计算思维。作为计算机科学科班出身的我，同时也在大学教授“计算机基础”“计算机网络”“算法分析与设计”“人工智能”等专业课程，自认为很容易就能理解计算思维的本质并能针对其开展教育教学。但恰恰出乎我的意料，经过 2 年的文献阅读和研究，我发现计算思维博大精深，即使在人工智能时代也是一种核心技能和思维方法。经过一段时间的研究之后，我决定出版一本关于计算思维的书，以和国内外同行探讨，并共同推进计算思维的研究与应用。

从接触计算思维到深入理解计算思维的过程中，我在阅读文献之余，结合课程进行深入思考，同时也得到了很多专家、学者、同事和研究生的帮助。感谢北京市八一学校的李锐老师，与其合作在北京市八一学校为高中一年级学生开设了 2 个学期的“计算思维”课程，为我对计算思维的深入理解奠定了基础。感谢首都师范大学教育学院领导支持我开展了“大学计算思维基础”通识课程，为完善本书积累了宝贵的实践经验。此外，感谢硕士研究生王新慧(现工作于北京十二中联合学校总校)和唐晓琳进行的一些计算思维实证研究。

本书站在全球计算思维与计算思维教育的总体视角，加上本人水平有限，书中难免出现疏漏之处，欢迎广大读者批评指正。希望本书能够对从事计算思维研究、教学和学习的人有所帮助。

王晓春
首都师范大学教育学院
2021 年 1 月

① STEM 是科学(Science)、技术(Technology)、工程(Engineering)、数学(Mathematics)四门学科英文首字母的缩写。

目　　录

第 1 章　计算思维概述

1.1　为什么教育界越来越强调计算思维

计算机及各种计算设备(特别是智能手机、平板电脑)正逐渐成为一种日常生活必需品，随时随地可见，人们利用其进行工作、学习和娱乐等。在这个时代,如果使用计算设备仍然存在障碍,将给人们带来极大的不便。然而计算设备多样、软件多样，这将带来更多的学习负担，掌握计算思维可以帮助人们快速进行学习迁移，缩短学习时间。计算机已经同数学、语文一样重要，因此计算思维需要上升到与数学思维、语文思维等思维一样的高度上来。计算思维和信息素养将成为 21 世纪合格公民应具备的基本素养，利用其将克服信息技术给人们带来的各种工作和生活障碍。

从技术职业的视角看，软件开发和应用是分离的。软件开发中，用户需求和使用情境在设计时已经规划好,然后由软件开发人员实现系统的所有功能。使用时，用户可能发现这些软件不能满足所有工作需要，而如果加入新功能，就要让开发人员修改软件，不仅增加开发费用，而且仍然无法解决使用时难以预见的问题。因此，让用户拥有计算思维，并能自行开发从而增加自己想要的功能，作为原有软件的补充是不错的想法。同时，信息技术不断与各领域融合,需要同时掌握本专业知识和计算思维的行业越来越多,这样不仅能让原来的软件需求提出者独立解决一些不需要大规模开发的、能用计算机技术提高工作效率的问题；在大规模开发中，他们也能够清晰描述软件需求，从而避免不断迭代开发造成的资源浪费。计算思维已经成为现代工作者应具备的基本技能,有必要成为人类思考的一种新习惯。

2000 年以后，美国的大学生对计算机基础课程的兴趣逐渐下降，出现如中途放弃课程或通过抄袭及作弊来完成课程的教育危机。2005 年 6 月，美国总统信息技术咨询委员会(President’s Information Technology

Advisory Committee，PITAC）向美国总统提交了《计算科学：确保美国竞争力》（*Computational Science: Ensuring America's Competitiveness*）报告。报告强调，21 世纪科学上最重要的以及经济上最有前途的前沿问题都有可能通过熟练掌握先进的计算技术和运用计算科学得到解决，计算本身也是一门学科，它可以促进其他学科的发展。计算思维一经提出，美国的教育专家看到了解决这两者矛盾的希望。近年来，美国各大高校都在修订其本科生的"计算机科学"课程计划，美国麻省理工学院、斯坦福大学和卡内基·梅隆大学等著名高校纷纷设置了面向全校的"计算思维"通识课程。

同时，美国中小学原有的以培养信息素养为目的的"信息与通信技术"（Information and Communication Technology，ICT）课程是在计算设备仅能在实验室和部分工作场所或富裕家庭才能见到，且个人电脑、智能手机、平板电脑尚未普及的情况下开设的，希望学生尽快了解计算机，并能在未来的工作中高效地利用计算机。但在当前环境下，个人电脑、智能手机、平板电脑等计算设备已经融入日常生活，成为每个家庭的必需品。孩子一出生就接触这些计算设备，在这种大的信息环境的浸染下，他们从小就对这些设备有探索、操作的能力，到上学时早已成为熟练的操作者。随着计算设备的普及，过于重视操作的中小学"信息与通信技术"课程已经不适合当前的教育，培养什么样的计算机科学素养成为一个值得思考的问题。因此，中小学"计算机科学"课程的改革势在必行。虽然这些孩子已经学会操作，但对于其操作背后的原理和本质缺少理解，有必要对其操作的原理进行更准确的学习和思考，从而提高其思维层次，培养批判性的信息消费观念，预知自己的操作和输入将产生什么样的计算结果。周以真认为，计算思维是 21 世纪合格公民应具备的基本素养，于是在全球掀起了以计算思维为培养目标的一场教育变革，科学教育、STEM/ STEAM 教育、创客教育都试图融入计算思维，计算思维得到了空前的认同和发展。

1.2 什么是计算思维

2006 年 3 月，美国卡内基·梅隆大学计算机科学系主任周以真（Jeannette M. Wing）教授在 *Communications of the ACM* 的观点专栏中提出了“计算思维”(Computational Thinking，CT)这一概念，并声称它是像计算机科学家一样思考的简称。周以真进一步认为：“计算思维是运用计算机科学的基础概念进行问题求解、系统设计，以及人类行为理解等涵盖计算机科学之广度的一系列思维活动。”这展示了计算思维的学科特性。

周以真还认为，计算思维代表着一种普遍适用的态度和技能，不仅仅是计算机科学家，每一个人都应学会并运用它。由于以上定义过于抽象，周以真为了更清楚地解释计算思维的定义，从计算学科的视角列举了一些计算思维实例。

从算法的视角，计算思维中包含递归思维，也涉及并行处理。当处理数据时，需要将数据以编码的形式表示；而当解释时，需要将编码译成数据。对于函数调用，既要知道其威力又要了解其代价；评价程序时，不仅要根据其准确性和效率，还要有美学考量；系统设计时，不仅要考虑可靠性和可管理性，还要考虑简洁和优雅。

从软件设计的视角，计算思维采用抽象和分解来处理庞杂的任务或者设计巨大复杂的系统。以关注点的分离、高内聚、低耦合为原则是系统或任务分解的关键，模块成为结构分解的实质性表示。这使得对一个问题的相关方面进行建模变得易于处理，这也使得我们在不必理解每一个细节的情况下就能够安全地使用、调整、改进一个大型复杂系统。为实现软件模块重用，但又不知道模块未来使用者是谁而进行的模块化设计，可以将它看作为可预见的未来应用而进行的预取和缓存。

从数据库管理系统的视角，通过预防、保护以及冗余、容错、纠错等方式恢复数据，避免损失；通过并行来加快运算速度，通过加锁来实现数据同步；通过各种约束减少用户录入错误；解决多种数据更改业务同时到达时如何协调资源竞争问题，这些都属于计算思维。

从人工智能的视角，可以利用启发式推理来求解问题；可以在解空间中通过不断搜索来寻求答案；可以利用海量数据来进行机器学习，这需要在时间和空间、算力和数据量之间权衡，这些也都属于计算思维。

同时，周以真认为如下日常生活事例中也包含计算思维：当学生早上去学校时，把当天需要的东西放进书包，这对应计算机科学中的预置和缓存；在超市付账时，选择排哪个队的算法就是多服务器系统的性能模型；停电时，你的电话仍然可用，体现了失败的无关性和设计的冗余性。

但这种举例式的计算思维定义方式是无法令人信服的，枚举将造成计算思维内容的无限性，绝大多数的计算机科学背后的思想都能容纳进去，这与计算思维提出的目标略有不符。从那以后，学术界、教育界、工业界发起了关于计算思维的本质及其教育价值的国际辩论。

2009年，美国国家研究委员会(National Research Council，NRC)组织了“计算思维的范畴和本质研讨会”。研讨会结果表明，计算思维的基本定义在业界尚未达成共识，参会者就计算思维的范畴和本质表达了不同的观点。

2010年，为了进一步推动讨论，简·库尼(Jan Cuny)、拉里·斯奈德(Larry Snyder)和周以真提出了一个比周以真最初描述的计算思维更加浓缩而且相对受到共同认可的定义：“计算思维是一种思维过程，它涉及问题的构思及其解决方案的提出，并使解决方案以一种可以由信息处理代理有效执行的形式表示出来。”这个定义有以下两个方面对于义务教育尤其重要。

(1)计算思维是一个独立于技术的思维过程。

(2)计算思维包含多种类型的问题解决能力，利用它能够设计可由计算机、人类或两者结合执行的解决方案。

但这个定义过于抽象，可能导致人们无法知道要教授什么、要学习什么。而周以真给出的另一个简单的、非正式的定义是“计算思维是像计算机科学家一样思考的简称”，这个定义更清晰地勾画了计算思维所要包含的内容，即培养一个公民成为能够像计算机科学家一样思考所需要的最少教育内容和教育过程。

周以真的这个定义后来成为计算思维的讨论基点。尽管如此，文献中还出现了许多其他定义。其中被引用最多的是英国皇家学会在2012年提出的定义：“计算思维是我们认识周围世界的计算、应用计算机科学的工具和技术来理解和推理自然和人工的系统和过程的过程。”该定义强调计算不完全由人类构建，也存在于自然界中(如在DNA中)，同时强调了计算的工具作用、计算思维同计算机科学的关系，以及计算思维同信息世界的关系，明确自然世界中的计算思维仅包含计算机科学在其中作为工具与技术的这一部分。

中华人民共和国教育部制定的《普通高中信息技术课程标准》(2017版)

将计算思维定义为，个体运用计算机科学领域的思想方法，在形成问题解决方案的过程中产生的一系列思维活动。具体内涵包含三个方面：①在信息活动中，能够采用计算机科学领域的思想方法界定问题、抽象特征、建立结构模型、合理组织数据；②通过判断、分析与综合各种信息资源，运用合理的算法形成解决问题的方案；③总结利用计算机解决问题的过程与方法，并迁移到与之相关的其他问题解决中。具体表现为解决问题过程中的形式化、模型化、自动化、系统化。

综上所述，从广义上来看，计算思维可以看作计算机科学普及内容的高度概括和教育目标，是对计算机科学应用原理的高度凝练。计算思维以问题解决为目标，进行相关技术教育和实践，使大众也掌握这些技术。从狭义上来看，计算思维是从计算机科学专业教育内容中萃取出适合非计算机专业学生、K12 学生的计算机科学教学内容，使他们适应 21 世纪的学习、工作和生活。那么，哪些概念、哪些技术能用来学习计算思维呢？其中又有哪些概念和技术适合在 K12 阶段学习呢？作为 21 世纪核心的计算思维，其范畴和具体的教材内容应带有时代色彩。

从实际可操作角度来看，周以真 2006 年提出的初始定义虽然受到很多批评，但其对课程形成具有指导意义。从目前来看，与其最初定义相关的课程有“程序设计语言”“数据结构”“算法分析与设计”“数据库管理系统”“软件工程”“人机交互”“人工智能”“数据挖掘”“机器学习”“模式识别”“信息检索”等课程，如果要为 K12 和非计算机专业学生开设“计算思维”课程，应讲述这些课程中最基本、可应用的思想方法和实践。

1.3　计算思维的特征

2006 年，周以真在 *Communications of the ACM* 的观点专栏中介绍了计算思维，给出了计算思维的定义。当时抽象形式的计算思维定义很难被其他科学家和大众所理解，于是她列举了计算思维应具有的特征。

(1) 概念化，而非程序化。

像计算机科学家那样去思考并不意味着只是对计算机进行编程，多数情况下是独立于计算机程序进行思考和设计方案，更多的是使用设计概念，而不是程序，只有在需要将解决方案用程序进行表达时，才从具体程序的视角进行思考。因此，计算思维要求能在抽象的多个层次上思考，是概念而不是程序化。计算机科学包含计算机编程，但不等同于计算机编程。

(2) 是根本的，而非刻板的技能。

根本技能是在现代社会中，每一个人为发挥职能所必须掌握的、能灵活应用的技能；而刻板技能只能实现机械式重复。目前计算机不具有思维能力，随着人工智能的发展，当计算机像人类一样思考之后，思维也可以机械化，但这不是短期内人工智能可实现的目标。

(3) 是人的，而非计算机的思维方式。

计算思维是人类求解问题的一种方法，是由人设计解决方案并映射到计算机上执行，这明显是人的思维方式。当人操作计算机时，更多的是考虑计算机的规则，按计算机提供的规则方式进行思维，并解决问题。而此时，人如果像计算机那样思考，人的思维就会受到限制。计算机枯燥且沉闷，人聪颖且富有想象力，只有计算思维是人的思维时才能用自己的智慧去解决那些在计算时代之前不敢尝试的问题。因此，计算思维是人的，而非计算机的思维方式。

(4) 是数学和工程思维的互补与融合。

最初的计算机科学在本质上源自数学思维，其最初的目的是解决繁杂的数学计算问题，当需要自动化解决问题时，它像所有的科学一样，其形式化基础建立于数学之上。在 20 世纪 70 年代，需要从设计的角度思考软件开发时，计算机科学又借鉴工程思维，形成软件工程，建造能够与现实世界互动的系统。基本计算设备的限制迫使计算机学家必须计算性地思考，不能只是数学性地思考。构建虚拟世界的自由使我们能够设计超越物理世界的各种系统，使我们的构建只受限于我们的想象力。

(5) 是思想，而非人造物。

计算思维不仅是一直影响我们生活的计算机软件和硬件产品，而且包含用来处理和解决问题、管理日常生活以及与他人交流和互动的计算概念、计算模式和计算方法。此外，思想是影响计算思维应用的关键。

(6) 面向所有人和所有地方。

周以真认为，计算思维是每个人，而不仅仅是计算机科学家应该学习的技能。当计算思维真正融入人类活动的整体并成为一种跨学科学习的新常态时，每个人都将需要它，这也是未来计算思维的发展之路。

一些学者认为，现有计算思维定义存在争议的原因是其过于抽象。于是，2009年美国国家科学基金会(National Science Foundation，NSF)资助了“Leveraging Thought Leadership for Computational Thinking in PK12”项目。由国际教育技术协会(International Society for Technology in Education，ISTE)和美国计算机科学教师协会(Computer Science Teachers Association，CSTA)共同领导，该项目旨在给出计算思维的操作性定义、计算思维核心要素和依据年龄设计的计算思维相关示例，使教育工作者将使用计算思维的概念与当前的教育目标和课堂实践相关联。2011年，该项目发布相应成果，认为计算思维是包含(但不限于)以下特点的问题解决过程。

(1)以一种使我们能用计算机和其他工具来解决问题的方式表述问题。

(2)按逻辑组织和分析数据。

(3)通过抽象(如模型和模拟)来表示数据。

(4)通过算法思维自动化解决方案(一系列有序步骤)。

(5)以实现最有效果、最有效率的步骤和资源组合为目标，识别、分析和实施可能的解决方案。

(6)将问题解决过程抽象化并迁移到其他问题的解决中。

(7)将问题的解决过程推广到更广泛的问题。

尽管在该项目的697位受访者中，超过82%的人同意或强烈同意这一定义，另有9%的人认为该定义能在美国PK12社区达成共识，但随后的文献报道发现，很多学者认为利用该定义也无法开展教学，但也不再去争议其定义和特征。他们认为这种争议不具有实质性意义，转向寻找融入课程的更具体形式，通过实验的方式来发现计算思维的范畴和适用于学习的知识内容。

1.4　计算思维的发展历程

计算思维的提出是基于计算机科学的成熟和普及。计算机科学进入人们的学习、工作和生活，这要求人们不仅能利用计算机，而且需要理解计算机和编程，从而完成社会赋予的责任。因此，计算思维的出现和发展是时代的要求。

1.4.1 萌芽期(1985年以前)

任何事件和科学研究都不是一蹴而就的，其出现往往具有根源性和长期的发展历史。从计算机发展史的视角来看，早期的计算科学(Computational Science)需求促进了计算机科学的诞生，反过来，计算机科学又促进了计算科学的发展。计算科学成为计算思维早期最重要的应用领域。这就说明计算科学领域一定存在计算思维的发展线索和产生的内源动力。计算机一经出现，许多科学家就认为它将成为未来世界发展的重要工具，各领域的人们需要学习它、掌握它。

在计算机出现早期，算法和程序是计算机研究的主要内容之一，也是解决问题的方法。而在后来的计算思维操作性定义中发现，算法和过程是计算思维的9个核心要素之一。这让人们有理由相信，在计算思维的萌芽期有计算科学、步骤化思维、算法思维三条重要发展线索。

1. 计算科学

计算科学有着悠久的历史。计算一直贯穿于我们改造世界的过程。最初的计算是人工或借助算盘之类的工具来进行的，但随着科技的发展，人工计算变得无法满足如航海和工程中的大量计算需求。利用机器减轻计算负担成为科学家和工程师的梦想。例如，查尔斯·巴贝奇(Charles Babbage)在1820年向英国政府提供了差分引擎，用于制作更可靠的航海表从而减少沉船事件。美军20世纪20年代资助了模拟计算机的研究，20世纪40年代资助了数字计算机的研究，以便更可靠地计算炮弹射击的轨迹参数，这台计算机的名称是电子数字积分计算机(Electronic Numerical Integrator And Calculator，ENIAC)，其名称充分说明了计算机发明的最初目的和价值。

在现代计算诞生之后，实验和理论方面的科学家看到计算机对自己的研究是有益的。冯·诺依曼(von Neumann)在其关于20世纪40年代第一台程序存储计算机的著作中写道，许多物理过程数学模型中使用的微分方程可以利用基于网格的方法来求解，他对使用数值模拟来评估物理过程数学模型的可能性非常感兴趣。实验导向的科学家则将电子计算机作为分析科学实验数据集的工具。在这一时期，实验者用新的方法来分析大数据集。理论家用数值方法来解方程。他们成为计算思维早期实践者和拥有者。

20 世纪 80 年代，计算科学家认为，模拟本身就是一种独立的研究方法，这使得计算成为进行科学研究的第三种方式。模拟不仅可以用来探索现象，而且可以产生用于分析的数据，能跟踪没有数学模型系统的行为，从而将自然过程建模为信息过程，然后使用计算来探索信息过程，这为理解自然过程创造了新的可能性。超级计算机是这次革命的引擎。美国国家航空航天局在20世纪80年代初期通过使用超级计算机而不是传统的风洞来评估飞机周围的空气流量，并发现了能够使空间探测器深入木星大气层的隔热材料。物理学家肯 · 威尔逊(Ken Wilson)在 1982 年被授予诺贝尔奖，他使用超级计算机，通过软件系统进行了详细和可信的材料模拟，在外部磁场或电场的影响下发现了材料的相变行为。从此，肯 · 威尔逊成为计算(Computational)科学的倡导者，主张在各种领域使用计算机模拟来进行科学研究。他和许多领域的科学家针对自己所在领域的“重大挑战”问题设计算法，并在超级计算机上运行。

这使得利用计算科学进行科学研究成为一种思维方式，并将其变成一场政治运动，最终在 1991 年，美国国会通过了《高性能计算法案》，资助了各科学领域中“重大挑战”问题的研究。到 2000 年，许多科学领域都接受了计算科学。其中，诺贝尔奖得主、生物科学家戴维 · 巴尔的摩(David Baltimore)称，他所在的领域已经变成了信息科学，研究如 DNA(脱氧核糖核酸)转录的信息流程这样的问题；埃里克 · 温斯伯格(Eric Winsberg)称，2000 年是计算机模拟年；伯纳德 · 查泽尔(Bernard Chazelle)写道，算法思维即将导致“量子力学之后最具破坏性的科学范式转变”；艾伦 · 纽厄尔(Allen Newell)认为，大多数运筹学科学专注于信息处理。计算机模拟成为科学和工程领域进步的主要动力，计算物理学、计算化学、生物信息学、计算经济学、计算数学等跨学科领域纷纷涌现。计算已经成为科学的“第三支柱”，这种思想也引发了计算作为一门学科的新表述。2006 年，周以真提出计算思维，正是看到了计算与其他学科结合的力量。她认为，计算思维将使得每一个人受益，其中蕴含的计算方法也必将成为计算思维的一部分。从计算科学的历史中，我们发现了计算发展的原始动力和计算思维形成的领域根源。

2. 步骤化思维

步骤化思维的英文是 Procedural Thinking，本书没有将其翻译为程序化思维和过程化思维是担心其会与这些人们熟知的思维方式相混淆。它也不是一种新概念，在计算机科学出现之前就存在步骤化思维。例如，做一道数学题、设计和实施某项计划，都需要逐步计算或执行。在计算机出现之前，步骤化的工作主要由人来负责执行。在计算机出现之后，步骤化思维成为系统实现层上人类为操纵计算机所具有的一种必备思维模式，通过步骤（语句）的逐条执行来使计算过程逐渐接近问题结果，整个步骤序列就是问题的解决过程。如果独立于程序，它可以看作一种算法，用流程图（Flow Chart）来表示。步骤化思维是过程化（结构化）程序设计的核心思想。步骤化思维也可以用于日常生活中，可以通过下面的例子来理解步骤化思维。

（1）将家具安装起来需要步骤化思维，因为通常要按照步骤进行安装。

（2）当在学校打印机上打印某些资料时，需要执行一系列连续动作，即选择要打印的内容，按下“打印”按钮，选择打印机，然后按下“确定”按钮。

与步骤化思维对应的是步骤化素养（Procedural Literacy），它是 1980 年由施乐公司的希尔（B.A.Sheil）提出的，与计算思维近似的另一个概念。尽管步骤化素养是 1980 年提出的，但在 20 世纪 60 年代就推出了与其相关的计算素养倡议。西蒙 · 派珀特（Seymour Papert）的编程工具 Logo 的工作持续到现在，仍然是教育研究中的主要项目，旨在培养儿童对编程语言的一般理解能力，其核心教育目标就是培养步骤化素养。步骤化素养不再把程序看作黑盒，而是将解决方案表示为一系列编程步骤的能力。在创建电子游戏和其他计算制品时，特别是在新媒体艺术和设计背景下的计算思维实践中，很少区分步骤化素养、步骤化思维和计算思维。步骤化思维是结构化编程的重要思维模式，也是面向对象编程的基础，其掌握与否决定着是否具有了编程能力。

步骤化思维成为编程和计算机科学人员必备的思维技能，成为掌握和学习算法思维的基础。不掌握步骤化思维而直接学习算法思维将使学习遇到更大的阻力，步骤化思维与程序语言的结合将成为算法学习的坚实基础。

3. 算法思维

计算机科学领域一直存在计算思维。20世纪50～70年代，在计算机科学中常常将计算思维表述为算法思维。随着领域的不断发展，这两个术语之间的区别也在演变。算法思维源于算法的进一步抽象，算法是一种由精确定义的指令组成的解决问题的方法；算法思维是构想出问题解决步骤的思考过程，这种思考过程不依赖于计算机和数学思想，可以完全依赖于人类抽象的形式化能力而获得。具体而言，算法思维是一种以细节为导向的技能，利用理解和分析问题的认知能力，能制定一系列由步骤构成的解决方案。从传统角度看，计算或计算机都遵循算法结构，接收输入，按顺序处理并输出。因此，算法思维是计算思维的关键技能之一。

CSTA将算法定位于计算思维9个核心要素之一。周以真认为，算法是计算机科学和计算思维的核心，存在于每个人的日常任务中(从烹饪到出行选路)，此时可以将其定义为每个人完成任务需要执行的基本动作序列。利用日常生活中的例子向学生讲解算法将有助于学生对算法的理解，如低年级教师可以强调刷牙的步骤，而高年级教师可以列举实验过程的步骤。将算法理解为一种准确的步骤序列为开发可以在计算机上执行的算法奠定了基础。

英国的《计算思维教师指导手册》(*Computational Thinking—A Guide for Teachers*)也明确将算法思维作为计算思维的核心要素之一，并进一步指出算法思维是计算机科学应教授的最重要技能之一。算法思维也可看作是构建和理解算法的一组能力。

(1)分析给定问题的能力。

(2)准确定义问题的能力。

(3)找到适合给定问题基本解决步骤的能力。

(4)构建正确算法的能力。

(5)想出一个问题的所有可能(特殊和正常的)案例的能力。

(6)提高算法效率的能力。

因此，算法思维能帮助我们构建出解决给定问题的新算法，具有很强的创造性。算法(Algorithms)+数据结构(Data Structures)=程序(Programs)，这强调了算法和数据结构对程序的重要作用，并得到很多人的认可，被许多书籍引用。基于算法在计算机科学中的作用和地位，在“数据结构”成为独立课程之后，出现了“算法分析与设计”类似的课程。“数据结构”课程以数据为中心讲授数据处理算法；“算法分析与设计”课程是在重视算法时间和空间复杂度的情况下，面向问题分类讲述算法思想和方法。这都与计算思维的目标相一致，成为具体而实用的科学，这也使得算法思维的相关范围和哲学层面的讨论变得很少，而在大学的计算机科学专业教育中，算法成为一门必修课。相对算法而言，程序语法及其基本语义的掌握是简单的。

1.4.2 酝酿期（1985～2005 年）

个人电脑的推广及图形化界面的出现为计算思维的提出奠定了基础。1985～2005 年是对计算机科学领域进行再认识的时期，是计算机科学自身快速成长的时期。早在 1972 年，杰拉德·萨顿（Gerard Salton）在 *Journal of the ACM* 上发起了“什么是计算机科学”的讨论；1985 年、1987 年，尼古拉斯·乌鲁索夫（Nicholas Ourusoff）和保罗·亚伯拉罕（Paul Abrahams）也分别在 *Communications of the ACM* 上发表了自己的观点。新的计算工具不断涌现，与各个应用领域不断融合，也产生了什么是计算、计算是否为学科、计算是否为科学的争论。彼得·丹宁（Peter Denning）为回应计算机科学的相关质疑，先后在 *Communications of the ACM* 上发表了《计算作为一门学科》（*Computing as a Discipline*）、《计算是科学吗？》（*Is Computing Science?*）、《计算机科学是科学吗?》（*Is Computer Science Science?*）的文章。为应对计算领域课程快速增多的趋势，丹宁 2003 年在 *Communications of the ACM* 发表了《伟大的计算原理》（*Great Principles of Computing*）一文，并在 2010 年进行了修正。他认为，计算既是自然信息处理又是人工信息处理的科学，并发起了一场利用伟大的计算原理框架进行教育和研究创新的运动。伟大的计算原理框架是基于计算领域深入且持久的基本原理，是将计算机科学表征为科学领域的一种方式。框架有两个部分：计算机制和计算实践。计算机制是重塑和约束所有计算技术的永恒定律与重复使用的理论和技术，可以分为七类：计算、通信、协调、存取、自动化、评价和设计。这些分类不是相互排斥的，是关于计算的不同抽象视窗。例如，互联网是一种信息技术，其技术原理主要来源于通信、协调和存取三个类别，其体系结构来源于设计和评价两个类别。计算实践是指掌握计算技能所需的理论应用活动，是成为计算从业人员的必由之路。计算实践主要有五个：编程、工程系统、建模与验证、创新、应用。计算思维可以看作贯穿于这五个计算实践的思想风格或第六实践，是将世界解释为算法控制、将输入转换为输出的能力。在 2015 年由丹宁和克雷格·马特尔（Craig Martell）在美国麻省理工学院出版社出版的《伟大的计算原理》（*Great Principles of Computing*）著作中更详尽地解释了伟大的计算原理的每一维度。

在人机交互领域，从用户的角度对软件编程工具和环境进行了革命，总结了传统编程语言的认知障碍，降低了用户的认知负担，为计算思维的培养提供了技术条件，出现了 Alice、Visual Basic 等一系列适合最终用户使用的语言和环境，为计算思维实践的开展奠定了深层次基础。

而在此时，美国计算机科学领域出现了一阵恐慌。计算机科学专业本科招生数量正在下降，一些计算机科学系停止招聘新教师。为重现计算机科学活力，周以真以崭新的视角重新定义了学习计算机科学的意义和价值，即计算思维。计算思维虽然在某种意义上概念不清，仅能通过列举特征来让更多人理解。但其上升为思维层面的剖析和对 21 世纪发展的预测让计算机科学家与大众重新认识到计算思维在 21 世纪的重要意义。特别是人机交互的发展，以及最终用户开发思想和工具的形成，无疑为计算思维教育的广泛传播奠定了坚实的基础，成为 K12 计算机科学教育的新旗帜。

1.4.3　形成与发展期（2006～2016 年）

2006 年，周以真在前人工作的基础上，提出了计算思维。周以真提出计算思维的时机非常好。当时计算科学革命刚刚完成，并得到了广泛宣传。数字化在社会各层面迅速发展，计算教育研究领域已经形成，并且对编程教育法的多学科理解正在出现。人们对 STEM 教育产生兴趣，并将计算机科学纳入 STEM 的定义中。许多领域的科学家将计算思维纳入自己的领域中。周以真成功地利用自己在美国 NSF 的职务宣传计算思维，发起了推动计算思维进入 K12 教育的运动。计算思维进入了高速发展和研究期，论文数量和实践迅速增加，标准和课程不断涌现。

在理论研究方面，2009 年，周以真成功推动了计算思维范畴和本质的探讨；2011 年，ISTE 和 CSTA 发布了计算思维的核心要素和操作性定义。在教学实践方面，出现了不插电活动、编程、游戏设计与开发、教育机器人等多种教学工具；2014 年，美国 Code.org 配合“计算机科学教育周”发起了“编码 1 小时”(Hour of Code) 倡议，通过趣味方式让中小学生了解基本的计算机程序编写过程。在正规教育中，2013 年，英国实施“新课程计划”，将原有的国家课程“信息与通信技术”更名为“计算”，并于 2014 年正式实施；2015 年，澳大利亚的“新课程方案”将计算思维作为其新“技术”课程的重要内容；2015 年，美国《STEM 教育法(2015 年)》正式颁布并生效，计算思维成为 STEM 教育培养的重要内容。

美国在 CS10K 计划的指引下，开发了融入计算思维的代表性课程“探索计算机科学”(Exploring Computer Science，ECS)，并进入实践，其目标是解决教育公平和教育人群多元化问题。同时，美国大学委员会也开发了《AP 计算机科学原理框架》(简称 AP CSP 框架)，很多学校基于此开发相应课程，并开展 AP 考试，计算思维成为正规课程的教育目标之一，从而带动了更广泛的正规教育课程改革，计算思维实践持续深化，计算思维的研究从理论走向实践。

1.4.4　稳定期(2017 年以后)

计算思维在发展期之后，没有进入成熟期。这是因为：①对于计算思维的定义虽然暂时达成了共识，并搁置了争议，但计算思维的内涵尚待研究；②尚没有获得广泛认可的计算思维评价机制；③计算思维能否跨学科培养、是否对每一个人都有益依然存在争议。这都阻碍着计算思维的进一步发展，这些富有争议的议题也使得越来越多的人关注计算思维这一话题。

计算思维作为计算思想和方法抽象的最高层次，在学习和问题解决方面有着指导意义。即使发展到现在，计算思维的发展仍然面临很多问题：①计算思维的定义在业界并未统一；②计算思维的核心要素依然具有很多标准，但其具体内容在各标准、各专家之间并未达成一致；③对计算思维定义和含义的初步分析结束，制定标准和课程将成为分析和验证、进一步前行的基础，计算思维是一个目标概念，因此随着计算机科学的发展，计算思维的内涵和范畴也将改变；④计算思维是否对其他学科具有促进作用尚无结论。即便如此，各国专家开始抛开定义上的争议，积极投身于计算思维融入课程的实践中。美国将计算思维融入《CSTA K12 计算机科学标准》(2011 修订版)、《K12 计算机科学框架》和《AP 计算机科学原理框架》。英国、中国、澳大利亚等国家都将计算思维融入标准与课程实践中，希望通过实践发现并弥补计算思维的理论和实践方面的不足。但计算思维的掌握与熟练应用需要理论上的支持和长期的实践。

持续的理论争论意义不大，计算思维是计算机科学的一次萃取，知识层面的内容早已经成熟，目前最重要的内容是以问题解决为目标，萃取出合适的内容，在中小学进行教学实验研究，在此基础上形成课程并进行推广。

从 2017 年以来，计算思维教育研究呈现出欣欣向荣的景象，计算思维出现了前所未有的繁荣，多方努力建立标准，并将计算思维教育融入 K12 教育中，主要表现如下。

(1) 计算机科学教育全面推进，英国、美国已经全面展开，全球多数发达国家跟进。

(2) 美国大学委员会建立大学先修课程“AP 计算机科学原理框架”，强调了六大计算思维实践，并基于该框架开发了课程。

(3) CS10K 计划深入发展，计划实现比此计划更宏大的目标——“全民计算机科学计划”(Computer Science for All)。

(4) 强调计算思维的课程开发与实施。

(5) 全球各国积极开展“计算思维”课程教师的培养。

(6) 全球学者积极开展 STEM 教育与计算思维的融合研究。

(7) 计算思维成为创客教育的培养目标之一。

(8) 计算思维被多学科应用和研究。

(9) 从传统的“计算机导论”课程转向体现计算思维的“计算机科学导论”或“计算机基础”课程，也有人将其命名为“计算思维”课程。

(10) 从编程专业化发展到 K12 编程(包括幼儿园)。

(11) 从计算机科学向 STEM 领域发展。

可喜的是，美国的《AP 计算机科学原理框架》《K12 计算机科学框架》都明确包含计算思维，为计算思维的教育实践和进一步发展奠定了基础。美国率先启动 K12 计算机课程的改革，英国紧随其后，其他国家不断跟进，将计算思维尽可能融入国家课程中，各种编码俱乐部、在线网站也以培养计算思维为目标，掀起了计算思维实践的浪潮，并把计算思维作为 21 世纪合格公民的核心技能来培养。在这一阶段，计算思维将进入细分化研究，如从心理学、认知科学、学习科学视角探讨计算思维学习，从实证视角探索各种计算思维教与学方法的可行性，并试图解决有关计算思维的诸多疑惑。

1.5　计算思维与其他思维的关系

思维是指人脑对客观现实的概括和间接反映，属于人脑的基本活动形式。为解决不同的问题，人脑形成了不同的思维模式和思维直觉。任何一门学科都可以有自己的思维方法，以体现这一学科不同于其他学科的基本思维方式，如数学课程体现数学学科的思维方法、物理课程体现物理学科的思维方法。因此，在计算机科学中出现计算思维也并不奇怪。那么，计算思维为什么要拔高到多学科之上，形成更上位的思维方式呢？这可能正是源于计算机科学的固有优势，其存在的目的就是帮助其他学科解决问题，是其他学科解决问题的一种新形式，是其他学科思维方式的补充。但是作者认为，没有必要把计算思维凌驾于其他学科思维之上，其他学科对计算机科学有所依赖是由计算机支持快速计算这一本质所决定的。只要这些学科需要计算机处理繁杂数据和进行快速计算，二者就会迅速交叉、融合，帮助其解决现实和科研问题。这是其他学科专家应该意识到的。这也是一种新型问题解决模式，从小学开始接触计算思维将有利于未来跨学科就业。

从计算思维的相关文献中发现，计算思维同逻辑思维、数学思维、设计思维、工程思维有着紧密的联系（图 1-1），而且计算思维是基于逻辑思维、数学思维、设计思维、工程思维的。

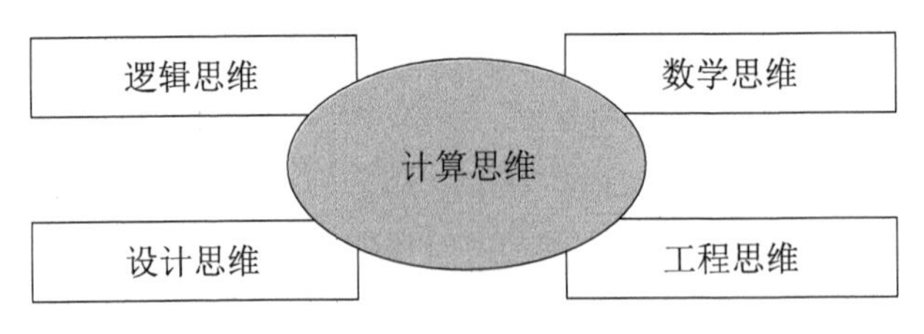

图 1-1　计算思维与其他思维的关系

1.5.1　逻辑思维

逻辑思维是人们在认识世界过程中借助概念、判断、推理来反映现实的理性认识过程。逻辑思维的核心理论包括归纳与演绎、分析与综合、抽象与概括、比较思维法、因果思维法、递推法、逆向思维法等。

逻辑思维能使学生通过清晰、准确的思考来分析和核对事实，从而使事情变得有意义。它允许学生利用自己的知识和内部模型来做出和验证预测进而得出结论，在测试、调试和纠正算法时被广泛使用。逻辑思维是正确调试代码的关键，从发现错误到确定错误，再到修复错误将使用一连串的逻辑推理。当然，逻辑思维也应用于利用其他计算思维概念进行问题解决的过程中。逻辑思维是计算思维推理过程的有效保障，也是计算思维研究和工作的基础。

1.5.2　数学思维

数学思维是“像数学家一样思考”的简称，是基于数学知识和概念解决问题的思维过程。在数学思维中，往往会基于空间形式、数量关系、结构关系等的本质属性和内在规律，利用观察、分析、猜想、综合、抽象、概括、实验、比较、归纳、演绎、类比等思维要素解决问题，形成符合数学内涵的思维过程和思维观念。

计算思维与数学思维密切相关，但不完全相同，其相同点如下。

(1)计算思维与数学思维都是带有模型简化的抽象和推理，都有“潜在的语言结构”，用于精确描述如何做事以及描述事物结构，这对于清晰思考是必不可少的。

(2)数学思维和计算思维都是表示工具和智力发展工具。

计算思维与数学思维的不同之处如下。

(1)数学思维更强调抽象结构而不是抽象方法论，计算思维在强调抽象结构之外，还要考虑底层计算机(无论是机器还是人)的物理约束。

(2)虽然数学思维和计算思维都是表示工具，但计算思维比数学思维以更容易理解的方式表示复杂的过程和关系，利用仿真和模拟，能以可视化的形式表示变量(输入)和结果(输出)的关系，而且能多次调整变量，加深学生对模型的理解，这比数学推理更直观，对学生学习建立模型大有帮助。

(3) 计算思维以数学思维为基础，同时计算思维能通过模拟和仿真理解数学公式，增强数学思维的建构。

(4) 计算思维高于数学思维，成为数学思维更广泛的、具体化的接口，它将高深的数学思维隐藏与封装起来，促使计算思维走向前台，成为新时代思维集合中的核心表征。

计算思维与数学思维共享许多基本概念，甚至很多基于计算思维的问题解决方案源于数学问题的求解过程，只不过这些求解过程被计算机自动化了，因此，计算思维的本质来源之一是数学思维。

1.5.3 工程思维

工程思维是世界上最复杂、最奇妙的思维方式之一。工程思维是工程师具有的思维方式，具有如下特点。

(1) 工程是由结果驱动的，主要目标始终如一，即找到问题的最佳解决方案。

(2) 工程有工期限制并资金有限，因此，要通过合理的工程设计控制工程的复杂性，找到工程风险允许下的最优工程设计方案。

(3) 根据需要和对客户的承诺提供实际物品或服务。

(4) 具有合理的、有效的验收指标。

(5) 工程可以具有误差，但要保持在合理的范围内。

基于计算机科学中对建构复杂系统的诉求，计算机科学家开始引入工程思维，以工程的视角看待软件开发中出现的问题，通过制定风险管理计划来管理软件开发过程中可能存在的风险。因此，工程思维与计算思维必然在许多方面是重叠的，计算思维中的工程思想部分必然也会反过来影响工程界。

美国国家工程院所确定的21世纪的14个工程挑战中，人脑逆向工程、推进个性化学习、网络空间安全、增强虚拟现实、推进健康信息学、设计科学发现的工具等都涉及信息技术、计算机科学和计算思维。

目前，虽然工程界没有正式接受计算思维，但许多工程学校也都使用计算思维，如设计更好的用户操作界面和交互手段。工程思维与计算思维的相同之处在于：①计算思维者和工程师都考虑设计、约束、安全、性能和效率等要素；②考虑的设计问题都包括简单、可用性、可修改性、可维护性和成本。

周以真认为，构建计算模型往往在特定的限制(如速度、空间和力)内进行，并进行抽象，这使得计算思维更像物理学和工程学。这种定义模型和抽象的方式使计算思维与工程思维非常相似。

计算思维和工程思维的另一个非常重要的相似之处是管理复杂性。随着软件系统变得越来越复杂，软件工程无疑也面临着复杂性的挑战。在计算思维中，管理复杂性非常重要。正如《精通信息技术》报告中指出的那样，管理复杂性需要权衡。例如，问题的一个解决方案可能涉及复杂的设计，但实施容易；而另一个解决方案的设计简单，但实施代价高昂。这时就展现出管理复杂性的重要性，否则将会导致系统组件过于复杂、以意想不到的方式进行交互，或者造成用于实现解决方案的资源不足等。

这种相同和相似之处使得人们有理由相信工程思维是计算思维的另一个本质来源，但计算思维与工程思维也有些不同。在涉及物理对象的工程思维中有容忍度的限制，在机械或电气工程思维中有公差、人体工效学等的限制，但利用计算思维我们可以建立不受这些物理现实束缚的虚拟世界，这种虚拟世界的建立受限于我们的思考力。

1.5.4　设计思维

设计思维是设计过程中设计者使用的创意策略。如今设计思维也应用于商业和社会生活中。商业中的设计思维主要利用设计者的敏感性和方法来满足人们的需要，并且了解哪些设计在技术上是可行的，了解什么样的商业策略能将客户价值转变为市场机遇。

设计思维起源于 20 世纪 50 年代，是体现创造力的问题解决方法，20 世纪 60 年代，它成为一种新的设计方法。1965 年，布鲁斯·阿彻尔(Bruce Archer)出版了《设计师的系统方法学》(*Systematic Method for Designers*)一书，该书正式使用了术语“设计思维”，这使其成为正式使用“设计思维”这一术语的第一人。在科学中，将设计作为一种思维方式的概念可以追溯到赫伯特·西蒙(Herbert Simon)于 1969 年出版的《人工科学》一书。在设计工程中，设计思维可以追溯到罗伯特·麦金(Robert McKim)于 1973 年出版的《视觉思维经验》一书。奈杰尔·克罗斯(Nigel

Cross)于 1982 年发表的《设计师式认知》(*Designerly Ways of Knowing*)一文阐述了设计思维的一些内在品质和能力，开启了设计研究、设计教育和设计实践领域的新篇章。彼得 · 罗(Peter Rowe)于 1987 年出版的《设计思维》一书中描述了建筑师和城市规划师使用的思想和方法，这是设计研究文献中该术语的重要早期使用。罗尔夫 · 法斯特(Rolf Faste)扩展了 McKim 的思想，将设计思维作为创造性行动的一种方法。罗尔夫 · 法斯特的斯坦福大学同事大卫 · 凯利(David Kelley)于 1991 年创立了设计咨询公司 IDEO。理查德 · 布坎南(Richard Buchanan)于 1992 年发表的《设计思维中的不良问题》一文通过设计解决了之前难以解决的人类关注的问题，以更广泛的视角来表达设计思想。2015 年，斯坦福大学学生团队 Girls Driving for a Difference 向美国女孩教授设计思维。目前，设计思维作为一种教育目标集成于创客教育和 STEAM[①]教育中。

设计思维是一种实践性、创造性的问题解决方法，也是一种以解决方案为焦点的思维形式。设计思维能用于识别和调查当前情况的已知与模糊方面，有助于找到一个或多个令人满意的目标参数和替代解决方案集。设计思维是迭代的，所以上一次迭代产生的“解决方案”是替代路径的潜在出发点，允许在问题和解决方案的共同演化过程中重新定义初始问题。

设计思维是方法论，这造成不同的组织对设计的理解不同，从而产生了不同的模型。成熟的设计团队或个人都有自己的设计方法论。但多数设计思维模型都具有如下过程要素。

(1)灵感。一般来说，设计过程始于灵感阶段，即理解问题。这种理解可以记录在一个简短的文件中，其中所包含的约束条件为项目团队提供了一个思考起点。

(2)共情。设计思维始于共情(也称为同理心)。设计师应该主动接近用户，理解他们的需求，目标是让他们的生活更轻松、更愉快。共情设计不仅要考虑人体工程学，还要了解人们的心理和情绪需求、做事的方式、对世界的看法和感受，以及设计的意义。

(3)构思。构思是想法生成的阶段，是概念和结果走向泛化的过程。

① STEAM 是科学(Science)、技术(Technology)、工程(Engineering)、艺术(Arts)、数学(Mathematics)五门学科英文首字母的缩写。

这个过程的特点是发散思维和收敛思维交替进行，需要跨学科团队的参与。跨学科团队通常会通过“问题”进入一个结构化的头脑风暴过程。在这个过程中，参与者不被评判，应该使每个人畅所欲言鼓励参与者提出新想法。在收集了大量的想法之后，团队经历一个综合过程，将想法转化为洞察力，从而产生解决方案。

(4)复杂性和心态条件。更多的选择意味着更复杂，这可能会影响组织决策，往往会使组织变得保守和不灵活。发散性思维是一种鼓励人们产生大量想法的思维模式。这需要具有开放合作的勇气和信念。

(5)实施和原型设计。实施和原型设计将构思过程中产生的最好想法变成具体的东西。实施过程的核心是原型化：将创意转化为实际产品和服务，然后进行测试、迭代和改进。原型化有助于收集反馈并改进想法，加速了创新过程。它让人们了解新解决方案的优缺点，较早地让用户接触产品，并让用户提供反馈，再改进解决方案以满足客户的需求。

设计思维的过程也被认为是各子阶段空间上有部分重叠的一个系统，而不是一组被规定好的步骤。随着团队不断完善思路并探索新的方向，项目可能会不止一次地经历灵感、构思和实施环节。这种迭代的设计思维也许会让人感到混乱，但是在项目的整个生命周期中，参与者会发现该过程是非常有意义的，会产生良好的设计结果。

设计思维在计算机软硬件系统设计中有具体应用。周以真 2006 年给出的计算思维的定义涉及两个方面的设计思维内容：系统设计、人类行为理解，虽然这两个方面在后续定义中不再被提及，但其仍然是计算机科学的核心内容，是利用计算机解决大规模问题的专业化方法，其目标也体现了计算思维的核心主旨，即解决问题。在为他人(用户)解决问题时，往往会用到设计思维。在计算机科学的人机交互领域提出的以用户为中心的思想与设计思维中的同理心是一致的，都强调站在用户角度进行用户问题的描述。显而易见，在形成这些用户问题描述时明确涉及设计思维。在此过程中，也将明确使用一般性设计思维要素：同理心、实施和原型设计。

1.5.5 计算思维与其他思维的关系总结

计算思维是在计算机的发展过程中逐渐明晰并被提出的，它与逻辑思维、数学思维、设计思维、工程思维有着密切的联系。首先，正如 Lee

等(2011)所指出的，计算思维与逻辑思维、工程思维、设计思维和数学思维等各种类型的思维共享要素，是在这些相关思维框架基础上的思维技能扩展。其次，这些思维也是发展计算思维的基础，对计算思维的发展有着推动和促进作用，成为解决计算机领域问题所需的能力基础。

ISTE/CSTA 项目赞助的研讨会的参会者则明确指出，计算思维与批判性思维和数学思维不同(Barr et al.，2011)。

(1)计算思维是思维技能的独特组合，当这些技能一起使用时，会为解决问题提供新的有利条件。

(2)计算思维更加面向工具。计算思维要制作更多的工具以帮助其他人解决问题，而不仅仅是解决数字制品开发者自己的问题。

(3)一般的思维是人类独立完成的，而计算思维要借助工具(如计算机)来完成，实现了人脑和机器能力的互补。

(4)计算思维利用反复试验、迭代等解决问题的方法，甚至在以前看来不切实际的情况，现在都是可行的。这是因为它们是利用计算机在用户可接受的时间内自动实现的。

(5)计算思维是其他思维的补充，计算机科学以特有的方式帮助其他学科解决问题。

(6)计算思维对人类的思维部分具有检查作用。

(7)一方面，我们必须了解到计算机科学是以数学为基础的，计算思维也是以数学思维为基础的，如算法的正确性证明和时间复杂度分析经常利用数学归纳法，机器学习、数据挖掘、自然语言处理等研究也经常利用统计学、线性代数、运筹学等数学知识进行问题求解；另一方面，一些本来属于计算机领域的问题却又回到数学领域去建模，例如，判断一个单链表中是否有环，所以计算思维与数学思维有着紧密的联系。

1.6 计算思维的相关概念及其关系

只有弄清计算思维的定义，才能更好地研究和思考其作用、目的和意义。在当前的计算机科学教育中，出现了计算机科学(CS)、计算思维(CT)、编程、编码、数字素养等在理解和应用方面相互混淆的概念。它们之间的关系如图 1-2 所示。

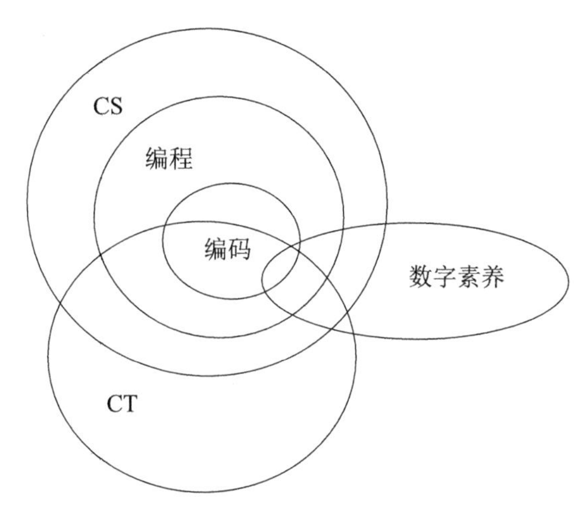

图 1-2　计算思维和相关概念的关系

1.6.1　计算思维与计算机科学

很多学者不研究 CT 的发展历史，错误地将 CT 与 CS 等同进行宣传和学习，CT 应更注重问题的解决和其思想方法层面的讲解与实践。周以真教授在 2006 年定义 CT 时，并没有明确定义 CT 的范畴，而是列举了一系列智力工具，包括关注效率、逼近、随机化、简化、嵌入、转换、模拟、递归、并行化、抽象、分解和权衡等。从她给出的这些术语来看，CT 包含了大量的 CS 知识。周以真还呼吁每个学生都应学习 CT，每个学校都应教授 CT。因为这套思维工具能用来解决 CS 以及其他领域的问题，且解决方案可以不由计算机来执行，所以它对每个人来说都很重要，应该成为每个人基础教育的一部分，而不仅仅是计算机科学家应掌握的一部分。这些思维工具植根于数学和工程，强调问题解决过程中所使用的思想和概念，而不是最终产品(如程序)。同时，周以真明确指出“计算机科学不等同于计算机编程”，像计算机科学家一样思考意味着 CT 比通过编程来操纵计算机这一范围要广得多。但 20 世纪 60～70 年代，大学本科中的 CS 大部分课程是编程课程。80 年代中期，许多高校的 CS 入门课程称为“编程入门”。1986 年，ACM 任命丹宁教授为工作组的负责人，其目的是将 CS 定义为一门独立的学科，这已经超出了 CS 作为编程的狭隘视野。这个工作组同样明确指出 CS 不等于编程，并将 CS 学科定义为对信息描述和变换的算法过程(理论、分析、设计、效率、实施和应用)的系统研究。

CT 是 CS 在 K12 阶段的教育目标，是对 CS 教育内容的凝练，为当前大学 CS 专业教学内容简化成中小学版本提供数据，从而实现 CS 教育在学段上的下移，即在 K12 甚至在幼儿园培养 CT。在 K12 教育中，CT 作为一种指导课程设计的方法，并遵循周以真的观点：CT 是每个孩子通识教育的一部分。这就需要将 CT 的概念特征转化为 CT 的详细操作性定义，许多机构和学者都试图重新定义 CT。

随着国家 K12 课程计划的日益普及，几乎每个课程开发组都试图提出一个更好的 CS 或 CT 定义，但其中许多人都不了解这两个术语的具体含义。他们提出的定义要么太笼统，要么信息不足，要么太初级。这使得很难用它们作为课程开发的指导方针。

2003 年，ACM 课程委员会 K12 工作组发布的《K12 计算机科学示范课程》(第 2 版)中认为 CT 是 CS 的一种思维特性。美国的《CSTA K12 计算机科学标准》(2011 修订版)将 CT 作为 CS 知识的一部分；《K12 计算机科学框架》和《AP 计算机科学原理框架》将 CT 定位为以 CS 知识为基础的 CS 实践，把 CT 实践作为 CS 学习必不可少的关键环节。

在英国的“计算”课程开发中，信息处理国际联盟(International Federation for Information Processing，IFIP)教育委员会工作组给出 CT 定义的目的是在课程背景下深入理解 CS(信息学)的作用。他们基于英国皇家学会的《关闭或重新启动？计算在英国学校中的前进之路》报告，将 CS 定义为包含算法、数据结构、编程、系统架构、设计、问题解决等原理的科学学科。除了原理和一套稳定的概念之外，CS 还采用严谨的技术、方法以及包含 CT 在内的思维方式。这造成 IFIP 教育委员会工作组循环定义了 CT，即将 CT 定义为“我们认识周围世界的计算、应用计算机科学的工具和技术来理解和推理自然和人工的系统和过程的过程”。这种定义使得 CT 和 CS 的关系不清。

周以真还主张，CT 是跨学科的，它不仅仅属于 CS。这可能源于 CT 借鉴了其他领域的思想，同时又服务于其他领域，这使得 CT 与许多学科领域都存在交集。从目前来看，CT 和 CS 的界限是模糊的，这为 CT 概念和范畴的不确定性埋下了隐患。只有当 CT 的概念范畴具有比较清晰的界限、明确的知识范畴或萃取方法时，教和学才能更明晰。因此，应明确

CS 领域中的哪些知识和哪些实践才能促进 CT 能力的发展，以及如何促进 CT 能力的发展。

1.6.2 计算思维与编程

计算机编程通常简称为编程，是一个从计算问题的原始描述到可执行计算机程序的开发过程。编程包括分析、理解、生成算法、算法的目标程序语言实现、算法的正确性和需求的核实等活动。编程的目的是找到一系列指令，使特定的任务或问题解决方案得以自动化。因此，编程过程需要各种专业知识，包括应用领域知识、专门算法和形式逻辑知识。相关任务包括系统实现、调试、测试和维护源代码，以及衍生制品的管理。这些任务有时被认为是编程过程的一部分，但它们通常也被认为是软件过程的一部分，在此过程中，编程、实现、编码通常用于表达与源代码书写相关的内容。

简・库尼(Jan Cuny)、拉里・斯奈德(Larry Snyder)和周以真于 2010 年提出的CT定义与计算机编程的定义都强调它们自身是一种从问题描述到问题解决的过程，只不过计算机编程对问题解决过程的描述更具体。但周以真强烈呼吁，CT 不等于编程，如果人们选择热门而简单的编程语言来教授 CT，便会促成另一门编程入门课程的产生。有学者开发了基于分析程序的 CT 评价工具，也有学者为小学生开发了早期计算思维发展(Progression of Early Computational Thinking，PECT)模型，尽管这些工具都旨在评价 CT，但它们实际上是对编程语法和程序结构的使用进行评测。任何基于小学生所创建的程序的评价似乎都无法准确评价 CT，这是因为 CT 的概念要比编程的概念范畴广泛得多。即使通过评价，也仅能说具备部分初级阶段的 CT 能力。

同时，为表明和强调 CT 不等于计算机编程，《AP 计算机科学原理框架》为 CT 实践列举了 Alice、App Inventor、Java、Python、Scratch 等多个可使用的编程工具，让开课教师和学生依据实际情况选择编程语言，从而促进 CT 的学习，而不是强调对特定编程语言的学习。但 Cooper 和 Dann(2015)认为，编程是 CT 的一个必不可少的关键部件。

从学科的角度不难看出，编程是以往大学的一门基础必修课，而 CT 揭示了 CS 的本质。但从各种计算机科学标准可以看出，CT 仅是 CS 的一个维度，并不是 CS 的全部，而现实的商业气息让编程走在前列，它时刻举起 CT 的大旗，并主张学习编程就是在培养 CT，学习编程就是在进行 CS 教育，错配了因果关系。学会了编程就学会了 CT 这种主张忽略了编程仅仅是 CT 的一种实践手段而已。

1.6.3　计算思维与编码

在国外，编码已经成为一种流行词，如 CodeMonkey、CodeCombat、CodeAvengers、CodeWeek，以及 Code.org 的 Hour of Code。在商业推广中，编码这个术语已经扩展到任何与其相关的上下文中，取代了编程，通常也取代了 CS 和 CT。现在我们可以找到编码入门，而找不到 CS 入门或者编程入门、CT 入门。编码语言取代了编程语言，教师可以参加编码讲习班，儿童可以参加编码营，K12 学生学习编码，甚至利用编码学习 CT。

为了理解 CT 和编码的区别，首先需要理解编码是什么。不难看出，编码是动词。为理解编码，可以首先理解编码的输出结果：代码(也称为源代码或程序源代码)。代码是 CS 实践者之间使用的术语，指编程过程的输出，即书写构成程序内容的文本。程序和代码之间的这种区分是非常重要的，它实际上意味着代码不是程序的同义词，而是在低于程序的抽象层次上。例如，程序源代码是经常使用的短语，这意味着代码或源代码是程序的特定实现或其内部表示。从外部看，可以将程序视为一个黑盒，是程序员创建的、可以运行或执行的实体。在这个层次上，创建程序使用的语言并不重要，人们不关心程序的文件名或者文件的数量，也不关心程序是否使用了其他文件、已经存在的各种库(如函数库、标准类库等)，源代码还可以被翻译成另一种表示结果。在这个层面上，人们关注的是设计和运行。代码更具体，它比程序低一个抽象级别。在这种情况下，使用术语代码是有道理的，因为它是通过编程而获得的，是将一种语言(如自然语言)表达形式编码成另一种具有严格和特殊用途的语言(如程序语言)表达形式，使得结果比编码之前更难理解。动词编码是指创建代码的行为，通常也称为编写代码。如果编程代表创建程序，则编码代表创建代码，那么编码就比编程更具体。当从业者之间能相互理解时，从业者通常使用编码作为编程的替代术语。这样，从业者为编码赋予了更广泛的意义，但他们并没有意识到其对一般用户的潜在影响。对于一般用户而言，编码就是编码，不再有其他的含义。

编码也可以认为是对 CT 的一种表达，不需要编码人员掌握太多的 CS 理论知识，只需要熟练掌握相应的语言与 CT 描述之间的关系即可。在国外，编码也可以看作不需要任何专业知识的编程行为，因此编码是简单的，不需要CS概念和基础知识就能学习，所以利用 Scratch、App Inventor 编写代码不被看作是编程。一些学者主张利用编码来学习 CS 或 CT，但这容易造成编码自身目标的混乱。从根本上来讲，编码学习主要是学习一些计算概念和编程语言的语法表达，是编程学习的初级阶段。

1.6.4　计算思维与数字素养

数字素养是数字公民的九大核心元素之一，既包括使用数字技术来查找、使用、总结、评价、创建和交流信息，又包括有效使用计算机、手机、移动设备等各种硬件平台，以及搜索引擎、网盘、微信等互联网软件或移动应用程序。但数字素养的研究更多地关注人们如何学习使用计算机。具有数字素养的人将在掌握计算设备基本原理和基本知识的基础上，拥有一系列数字技能，如熟练操纵计算机、使用计算机网络；有能力参与在线社区和社交网络，同时坚持行为规则，并能发现、捕捉和评价信息。数字素养也要求个人了解数字技术带来的社会问题，并掌握批判性思维技能。这些技能可以通过数字体验来发展，通过多种媒体平台推动个人以各种方式进行思考。

与数字素养相似的概念还有计算机素养、信息与通信技术素养、数字能力等。计算机素养是有效使用计算机和相关技术的能力，包含从基本使用到编程和高级问题解决的一系列技能。计算机素养要求学生对计算机编程和计算机的工作原理有所了解。在学校中教授计算机编程可以提高学生的思维技能和就业能力，但是大多数教师既缺乏对计算机编程的深入理解，也没有课堂教学时间来教授，更强调个人电脑和笔记本电脑等传统计算机上操作的知识和技能。

2006 年，欧洲议会和欧盟理事会发表了《关于终身学习关键能力的建议》。数字能力(Digital Competence)是该文件确定的八项能力之一。数字能力是在日益数字化的世界中，可以自信、创造性、批判性地使用技术与系统的一套知识、技能和态度。数字能力是跨课程的，将其纳入课程是所有教师和从业人员的责任。数字能力不同于信息与通信技术，但它们是高度相关的，特别是在小学教育中。

欧洲公民数字能力框架(European Digital Competence Framework for Citizens)也称为数字框架(DigComp)，是欧盟开发的用于提升公民数字能力的一个重要工具，和CS之间有一些重叠，也包括编程。该框架也认为编程是CS的主要特征。最近发布的DigComp 2.0涵盖了信息素养的主要组成部分和联合国教科文组织的《媒体与信息素养》中的部分内容。作为一个术语，数字能力的主要使用者是欧盟委员会和挪威学者。

2006年，周以真提出CT，其目的是要让普通人像计算机科学家一样思考，关注点不再是技术的自信使用，而是基于CS核心概念的问题解决和系统设计能力。目前，将CT整合到义务教育这一发展趋势使得探索CT与数字能力之间的关系变得更加重要。数字能力和CT之间的关系阐述主要来自政策文件和学校教育中实施CT和CS目的的讨论。CT对数字素养在当前学校中教授和学习的内容进行了批评，认为数字素养强调的是软件应用，而不是对软件原理的理解或开发设计软件。一些有影响力的调查充分表达了这个想法。

(1)《运行于空洞之上：在数字时代K12并未教授计算机科学》(由ACM和CSTA于2010年联合发布)。

(2)《关闭或重新启动？计算在英国学校中的前进之路》(由英国皇家学会于2012年发布)。

(3)《计算机科学教学——迫在眉睫》(由法国科学院于2013年发布)。

(4)《信息学教育：欧洲不能错过这艘船》(由欧洲信息学与ACM欧洲信息学教育工作组于2013年发布)。

这些文件全部拥护将CT融入学校课程的倡议，并批评数字素养已经不再适合社会发展的需要。例如，在英国，“信息与通信技术”是K12的必修课。2012年的《关闭或重新启动？计算在英国学校中的前进之路》表明，在学生眼中，信息与通信技术已经成为一门没有太大用处的学科。因此，英国对“信息与通信技术”课程教学大纲进行更新，把CS与数字和信息素养一起引入课程，并将它们分割成明确界定的区域，如数字素养、信息技术和CS，信息与通信技术仅作为其中的一个方面，因此课程名称也不再是“信息与通信技术”。同时为避免把它与传统课程混淆，把课程名改为“计算”。

从已有的文献研究看，Yadav 等(2014)在对义务教育中引入 CT 技能进行广泛研究和深入思考之后，指出 CT 将让学生超越操作技能，成为软件制作者而不是仅仅是软件使用者，鼓励创造性和解决问题。Zapata-Ros(2015)主张 CT 本身就是一种能力，包含 14 个相互关联的要素，如创造力、元认知、抽象和递归等。Gretter 和 Yadav(2016)将 CT 与联合国教科文组织提出的媒体与信息素养(Media and Information Literacy，MIL)概念相结合，以支持学生发展 21 世纪应具有的技能和公民意识，他们还讨论了 CT 和 MIL 如何使学生具备互补的技能，使他们成为活跃的数字文化参与者。他们总结说：“计算思维和媒体与信息素养之间的互补关系可以为教师提供一套全面的技能，使学生能够批判性地指导和创造性地制作数字内容。”意大利将 CT 视为推广和发展数字和媒体素养的关键，也视为学生认识数字环境和基于数字环境实现主动创造应具备的关键能力。立陶宛利用 CT 帮助学生发展数字技能和集体智慧。波兰的“信息学”课程面向义务教育阶段的所有学生开设，CT 被认为将有助于普及数字素养。

综上分析，CT 和数字素养的主要区别如下。

(1)CT 是学生了解“计算内幕”的手段，可以了解这些数字工具实际的运作过程；而数字素养往往侧重让学生成为数字工具和资源的合格、安全的使用者。

(2)CT 侧重问题解决的过程和方法，以及创造解决方案；而数字素养则侧重使用数字工具解决问题。

(3)数字素养是计算思维学习的先决条件；而 CT 是高于数字素养的一种能力。

(4)CT 不仅仅是编程，数字能力不能完全反映 CT 的核心思想和技能。如果每个人都能掌握一些 CT 的基础知识，就会更好地了解技术发展的本质，而不再惧怕技术的发展。

1.7　计算思维教育

计算思维提出的目的在于强调多数人学习计算机科学的目的是使用计算机(可以通过编程来使用)，而不是研究计算机科学。将计算思维融入教育的研究和实践已经在社会的各个层面展开，从 K12 到本科再到非正规教育和跨学科教育，计算思维教育的范围不断扩大，形成了不同教育形态以促进计算思维教育。

1.7.1　K12 计算思维教育

自从计算思维提出以来，倡导者们一直在为使其融入 K12 教育而努力。K12 阶段融入计算思维是当前计算思维教育实践的重要内容。美国 NRC 强调了让学生尽早接触计算思维概念的重要性，以帮助他们了解何时以及如何应用这些基本技能。如何定义和使用计算思维成为能否将计算思维推广进入课程(或将其嵌入 K12 课堂)的一个关键性问题。2011 年，美国 CSTA 和 ISTE 合作，联合提出了一个面向 K12 的计算思维框架，这个框架包括 9 个计算思维核心要素和能力：数据收集、数据分析、数据表示、问题分解、抽象、算法和过程、自动化、并行和仿真。2015 年，英国学校计算工作组(Computing at School Working Group，简称 CAS)发布《计算思维教师指导手册》，指导英国教师将计算思维融入自己的教学工作。CSTA、ISTE 和 CAS 都提供了将这些能力融入中小学课程的教学方法。例如，CSTA 联合 ISTE 描述如何将九大计算思维核心要素和能力融入科学、数学、语文等课堂学习，如在科学课堂中，需要进行实验数据收集、分析和总结，则对应数据收集、数据分析和数据表示三个要素，还可以通过模拟太阳系的运动来讲述“模拟”；在数学课堂中，利用代数中的变量来讲述“抽象”。又如，CAS 利用诗歌讲解“分解”，让学生利用抽象与逻辑思维来总结和发现问题的答案。美国的《下一代的科学标准》已经将计算思维作为科学和工程实践的核心，并建议学生使用计算和数学工具探索数据集。在科学课堂中嵌入计算思维的例子是“思维的科学成长”(Growing Up Thinking Scientifically，GUTS)项目，它利用建模与仿真、机器人和游戏设计三个领域来让学生进行计算思维实践。

在诸多项目不断将计算思维嵌入中小学学科领域的同时，美国大学委员会在美国 NSF 的支持下准备设计一门独立的计算机科学先修课程——“AP 计算机科学原理”，并首先开发了《AP 计算机科学原理框架》，为一纲多本奠定了基础。该课程围绕创新、抽象、数据和信息、算法、编程、网络、全球影响七大概念而展开设计和开发，超越指定编程语言的范畴，上升到计算思维层面的实践，从而帮助学生理解知识、实现目标任务。这门课程包含六大计算思维实践：连接计算、开发计算制品、抽象、分析问题和计算制品、交流、合作，目的是让学生深刻理解计算，并能围绕计算展开实践，充分理解计算与现实世界的关系。在美国，基于《AP 计算机科学原理框架》，一些一流的教育机构已经开发了不同版本的“AP 计算机科学原理”课程。例如，项目引路(Project Lead The Way，PLTW)是一家成立于 1987 年的非营利机构，开展基于项目活动的研究性学习，为美国 K12 教师和学生提供计算机科学、工程、生物医学等学科的变革性学习体验，并且已经推出了自己的“AP 计算机科学原理”课程版本。又如，Code.org 为美国公立学校推出了“AP 计算机科学原理”课程。英国也不断跟进，开发了面向 K12 的“计算”课程，包含计算思维的各个要素以及实践。中国也于 2018 年公布了新的《普通高中信息技术课程标准》(2017 版)，将计算思维教育列入其中。目前，许多学者和教学人员已经不再去争论是否需要将计算思维融入 K12 教学中，世界各国正在或积极地准备培训计算思维教师、开发课程，准备在 K12 中大规模开展计算思维教育。

1.7.2　计算思维的本科教育

在 2008 年 6 月 ACM 提交的《CS2001 中期审查报告(草案)》中，明确要求“计算机导论”课程讲授计算思维的本质。美国和其他国家正在重新审视自己的计算机科学本科课程，希望在计算机科学入门课中涵盖基本原理和概念，而不仅仅是编程。例如，卡内基·梅隆大学开设一门面向非计算机科学专业的“计算机科学入门”课程，以促进非计算机科学专业学生的计算思维发展。该课程侧重计算过程，不包括编程。课程主要包括计算历史，使用算法表达计算，组织数据，自动计算，计算技巧，完美计算，计算的限制、并发、应用，计算的未来等主题。课程使用 Raptor 作为流程图制作工具，以帮助学生理解算法的工作过程。哈维·穆德学院为每个专业定制符合专业特色的计算思维课程，使得越来越多的女生学习计算思维。哈佛大学在短短几年将其 CS50 课程从中等规模迅速发展为该校规模最大的课程之一，有近 700 名学生参加，教师团队有 102 人。陶森大学将计算思维整合到普通教育课程中并形成了四门具体课程：“人文学科中的计算思维”(英语系)、“计算思维：发展体重管理生活技能”(运动学系)、

“计算思维：基于音频和视频的创意工作”（音乐系）和“革命性网络”（社会学系）。

在国内，计算思维教育于 2007 年在大学展开。2008 年 10 月 31 日～11 月 2 日，我国高等学校计算机教育研究会在桂林召开了“计算思维与计算机导论”专题学术研讨会，探讨了科学思维与科学方法在计算机学科教学创新中的作用。2010 年 7 月，清华大学、西安交通大学等 9 所高校（九校联盟）在西安召开了首届“九校联盟（C9）计算机基础课程研讨会”。会后发表了《九校联盟（C9）计算机基础教学发展战略联合声明》，旗帜鲜明地把计算思维能力的培养作为计算机基础教学的核心任务；2013 年 5 月中旬，该联盟又发表了《计算思维教学改革宣言》，旨在大力推进以计算思维为切入点的计算机教学改革，该宣言认为，“计算机科学最具有基础性和长期性的思想是计算思维，到了 2050 年，每一个地球上的公民都应该具备计算思维的能力”。

目前已经出现了一批涉及计算思维的大学教材，如陈国良的《大学计算机——计算思维视角》（第 2 版）、战德臣的《大学计算机——计算与信息素养》（第 2 版）、郝兴伟的《大学计算机——计算思维的视角》（第 3 版）、李凤霞的《大学计算机》和《大学计算机实验》、龚沛曾的《大学计算机》（第 6 版）、王移芝的《大学计算机》（第 4 版）和《大学计算机学习与实验指导》（第 4 版）。但这些书并未真正按计算思维的内涵重新安排课程内容。当前在大学非计算机科学专业中多数开设的仍然是计算机基础课程，并且以 ICT 为主，即仍然教授计算机科学基础知识，并进行相应的计算机操作实践。真正的面向计算思维素养的计算机科学基础课在非计算机专业中广泛开展，仍有很长的路要走。但也不排除教育技术学、地理信息系统、计算数学等专业开设了其需要的计算机科学专业课程。

综上所述，计算思维在本科教育中有专业化教育和非专业化教育两种。专业化教育需要讲解计算机科学的原理和实践；而非专业化教育则注重基本的计算机科学素养和具体学科相应的、利用计算思维解决问题的基本能力。随着信息技术在各学科领域重要性的增加，大学教育已经逐步开启与学科相融合的高阶计算思维教育。在大学的计算思维教育与学科进行融合时，并不仅仅只是独立地分别开展计算思维教育和学科知识教育，而且要体现二者的深度融合特性。例如，在计算 X（如生物学、数学）专业教育中，往往同时需要 X 和计算思维(高阶计算思维)的相关知识，其中的计算思维知识应包括基本计算思维部分和与X深度融合的计算思维部分。基本计算思维部分是对计算机科学的萃取，萃取的内容应能作为 X 与计算思维深度融合的基础，在课时占用上也应具有合理性。与 X 深度融合的计算思维部分往往需要有部分课程将 X 和计算思维(高阶计算思维)作为一个高度融合的整体，将计算思维作为其领域解决方案的一部分或有专门的计算模型。

1.7.3 计算思维的非正规教育

非正规计算思维教育主要有在线课程、编码俱乐部、计算思维竞赛等形式，但它们多数仅仅声称能够培养学习者的计算思维能力，未明确指出培养什么样的计算思维能力。计算思维教育成为计算机科学非正规教育的主要目标。

在线课程形式的计算思维教育往往是微课形式，发布于在线学习网站或大规模在线开放课程平台中，如 Code.org、CodeHS 网站上存在许多有关计算机科学教育、编码教育、机器人教育的在线学习课程，他们都宣称通过学习这些课程可以获得计算思维。

编码俱乐部在全球范围逐渐盛行。编码教育已经成为 K12 计算机科学教育中的一个重要分支。与高高在上的计算思维相比，编码教育显得更接地气，更容易使学生有获得技能的感觉。很多编码俱乐部也高举计算思维的大旗，声称能利用编码培养计算思维。虽然未明确指出编码能培养什么样的计算思维，但往往将二者结合起来进行宣传。多数编程教育的机构、组织和活动也认为，编程教育就是在培养计算思维。

计算思维的出现也使得一些编程比赛的风向标发生了变化。例如，2014 年谷歌发起的第一届 App Inventor 应用开发全国中学生挑战赛。2018 年，在 App Inventor 应用开发全国中学生挑战赛的基础上，华南理工大学计算机学院、MIT App Inventor 团队、广州市电化教育馆、兰州大学和谷歌共同举办了全国中小学计算思维与编程挑战赛，声明通过可视化编程平台(如 App Inventor、Blockly、Scratch Blocks)培养和锻炼中学生的计算思维能力。2004 年 10 月 12 日，立陶宛举行首届百博思(Bebras)挑战赛，其当时的全称是信息学与计算机国际挑战赛(International Contest on

Informatics and Computer Fluency)，而在 2017 年引进中国以后，则称为中国百博思计算思维挑战赛。该挑战赛声称以促进参赛者的计算思维能力为核心目标。

总之，思维的研究和培养往往具有神秘色彩，能赋予人以高阶认知能力。当将计算思维列为与理论思维、实验思维相并列的三大科学思维之后，计算思维受到 STEM 教育、创客教育、计算机科学教育的极力推崇，成为 21 世纪教育的核心技能。但计算思维与教学内容的连接和对应仍然有尚待解决的问题。

1.8　计算思维与其他学科的关系

计算思维来源于计算机科学学科。但周以真认为，计算思维是 21 世纪公民应具备的基本思维技能，高于一切学科，能应用于物理、化学、艺术、工程、历史等多学科中。基于此观点，计算思维(如求最大公约数的辗转相除法)早就存在于很多学科中，只不过计算机科学特别是计算思维出现之后，以更高的思维技能形式加强了多领域的学科应用。从本质上来看，计算思维与其他领域知识的结合可以解决相应领域的问题，但对于这些领域来说，计算思维仅仅是一个工具。

计算思维已经影响了所有科学和工程学科的研究进程。特别是计算建模和仿真，它为各学科、各领域的研究提供了新的思路和方法。例如，在生物学中，通过霰弹枪算法加速人类基因组测序是一种计算建模方法，它使用高吞吐量的大规模并行计算，而不是简单的算法和数据结构。2009 年，美国 NRC 生命科学委员会为 21 世纪的生物学发展提出建议，“国家的新生物学计划中，应优先发展对新生物学成功至关重要的信息技术与科学”。现在许多大学都开设了计算生物学专业。

科学家和工程师现在通过仪器、实验、模拟、众包来收集和生产数据，其数量和产生速度促进了数据分析、数据存储和检索、数据可视化等方面的进步。这需要新的计算抽象以解决其中的关键问题，进一步引发了大数据、云计算、数据科学、深度学习等新的计算研究热点，这些热点不断推动计算在整个社会的普及应用，它们已经成为各领域工作者普遍知晓的概念。

计算思维也开始影响科学和工程以外的学科与专业。例如，正在积极研究的领域包括算法医学、计算经济学、计算金融学、计算法律、社会科学计算、数字考古学、数字艺术、数字人文学和数字新闻学。数据分析用于检测垃圾邮件和信用卡欺诈、推荐电影和书籍、对服务质量进行排名，并在超市结账时对优惠券进行个性化设置。机器学习用于理解人类行为，从而根据客户的喜好推荐个性化产品。每个行业和专业都在讨论大数据、云计算和人工智能，每个领域都考虑利用信息技术促进自己的发展。

计算思维融入其他学科，为相应学科提供了新的动力。计算思维成为 STEM 教育的焦点，当前的许多 STEM 课程、创客课程中都包含计算思维，二者相互借力前进。计算思维、计算科学与其他学科的交叉特性、跨学科性是天然的。计算机发明的原因之一就是要解决现实的问题，其利用抽象描述和解决问题的特性也更容易使一个算法或解决方案实现跨学科应用，即一个学科中形成的算法或解决方案可以应用到其他学科中。

1.9　小　　结

计算思维是 21 世纪的核心技能。本章阐述了学习计算思维的重要性，从多个角度阐述了什么是计算思维、计算思维与其他思维的关系、计算思维与相关概念的关系，介绍了计算思维的发展历程、计算思维在教育中的开展情况，阐述了计算思维跨学科的缘由。第 2 章将详细阐述计算思维的理论内涵与本质。

第2章　计算思维的理论内涵与本质分析

计算思维(CT)的定义、内涵一直饱受争议，这也是计算思维的研究经久不衰的原因，但这种状况也未影响计算思维的推广和应用。其原因有二：一是它由计算机科学的顶尖科学家提出并主导了之后的倡议和发展；二是将计算思维提升到思维层面，并预言其是21世纪公民的核心素养，由此体现出“高大上”的气质，引起了诸多教育者的关注，得到了很多学者的认同。因此很多研究者试图对其进行更清晰的描述。

本章试图理清国内外主要研究者对计算思维的理解，从而为研究者和学习者提供有意义的逻辑学习起点。本章首先论述计算思维概念的演化与争议，然后描述和分析计算思维的本质、核心要素、思维过程，最后对计算思维内涵可能存在的疑惑进行分析，从而为计算思维相关课程标准和课程的开发奠定基础。

2.1　计算思维概念的内涵演化与争议

计算思维的形成和发展经历了漫长的历史过程。早在1945年，计算机出现不久，乔治·波利亚(George Polya)就提出了促进数学问题解决的心理学科和方法，这被认为是有关计算思维的首次阐述。1960年，艾伦·佩利(Alan Perlis)提出的“算法化”概念已经成为计算思维的一部分，当时他就认为，计算机能够变换和自动化所有领域的任何过程，算法最终将应用于所有领域。20世纪60年代中期，批评家认为，计算机是人造物，而只有研究自然现象才能称为科学，因此也就没有所谓的计算机科学。计算机科学领域的先驱艾伦·纽厄尔(Allen Newell)、艾伦·佩利和赫伯·西蒙(Herb Simon)则对此进行辩论，并反驳科学研究的是人们想利用的自然现象，而计算机是一种信息变换的新现象，因此也是科学。他们还认为算法思维是设计一系列机器指令来解决问题的思维方式，这是计算机科学与其他学科的不同之处。唐纳德·克努斯(Donald Knuth)认为，算法是利用计算机解决问题的关键，学习算法才能辅助人们理解各领域与算法相关的概念。

1979 年，最短路径算法的提出者艾兹格·迪科斯彻(Edsger Dijkstra)总结到通过学习而得到的一些算法设计规律(如分离关注点、有效利用抽象、设计和使用符合操作需求的符号、避免组合爆炸的发生)有助于他更好地编程。西蒙·派珀特(Seymour Papert)在 1980 年出版的《头脑风暴：儿童、计算机及充满活力的创意》(*Mindstorms: Children, Computers and Powerful Ideas*)一书中就提及了“计算思维”一词，书中说“如何将计算思维融入儿童日常生活来学习还没有得到充分研究”，因此他可能是使用“计算思维”术语的第一人，但在该书中“计算思维”仅出现一次，作者也没有对计算思维进行充分的概括和解释。

1982 年，肯·威尔逊(Ken Wilson)用自己开发的计算模型发现了材料相变，并因此获得诺贝尔物理学奖。他也认为，所有科学学科都有非常棘手的难题，需要大量计算，计算机将是问题解决的有效途径之一。他和一些富有远见的学者将这一以计算为主要方法的科学新分支称为计算科学(Computational Science)，并把计算作为与理论和实验相并列的科学新范式。他们中的一些人开始强调将设计、测试和使用计算模型作为开展科学研究的新型思维过程，并发起了一项政治运动，以确保计算科学研究的资金，最终促使美国国会 1991 年通过《高性能计算法案》。但计算机科学家很少加入这项独立成长的运动。随着计算科学的成熟，计算思维成功地渗透到科学领域，大多数科学家现在正在研究自己所在领域的信息流程。

2000 年，安德烈·迪塞萨(Andrea DiSessa)提出了计算素养(Computational Literacy)，阐明了与计算思维类似的思想，并特别强调了计算作为探索其他学科的工具与媒介所起的作用。

2003 年，丹宁提出伟大的计算原理，其目标是对数量日渐庞大的计算课程进行归纳，总结其一般性的原理，以便计算机科学专业的教学和学习，很显然，其中包含计算思维的全部内容。

2003 年 10 月，ACM 课程委员会 K12 工作组发布的《K12 计算机科学示范课程》(第 2 版)认为，计算思维是计算机科学特有的思维方式，它涉及实际的问题、一系列经过验证的技术(如抽象、分解、迭代和递归等)、了解人类和机器的能力以及对成本的敏锐意识。同时这个文件还指出，应强调利用计算思维而不是用编程来修订“计算机科学入门”课程，要使计算思维成为计算机科学课程的教学目标之一。

2005 年，中国学者蒋宗礼和赵一夫在《谈高水平计算机人才的培养》一文中提出，计算思维能力是计算机科学专业高级人才的基本学科能力之一，主要包括形式化、模型化描述和抽象思维与逻辑思维能力。这种能力是利用计算机进行问题求解的基础，也是计算机专业人才区别于非计算机专业人才的关键方面。这和周以真提出的计算思维在范畴和适用对象方面是有区别的。

2006 年 3 月，卡内基·梅隆大学的周以真教授在 *Communications of the ACM* 上发表以计算思维为主题的视角文章，正式提出“计算思维”这一概念，讨论了计算思维的重要性，以及什么是计算思维，并对其内涵和外延发表了自己的观点。于是计算思维成为计算机教育、中小学信息技术教育的核心目标，教育界对计算思维的兴趣激增。周以真在担任美国 NSF 计算机和信息科学与工程部(CISE)助理主任时，积极组织并围绕计算思维进行讨论、筹集资源，致力于将计算思维融入 K12 教育中。

美国 NSF 于 2009 年 2 月 9 日在华盛顿举办了 Workshop on Computational Thinking for Everyone，并出版了 *Computational Thinking for Everyone: A Workshop Series* 会议纪要，其中的《计算思维的范畴与本质研讨会报告》从多个角度深入探讨了计算思维的本质和范畴，但显然与会人员并未对计算思维的定义和范畴达成共识。为进一步弄清计算思维的具体范畴，2009 年美国 NSF 资助了“Leveraging Thought Leadership for Computational Thinking in PK12”项目。该项目旨在给出计算思维的操作性定义、计算思维核心要素和适合不同年龄阶段的计算思维相关示例，并将计算思维与当前的教育目标和课堂实践相关联，促进将计算思维纳入 PK12 正规教育。该项目召集了一群对高等教育、PK12 和行业计算思维感兴趣的教育工作者，就计算思维的核心要素、其作为所有学生的学习目标的重要性，以及将其引入 PK12 教育环境的重要性进行了研究和讨论，将讨论结果汇总并综合为计算思维的一个“操作性定义”。ISTE 和 CSTA 对近 700 名计算机科学教师、研究人员和从业人员进行调查并收集了反馈意见，结果显示他们中的绝大多数支持此操作性定义。依据此操作性定义，教育工作者可以在所有课程中及所有年级或部分课程内容中融入计算思维技能的教育。该操作性定义认为，计算思维是一个问题解决的过程，其包括(但不限于)以下特征：①以一种使我们能用计算机和其他工具来解决问题的方式表述问题；②按逻辑组织和分析数据；③通过抽象(如模型和模拟)来表示数据；④通过算法思维自动化解决方案(一系列有序步骤)；⑤以实现最有效果、最有效率的步骤和资源组合为目标，识别、分析和实施可能的解决方案；⑥将问题解决过程抽象化并迁移到其他问题的解决过程中。调查还认为，处理复杂问题的信心、处理困难问题的持久力和耐力、处理开放式问题的能力、沟通能力和与他人合作以实现共同目标或解决方案的能力等学习品质和学习态度对计算思维的学习有深入影响，同时提出了抽象、分解、过程与算法、模拟等 9 个计算思维核心要素，认为包含这 9 个要素的思维过程是计算思维过程。

2009 年，丹宁对计算思维进行深入批判。他认为，计算思维从算法思维发展而来，是计算机科学的关键实践之一。但计算思维并不是计算学科所独有的，在描述整个计算机科学领域方面也是不充分的。计算思维可以洞察利用计算机科学解决问题的本质，却拥有比计算机科学更长的历史。

为了弥补现有计算思维定义的不足，2010 年，简·库尼、拉里·斯奈德和周以真进一步将计算思维的定义修正为："计算思维是一种思维过程，它涉及问题的构思及其解决方案的提出，并使解决方案以一种可以由信息处理代理有效执行的形式表示出来。"这个定义进一步抽象了 2006 年计算思维的定义，并使计算思维过程更加泛化，甚至包含数学思维中的部分内容。

2011 年，在艾伦·图灵 100 周年诞辰之际，阿尔弗雷德·阿霍(Alfred Aho)在 ACM 普适计算研讨会上发表了一篇关于计算思维意义的重要论文，他认为计算思维是解决问题所涉及的思维过程，解决问题的过程可以表示为计算步骤和算法。他还认为计算模型的数学抽象才是计算思维的核心。计算模型的早期实例有图灵机、神经网络等。数据分析的发展得益于神经网络以及现在广泛使用的 map-reduce 模型、并发模型等，这些模型都属于计算模型范畴。然而我们并不总是有适当的模型来辅助设计解决方案。在这种情况下，计算思维成为一项研究与认知活动，会不断发明新的计算模型。例如，搜索引擎中的检索模型经历了从布尔模型到向量空间模型，再到概率模型的变迁。由此，阿霍认为基于计算模型的计算思维是非常重要的，并被许多计算思维研究者所遗漏，但他所提出的计算模型可以是表示或模拟计算的任何模型，不是计算机科学的核心。

《CSTA K12 计算机科学标准》(2011 修订版)将计算思维作为课程的一个知识维度。Brennan 和 Resnick(2012)提出了一个由计算思维概念、计算思维实践和计算思维观念组成的计算思维学习框架，可能受此启发，2016 年提出的《K12 计算机科学框架》将计算思维作为一种基于知识的技能实践，体现计算思维需要实践的本质。《AP 计算机科学原理框架》则给出了七大概念、六大计算思维实践，体现了计算知识与计算思维实践的并重，而且不指定具体编程语言(编程语言任选)，更强调了思维方式的教育。

2017 年 6 月，丹宁在 *Communications of the ACM* 中再次批评计算思维，认为计算思维定义还存在两大分歧：一个是计算思维中没有提到计算模型，但我们往往利用抽象、分解、数据表示等思维获得计算模型来完成某项特定工作；另一个是操作性定义中关于“任何步骤序列构成一个算法”的错误表达，虽然一个算法是由一系列步骤构成的，但这些步骤的排列并不是任意的，此外，需要人为判断的步骤从未被认为是一个算法步骤，这需要更正现有的计算思维准则，以准确反映算法的定义，避免把错误的基本思想教授给学生。同时，应强调计算思维是一种技能，需要按照能力进行评价和测量。

2018 年，奥斯曼 • 亚萨尔(Osman Yasar)认为周以真在提出计算思维时，打算将计算思维从计算设备和计算制品中分离出来，但十年的探索和实验尚未产生能够将计算思维与编程和电子设备的使用分开的方法。目前只有抽象、分解两个计算思维要素可以从计算设备和计算制品中分离出来，属于计算思维的范畴，其他要素均被视为依赖于设备的技能。只有将专家的思维习惯与基本的认知过程连接起来，才能将计算思维的技能集合缩小为更基本的能力，进一步教授给初学者。

从发展历程中可以看出，计算思维的定义一直处于争议之中。其争议的实质是对计算思维本质的模糊性澄清，其抽象的范畴往往难以得到共同的认可，如果能对其本质达成基本共识就能促使其教育向前推进，而争议部分又能使其保持动态与改变，适应信息社会的新需要，引发人们思考、带来活力和热度。

2.2　计算思维的本质认识论

"计算思维到底是什么"一直是一个有争议的话题，这与看待计算思维的视角有关，下面探讨不同学者从不同视角对计算思维本质的一些认识。

2.2.1　计算思维是抽象的自动化

自动化是计算思维应用的终极目标。计算思维如果没有自动化部分，就与普通的数学思维没有太大的区别。但是利用没有自动化部分的计算思维进行人工处理对人类来说是枯燥、缓慢、易错，甚至是不可行、没有意义的。因此，利用计算思维的本质是尽量减少人的工作，让计算机完成更多的工作，实现人类思维在计算机上的自动执行，把复杂、枯燥的计算留给计算机完成，这也是计算思维与其他思维的主要区别之一。

计算思维的本质是创造和管理问题解决或系统设计的抽象过程，并且定义抽象层之间的关系。虽然抽象也是物理学和数学问题的中心，但是计算思维的不同之处在于：抽象层以自然科学中不能连接的方式紧密联系在一起，而且计算方法增加了控制复杂性的另一个维度，即自动化。通过自动化来解决问题以及管理复杂性，从而放大人类的智力。

2.2.2　计算思维是一种认知工具

计算的独特思维方式使其成为一种能终生服务于人类的通用智力工具，其作用就像中世纪的"逻辑学"，能使人的思维更加敏捷，因此计算思维受到很多人的追捧。19 世纪 80 年代，步骤化思维是教育者一直努力开展的教育内容。他们认为，在中小学教育中，编程能力将逐渐变得比数学能力更重要，并可用于改善一般的逻辑和算法思维。学习程序或步骤化思维将能实现"一石多鸟"，不仅能使人具备相关的高阶认知技能，而且将改变人们的思维方式，甚至改善人的逻辑思维等。

算法思维是比步骤化思维更具体化的计算思维方式，往往与特定问题相关，是对计算思想和问题解决方法的复用。唐纳德认为，算法思维对化学、语言学、音乐等多个领域的学习和研究都有帮助。同时，他的经历使他相信算法的教育价值——有助于各种概念的理解。

由于计算思维是比步骤化思维、算法思维更宽泛的概念，所以戴维·穆尔松(David Moursund)将计算思维看作帮助我们思考从而解决问题的更一般工具。作为工具，戴维·珀金斯(David Perkins)的 Person Plus 模型认为，应能从三个维度增强团队解决问题的能力：一是扩展或延伸智力能力，如阅读、数学计算能扩展人的智力技能；二是扩展身体器官能力，如汽车、望远镜、电话能完成人的身体器官所不能及之事；三是进行教育和培训，能帮助人有效地利用工具。从这一视角来看，计算思维作为一种工具，可以帮助我们扩展智力功能，如利用搜索引擎协助我们收集信息；利用管理信息系统帮助我们管理和查找信息；算法思维作为计算思维的核心部分，可以帮助我们解决个性化的问题。随着技术的不断更新，计算思维工具越来越复杂，但也能帮助我们解决更复杂的问题。

让人类拥有利用工具的能力主要有两种方法：①提供良好的可用性，即提供良好的、符合用户思维习惯的工具，使设计不仅要考虑用户的身体能力，还要考虑他们的目标、计划和价值观等。唐·诺曼(Don Norman) 2010 年出版的《设计心理学》一书对此进行了论证。这样的工具(如现在的电话、电子游戏机、手机等)操作可能不需要正式的培训，事实也是如此。②通过教育和培训，人类可以获得这种能力。这一点在 Person Plus 模型中也提到，信息技术和计算机是一套新工具，具有独立的能力范畴和特征，在计算机应用早期需要很多正式的培训才能使人们对计算机产生足够的理解和感知，并进行有效的操作。随着计算机成为我们日常社会和生活的一部分，人们通过轻松的自学就能在个人满意度较高的水平上使用和扩展自己的能力等，而不必去学校学习。

计算思维是一种问题解决工具，但它不是唯一的工具。数学思维是计算机未出现时主要的思维工具，计算思维是数学思维的补充和延伸，能解决数学思维中无法解决的问题。计算思维利用抽象使问题解决方案得以复用；利用自动化使问题解决过程的具体实施交由计算机执行。对问题的解进行穷举、约束和验证成为计算思维的最基本方法，首先界定解空间，然后合理缩小空间，最后利用逐一验证或启发式引导来搜索解。

计算机成为问题解决工具的同时，也促使人类在解决问题思维方式上发生转变。随着计算机逐渐融入我们的学习、工作和生活，计算思维也必然成为人类 21 世纪所必需的、每一个人都应具有的思维工具。

2.2.3 计算思维是一种通用思维工具

思维工具是指能有效影响思维抽象活动、提高思维效能、延伸思维深度、把抽象思维过程具体可视化的一类方法技能的总称，其中具有代表性的思维工具有思维导图、高等数学、空间几何等。

作为通用思维的一种，计算思维应是一种方法或抽象的策略过程，才有助于利用计算进行解决问题的思考，才能对利用计算机科学解决问题进行本质描述。从这种意义上来讲，程序流程图、数据结构、算法设计方法、软件工程都是计算机科学的思维工具，这就是说，认知工具和思维工具具有一致性。

2.2.4 计算思维是概念、技能、工具和应用的合成体

为能帮助人们解决问题、设计系统和理解人类行为，计算思维应具有一套完整的体系：概念、技能、工具和应用。这些概念在计算机科学中占有重要位置，是计算思维的思维基础。技能是在计算机科学知识的基础上获得的隐性知识。只有在习得计算思维所需的基本概念和技能之后，人们才能将计算思维视为可以更有效地理解和解决问题的认知技能与智力工具。应用将使计算思维具有情景化，使计算思维更加丰满。

从这一点看，计算思维是立体的，包含计算思维应学习的知识、工具与技能。这也代表了计算机领域的实体性关系，希望能将知识、工具和技能有效对应起来，通过以计算知识为依托、以计算工具为手段、以思维技能为目标的方式培养计算思维能力。

2.2.5 其他认识

从目前来看，学者对计算思维的认识也在不断地发展中。2009 年由美国 NRC 举办的计算思维本质与范畴研讨会是学界面对面争论得最为深入而激烈的一次会议，与会专家对计算思维都提出了自己的认识。

戴维 · 穆尔松(David Moursund)认为，计算思维与西蒙 · 派珀特(Seymour Papert)提出的步骤化思维即使不等同，也会密切相关。步骤化思维包括开发、表示、测试和调试程序等部分，一个有效的步骤是一条指令，可以在具体的代理(如计算机或自动化设备)上机械地解释和执行。

彼得·李(Peter Lee)将计算思维定义为通过放大人类智慧产生实际应用的智能机制。这个定义包括但不等同于人工智能。人工智能通常模仿人类的智力过程；而计算思维基本上通过抽象工具扩展人的思维能力，帮助管理复杂性并允许任务自动化。

比尔·沃尔夫(Bill Wulf)认为，计算思维主要涉及过程。其他科学领域的重点是物理对象，而计算思维的重点是将过程和现象抽象作为研究对象。他还反对把计算的内涵定位在数字上。丹宁也表达了类似的观点，认为计算机科学本身就是对信息过程的研究，计算思维则是计算机科学的一个子集。

多尔·亚伯拉罕森(Dor Abrahamson)认为，计算思维使用计算相关符号系统来表达显性知识、客观化隐性知识，并以具体的计算形式表示这些知识，管理基于这些知识而产生的产品，符号学方法在其中嵌入了理解和个人意义之间的关系哲学，有助于指导这些符号的个人意义建构。

杰拉尔德·苏斯曼(Gerald Sussman)将计算思维定义为一种精确的做事方法。因此，计算思维也可理解为高效完成确定性任务的严格分析和步骤化过程，精确语言描述方法和计算概念在其中起着重要的作用。他还认为，计算思维具有潜在的语言结构，这种潜在结构应与计算机编程语言有语义和语法上的关系，但又不等价于某门具体语言，更确切地说是各种编程语言的一种抽象表示。

周以真认为，计算思维可以看作科学与工程之间的桥梁，是一门研究跨学科思维方式或方法的元科学。从这一视角看，计算思维将是从物理现象研究向科学观察应用的转变推理中的核心要素。

爱德华·福克斯(Edward Fox)认为，计算思维的核心是充分利用无形的抽象概念来解决问题。他把计算思维定义为人类理解世界时所做的事情，如提出框架、范式、哲学或语言等，因此我们一定程度上已经在日常生活中使用了计算思维。布莱恩·布莱克(Brian Blake)认为，计算思维包括表示、可视化、建模或元建模。詹尼特·科洛德纳(Janet Kolodner)则认为，软件是一种工具，既能让人们使用计算思维，也能让人们在某个领域进行思考，但是为了操纵这个工具，人们需要计算思维，计算思维在操纵软件以支持问题解决方面起着重要作用。

罗伯特·康斯特勃(Robert Constable)认为，计算思维的定义不是静态的，不应仅仅是一套有限的技能和思维过程，还应包括反映技术和人们学习动态本质的、开放式且不断增长的计算概念清单。计算思维不仅限于抽象、分解、模拟等核心要素，更重要的是它可以让计算机执行人们的计算思想，这也使得计算机成为人们的合作伙伴。计算思维倡导者提出的计算思维核心要素也是计算和信息科学中的重要智力概念与要素。

从以上分析可以看出，人们对于计算思维的认识是多种多样的。除了上述认识，本书对计算思维还有如下认识。

(1) 计算思维是 21 世纪的核心素养。

(2) 计算思维是利用计算机和计算思想来表达自己、理解世界的一种方式。

(3) 计算思维是能跨学科、跨领域迁移的一套技能。

(4) 计算思维需要通过循环、选择和顺序等结构将解决方案映射到计算机接受的语言表达方式上。

(5) 计算思维涉及将问题分解成子问题，从而寻找解决方案、编写指令以及分析解决方案。

(6) 计算思维不仅是一种解决问题的技能，而且是一种用数字媒体表达自己的手段。

(7) 计算思维不仅关心计算机是如何工作的，而且关心如何与计算机进行交流。

虽然很多认识对理解计算思维的益处和应用场景是有意义的，但人们对计算思维应教授什么、如何教授计算思维的认识和概括依然是不清晰的。

2.3　计算思维的核心要素与技术

周以真等给出的计算思维一般性定义过于抽象、范畴模糊不清，不利于教学，因此，许多机构给出了计算思维的核心要素，很多计算思维评价和教学都以是否包含计算思维核心要素为标准进行分析和评价。

2.3.1　机构组织提出的核心要素

2011 年，美国 CSTA 和 ISTE 联合发布的《计算思维领导力工具箱》(*Computation Thinking Leadership Toolkit*) 中定义了数据收集、数据分析、数据表示、分解、抽象、算法和过程、自动化、模拟、并行/并发等 9 个计算思维核心要素；英国 CAS 开发的《计算思维教师指导手册》认为，计算思维核心要素有抽象、分解、算法思维(Algorithmic Thinking)、泛化或模式(Generalisation or Patterns)、评价(Evaluation)等。中国的《普通高中信息技术课程标准》(2017 版)中仅提到计算思维的本质是抽象与自动化，并未提及核心要素(概念)这一说法。澳大利亚最新的《数字技术课程标准》认为，抽象、数据收集、数据表示与解释、规范、算法和实现是计算思维的关键概念。"计算思维的范畴和本质研讨会"提出的计算思维要素由并行/并发、问题解决/测试、数据挖掘和信息检索、建模构成。谷歌的"计算思维教师课程"认为，计算思维的基本要素由分解、模式识别、抽象、算法开发、自动化构成，这和 BBC 的"计算思维入门"课程、Code.org 的提法基本一致。它们之间的关系如表 2-1 所示。

表 2-1　一些权威机构发布的计算思维要素

要素	CSTA 和 ISTE 的《计算思维领导力工具箱》	CAS 的《计算思维教师指导手册》	中国的《普通高中信息技术课程标准》(2017 版)	澳大利亚的《数字技术课程标准》	"计算思维的范畴和本质研讨会"	谷歌的"计算思维教师课程"	统计
抽象	√	√	√	√		√	5
分解	√	√				√	3
模式识别		√				√	2
算法和过程	√	√		√		√	4
自动化	√		√			√	3
数据收集	√			√			2
数据分析	√						1
数据表示	√			√			2
模拟	√						1
并行/并发	√				√		2
评价		√					1
问题解决/测试					√		1
数据挖掘和信息检索					√		1
建模					√		1
规范				√			1

通过统计分析发现，抽象、分解、算法和过程/算法思维、自动化作为计算思维的核心要素得到了更多的认同，而其他核心要素支持度相对较低。下面对各机构提出的核心要素进行简要的解释。

抽象(Abstraction)是指通过正确忽略或减少不必要的细节，使计算制品和问题更容易理解，且不会丢失任何重要的东西。抽象的技巧是正确地忽略细节，其关键是选择好系统的表示。

分解(Decomposition)是指将问题、任务或系统分解成更小且可管理的部分，是以结构方式分析和设计计算制品的一种方式。对分解后的每个部分分别理解、设计、开发和评价，可使得复杂的问题更容易解决，新情况更好理解，大型系统更易于设计。

模式识别，也称为模式匹配，是指对数据进行观察以发现模式、趋势和规律，是算法设计和模块抽象中不可或缺的心理技能。

算法和过程(Algorithms & Procedures)，又称为算法思维，是为解决问题或达成某些目的而采取的一系列有序步骤，也可以看作通过清晰定义的步骤来获得解决方案的一种方法。算法和过程通常用于解决重复的相似问题，而不必每次都重新思考，每当需要同一解决方案时就会重用并执行。在谷歌的“计算思维教师课程”中使用的“算法开发”也具有相同的含义，只不过更强调它是为解决某一类问题而撰写一系列详细的指令。澳大利亚的《数字技术课程标准》中既强调了算法，还注重其实现。

自动化(Automation)是指计算机或机器以不被干扰的方式执行重复或烦琐的任务，这要求计算过程的描述符合某种程序语言的语法。

数据收集(Data Collection)是指收集所需信息的过程，是数据科学、机器学习等应用的起点，收集的数据质量决定着后续应用的质量。

数据分析(Data Analysis)是理解数据、发现模式和得出结论的过程。

数据表示(Data Representation)是指用适当的图表、文字或图像来表示和组织数据。

模拟(Simulation)是指过程的表示或建模，还涉及使用模型运行实验。

并行/并发是指组织资源，以多条路径协作执行同一任务的不同部分而达到共同的任务目标，在 Scratch 编程中具体表现为事情的同时发生，如音乐和角色动作的同步问题、角色边走路边说话等。

评价是确保解决方案(算法、系统、进程)符合其目的的一种评估方法，需要对解决方案的各种属性进行打分。

问题解决/测试。问题解决是计算思维的终极目标，而问题解决是逐步实现的，当发现问题的结果与预期不符时，通过调试发现其中的问题，因此，系统调试是计算思维的重要应用。调试的方法有多种，如调整参数设置、断点与单步执行、查看每一步执行结果等。测试是使用人工或自动的手段来运行或测定某个软件部件或系统的过程，其目的在于检验它是否满足规定的需求或弄清预期结果与实际结果之间的差别。除了最简单的软件系统，测试一个系统所有可能的输入是不可行的，所以，好的测试程序需要测试套件，通常涉及典型情况、边界情况和潜在故障情况等。当学生制作一个计算制品之后，必须知道如何测试它。

数据挖掘和信息检索。现代社会处于信息超载状态，计算思维提供智能工具来帮助管理信息。掌握计算思维的人会理解检索信息的各种方法，使用数据挖掘从大规模数据中以一种常见的方式来表示信息，并且找到交流这些结果的方式。

建模是表示一个系统或过程的方式，以便更多地了解该系统或过程并管理它的复杂性。计算思维应包括使用模型、测试模型和建构模型。建构模型（简称建模）是最复杂的计算思维形式。

规范是指对于某一工程作业或者行为进行定性的信息规定。在计算思维中，有各种形式的规范，如程序规范、过程规范、产品规范、性能规范、数据规范等。

2.3.2 学术界提出的核心要素

在学术界也有许多计算思维核心要素的研究者，本书选择学术界中5个具有代表性的、相对权威的核心要素提法（表2-2）。Angeli等（2016）认为，计算思维由抽象（Abstraction）、概化（Generalization）、分解（Decomposition）、算法（Algorithms）、调试（Debugging）5个核心要素构成。Atmatzidou和Demetriadis（2016）认为，计算思维由抽象、概化、算法、模块化（Modularity）、分解5个要素构成。Krauss和Prottsman（2016）认为，分解、模式匹配（Pattern Match）、抽象和算法是计算思维的四大要素。Lee等（2011）认为，抽象、自动化、分析是计算思维的核心要素。朱珂认为，计算思维的核心要素是抽象、算法、自动化、分解、调试和概化。

表 2-2　学术界的计算思维核心要素定义

核心要素	Angeli	Atmatzidou	Lee	Krauss	朱珂	统计
抽象	√	√	√	√	√	5
概化	√	√			√	3
分解	√	√		√	√	4
算法	√	√		√	√	4
调试	√				√	2
模块化		√				1
自动化			√		√	2
分析			√			1
模式匹配				√		1

从以上分析可以看出，抽象、分解、算法是学术界相对公认的计算思维要素，也是计算思维中最普遍的元认知方式。概化、模式匹配、调试、自动化、分析、模块化也是计算思维的要素，但并没有抽象、分解、算法那么基础。下面介绍前面没有介绍过的核心要素。

概化，也称泛化，与模式匹配是同义词，是指用通用术语来制定解决方案的技巧，以便将其应用于不同的问题。

模块化是指将独立地完成某一功能的程序语句集合单独命名的过程。模块化结果称为模块，可以在不了解模块内部的情况下直接对其使用。

算法是指解决问题的一系列操作指令，由序列和流程控制构成，其中，序列是按正确顺序书写的多条指令，流程控制是指依据条件选择应执行的指令。

调试是指识别、删除和修复错误的技巧。

分析是把一件事物、一种现象、一个概念分成较简单的组成部分，找出这些部分的本质属性和彼此之间的关系。分析的意义在于认识事物或现象之间的区别与联系，寻找能够解决问题的主线，并据此解决问题。

自动化是指算法在计算机器上的执行，这需要将算法转化为特定类型的程序。

2.3.3　核心要素的争议分析

通过分析不难发现，在各种计算思维研究组织或研究个人中，抽象、分解、算法是比较公认的核心要素，而数据收集、数据分析、数据表示、模拟、并行/并发、概化、模式匹配、自动化、评价、问题解决/测试、数据挖掘和信息检索、建模、规范等的共同认可度比较低，但这些核心要素对于计算机科学来说是非常重要的。因此，比较公认的核心要素更适合于K12 阶段的学习，但应认识到，有关计算思维核心要素的学习和讨论绝大多数是针对 K12 阶段的。为扩大计算思维的学习视角，必须分层扩展计算思维的概念范畴。

还有些学者提出的计算思维要素多数都不在上面的分析中。例如，Korkmaz 等(2017)认为，创造力、算法思维、合作能力、批判性思维、问题解决是计算思维的核心要素；Charlton 和 Luckin(2012)认为，计算思维核心要素包括问题解决、数据模式检查和证据调查。但这些核心要素并没有得到计算思维研究者和实践者的普遍认可。

2.4　与计算思维相关的理论

2.4.1　计算原理

1950 年以前，计算机科学领域的课程很少，只有算法、数值方法、计算模型、逻辑电路、编译器、编程语言等。1950～1980 年，又出现了一些新课程，如操作系统、信息检索、数据库、计算机网络、人工智能、人机交互和软件工程。1989～1992 年，领域的核心课程扩展为算法、人工智能、编译器、计算科学、计算机体系结构、数据挖掘、数据安全、数据结构、数据库、决策支持系统、分布式计算、电子商务、图形学、人机交互、信息检索、管理信息系统、自然语言处理、计算机网络、操作系统、并行计算、编程语言、实时系统、机器人、科学计算、软件工程、超级计算机、虚拟现实、计算机视觉、可视化、工作流。

计算课程的快速膨胀和发展为计算领域的学习带来了困扰，需要合理安排课程和学习顺序。这需要为整个领域建立统一的知识基础和共同原理，梳理课程知识体系的整体脉络。2003 年，丹宁在 *Communications of the ACM* 上发表了以《伟大的计算原理》为题的文章，认为伟大的计算原理可解决这个问题，是计算(Computing)科学的核心，是计算机科学家应掌握的元知识，尽管计算知识随着计算领域的发展而逐渐变化，但其下面的计算原理相对恒定。伟大的计算原理由机制、设计和实践三部分组成。在计算机制方面，涉及计算的结构和操作，由计算、通信、协调、自动化和存取 5 个方面构成，描述了计算机科学原理的知识体系，但这些分类之间的界限是模糊的、可以有交叉的。计算机专业人员除了应掌握机制方面的原理内容，还需要掌握设计原理，从而能够利用机制更好地服务用户。设计原理包括抽象、信息隐藏、模块、单独编译、包、版本控制、分而治之、功能层次、分层、层次结构、关注点分离、重用、封装、接口和虚拟机等。这些原理是我们共同建立的约定，可帮助我们快速制定可靠且有用的程序、系统和应用。计算实践是掌握计算技能所需要的理论应用活动，可分为以下五类。

(1) 编程：使用编程语言构建符合用户需求规范的软件系统。计算机专业人员必须使用多种编程语言，从而便于找到适合的问题解决策略。

(2) 工程系统：设计和构建在服务器上运行的软件系统与所需硬件。这些实践包括系统的组件设计，以及配置、管理和维护组件。建立包含数千个模块和数百万行代码的大型软件系统需要高水平的计算思维技能。

(3) 建模与验证：建立系统模型以预测各种条件下的行为，设计实验来验证算法和系统。

(4) 创新：锻炼领导力，给团队和社区的运作方式带来持久的变化。创新者关注和分析机会，倾听客户意见，为客户制定有价值的产品，并管理和兑现承诺。

(5) 应用：与应用领域的从业人员合作，生产支持他们工作的计算系统。与其他计算机专业人员合作，生成支持许多应用程序的核心技术。

伟大的计算原理从整个计算领域的视角深刻地描述了计算机科学领域的一般原理和整体内容。实践是深入理解伟大的计算原理的关键步骤，也是伟大的计算原理和计算思维都认同的关键步骤。伟大的计算原理强调对机制、设计和核心技术的实践；而计算思维更强调对问题求解过程的思维实践，系统设计原理也应包含在计算思维的教育之内。

伟大的计算原理帮助我们整理了计算机科学的基本原理知识框架，为专业学生浓缩了学习基础，总结了计算机科学相关专业应学习的计算机科学基本思想；而计算思维更适合一般人(非计算机专业人员和K12学生)学习。学习利用计算思维来解决问题的思想和方法，对于所有人，包括计算机科学领域的专业人员、K12学生和非计算机专业人员在内，都是有益的。

在国内，陈国良和董荣胜(2013)基于丹宁的伟大的计算原理提出了计算机科学专业应讲述的计算思维知识框架，本书将其与丹宁的伟大的计算原理知识框架进行了对比，如表2-3所示。

表2-3　伟大的计算原理与陈国良和董荣胜计算思维体系的知识框架比较

分类	关注点	陈国良和董荣胜计算思维体系的核心概念	伟大的计算原理的核心概念
计算	什么能计算，什么不能计算	大问题的复杂性、效率、演化、按空间排序、按时间排序；计算的表示、表示的转换、状态和状态转换；可计算性、计算复杂性理论	算法、控制结构、数据结构、自动机、语言、图灵机器、通用计算机、图灵复杂性、Chaitin复杂性、自引用、谓词逻辑、近似、启发式、不可计算性、翻译、物理实现
抽象	对象的本质特征	概念模型与形式模型、抽象层次；约简、嵌入、转化、分解、数据结构(如队列、栈、表和图)、虚拟机	
自动化	信息处理的算法发现	算法到物理计算系统的映射，人的认识到人工智能算法的映射；形式化(定义、定理和证明)、程序、算法、迭代、递归、搜索、推理；强人工智能、弱人工智能	认知任务的模拟、关于自动化的哲学差异、专业知识和专家系统、智能增强、图灵测试、机器学习和识别、仿生学
设计	可靠和可信系统的构建	一致性和完备性、重用、安全性、折中与结论；模块化、信息隐藏、类、结构、聚合	
通信	不同位置间的可靠信息移动	信息及其表示、香农定理、信息压缩、信息加密、校验与纠错、编码与解码	数据传输、香农熵、媒体编码、信道容量、噪声抑制、文件压缩、密码学、可重构分组网络、端到端错误检查
协作	多个自主计算机的有效使用	同步、并发、死锁、仲裁；事件以及处理、流和共享依赖，协同策略与机制；网络协议、人机交互、群体智能	人对人(操作循环、由通信计算机支持的工作流)、人-计算机(接口、输入、输出、响应时间)、计算机(同步、竞争、死锁、序列化、原子操作)

续表

分类	关注点	陈国良和董荣胜计算思维体系的核心概念	伟大的计算原理的核心概念
存储(存取)	媒体信息的表示、存储和恢复	绑定；存储体系、动态绑定、命名(层次、树状)、检索(名字和内容检索、倒排索引)；局部性与缓存、trashing 抖动、数据挖掘、推荐系统	存储层次结构、引用位置、缓存、地址空间和映射、命名、共享、搜索、按名称检索、按内容检索
评估	复杂系统(含自然系统与人工系统，如地震、核武器)的性能预测	可视化建模与仿真、数据分析、统计、计算实验；模型方法、模拟方法、benchmark；预测与评价、服务网络模型；负载、吞吐率、反应时间、瓶颈、容量规划	

从比较中不难发现，这个框架采用丹宁的伟大的计算原理的基本维度，形成了自己的计算思维表述体系，但与伟大的计算原理的体系也有不同。丹宁在 2003 年阐述伟大的计算原理时提出了其应包含计算、通信、协作、自动化、存取五大类知识，每个类别都是一个计算视角，都是计算知识空间的一个窗口，在 2010 年则将设计和评估也归入知识类别中；而陈国良和董荣胜在此基础上又增加了抽象这一维度。

对于相同的维度，陈国良和董荣胜也做了修订。例如，丹宁在计算维度将数据结构知识移动到了抽象维度，将算法移动到了自动化维度；陈国良和董荣胜在自动化维度增加了算法相关的内容，如算法、迭代、递归等，在协作维度增加了网络协议，在存储/存放维度增加了数据挖掘、推荐系统。在抽象和设计两个维度，陈国良和董荣胜增加了更符合普通人学习的计算思维，和周以真提出的计算思维具有一定的一致性，如都将抽象层次、约简、嵌入、转化、分解、模块化、信息隐藏、类等作为基本概念来学习。

从总体上看，陈国良和董荣胜提出的计算思维体系仍然以计算机科学专业学生为培养目标，抽象和设计部分也适用于培养普通人的计算思维。如果大学想建立相应课程，可在此基础上合理修正，并按知识体系组织，注重知识学习的平滑性和建构性。

2.4.2　计算概念与计算知识

周以真教授在 2006 年提出计算思维之时，强调计算思维要利用计算机科学中的基本概念解决问题。CSTA 于 2011 年发布的《K12 计算机科学课程标准》将计算思维看作计算机科学教育的知识维度；《K12 计算机科学框架》将计算机科学的学习分为核心概念和核心实践，并总结了五大核心概念，即计算系统、网络与互联网、数据与分析、算法与编程、计算的影响。《AP 计算机科学原理框架》将计算知识分为创造力、抽象、数据与信息、算法、编程、互联网、全球化影响七大概念。英国的新“计算”课程包括算法、编程与开发、数据与数据表征、硬件与处理、通信与网络、信息技术等大概念。中国的《普通高中信息技术课程标准》(2017 版)包括数据与计算、信息系统与社会、数据与数据结构、网络基础、数据关系与分析、人工智能初步、三维设计与创意、开源硬件项目设计、算法初步、移动应用设计等大概念。从以上分析可得出以下结论。

(1)在以计算思维为目标的计算机科学教育中已经达成共识：计算概念与计算知识是计算思维学习与获得的基础，如计算概念在《K12 计算机科学框架》中被称为核心概念，在《AP 计算机科学原理框架》中被称为大概念，周以真将其称为计算机科学概念，这仅仅是命名上的区别，并无本质上的差异。

(2)算法和编程依然是这次计算机科学教育改革的重点内容，其次是数据分析、互联网、计算的全球化影响、计算的硬件系统等主题。从总体上看，国外更注重计算机科学基础知识的学习，而国内则更注重重要技术的学习和热点技术课程的构建。

在学术界，Brennan 和 Resnick(2012)提出计算思维学习分为计算思维知识、计算思维实践和计算思维意识三个阶段，强调了计算思维概念的重要性，并得到了很多学者的认同，在后续的许多论文中将其简称为计算概念。很多研究者从 Brennan 和 Resnick 的工作中受到启发，在利用相应编程环境学习计算思维时都会列出所需要的计算概念。表 2-4 是基于 Scratch、App Inventor、Alice、Kodu、Greenfoot 等编程环境学习计算思维时所需要的计算概念。

表 2-4　基于编程环境的计算思维概念

概念	Scratch	App Inventor	Alice	Kodu	Greenfoot	Jeroo	GameMaker Studio
序列	√						
循环	√	√	√	√	√	√	

续表

概念	Scratch	App Inventor	Alice	Kodu	Greenfoot	Jeroo	GameMaker Studio
并行	√			√			
事件	√	√	√		√		√
条件	√	√	√	√	√	√	
运算符	√						
变量/数据	√	√	√	√	√	√	√
过程		√					
列表		√	√		√		
对象			√	√	√	√	√
继承			√				
表达式			√		√	√	
递归			√				
语句					√	√	
状态				√			

这些概念的基本解释如下。

序列(Sequences)是指完成任务的一系列步骤。

循环是指多次运行相同的序列。

并行是指多件事情同时发生。

事件是指某件事发生时发出的信号，通常引发一段代码的执行。常见的事件有点击鼠标、某个键盘按键被按下等。

条件是指做出决定的前提或语句执行的前提。

运算符是表征操作数进行何种运算的符号，是形成数学和逻辑表达式所需的关键符号。

变量/数据是以字母或下划线开头，中间只能由字母、数字和下划线组成的字符串来命名的可变数值，在计算机语言中用于储存计算结果或表示抽象数值。

过程是指以某个名称命名的一系列代码块的组合，这个名称通常可以代表这段代码的功能。在计算机科学中，过程也称为函数或方法。

列表是指一个可存放多个相同类型数据元素的集合，在这里不区分列表和数组。

对象是指编程环境中要操作的目标。

继承是指父类的特征和行为直接传承给子类，使得一个子类对象能够直接拥有父类对象的属性和方法，具有父类对象的行为。

表达式是指由数字、算符、变量、数字分组符号(括号)等求得数值的有意义组合。

递归是指直接或间接调用函数本身。

语句是指在程序中一个语法上自成体系的单位。

状态是指语句执行前后的上下文情况。

这些概念是利用相应语言环境编程的知识基础，为基于相应编程环境的计算思维学习提供了可能。

2.4.3　计算思维实践

Brennan 和 Resnick(2012)提出了计算思维学习与评价框架，将计算思维的学习分为计算思维知识、计算思维实践和计算思维意识三个阶段，认为计算思维的学习必须要经过计算思维实践环节，其中的计算思维实践主要包括增量和迭代、测试和调试、再利用和再混合、抽象化和模块化。这是针对软件制品开发非常重要的实践手段，这个过程和工科一些课程完成之后所开展的课程设计、课程实践或课程中制作各种原型(硬件和软件)的过程类似。后续的相关研究从他们的研究中深受启发。

2016 年发布的《K12 计算机科学框架》可能受到此种观念的影响，明确提出了计算思维实践。该实践主要包括：①培育包容性的计算文化；②围绕计算展开协作；③识别和定义计算问题；④开发和使用抽象；⑤创建计算制品；⑥测试和改良计算制品；⑦关于计算的沟通。

2017 年发布的《AP 计算机科学原理框架》也提出了计算思维实践，包括连接计算(Computing)、开发计算制品(Artifacts)、抽象、分析问题和计算制品、交流、合作等。

从上面的分析不难发现，计算思维的学习应包含实践已经成为美国计算思维教育中比较公认的教育理念，任务、项目是计算思维实践的有效手段，两个框架在如下方面具有相似性。

(1) 二者都包括协作与合作，这是团队必备的能力。创新通过个人、团队和它们之间的协作而产生。因此，要求学生能与他人合作生产计算制品、从数据中提取信息和知识、研究计算的全球影响。

(2)《K12 计算机科学框架》中的识别和定义计算问题、创建计算制品与《AP 计算机科学原理框架》的开发计算制品相对应，强调计算是一个有创造性的学科，在这个学科中创造有许多形式，从混音数字音乐、生成动画到开发网站，再到编写程序等，并应用计算技术创造性地解决问题。

(3) 二者的实践都提到了抽象。计算思维要求理解和应用抽象到多个层面上；同时要求学生能使用抽象去开发模型、模拟自然和人工的现象，利用它们去预测世界，分析它们的效能和有效性。

(4) 二者都强调了沟通/交流的重要意义。学生将描述计算及其影响，解释和证明设计以及计算选择的适当性，分析和描述计算制品以及这些制品的行为或结果。交流有书面和口头两种形式，并采用图形、可视化和计算分析等手段。

(5) 二者都从计算知识和计算实践两个视角来强调计算学习。

二者的不同之处如下。

(1) 在计算文化方面，《K12 计算机科学框架》更强调包容性的计算文化，进行围绕计算的协作与沟通。学生都应该认识到技术的用户有不同的需求和偏好，而不是每个人都选择使用或者能够使用同样的技术产品。学生能与不同的受众就计算的使用和影响以及计算选择的适当性进行交流。《AP 计算机科学原理框架》更强调计算环境与人的连接，从而缩短鸿沟，使学生的内心世界与现实世界无缝衔接，使数字世界与现实世界成为一体。计算的发展对社会有着深远影响，并促进重大革新。这些发展对个人、社会、商业市场和创新也产生了影响。学生应理解、学习、实践这样的影响和连接，并学会在这些不同的计算概念之间绘制连接。

(2) 在计算制品方面，《K12 计算机科学框架》强调测试和改良计算制品，学生应能考虑所有场景和使用测试用例来系统地测试计算制品；识别、调试和修复程序中的错误，并使用合适的策略来解决计算系统中的问题；多次评估和改进计算制品，以提高其性能、可靠性、可用性和可访问性。《AP 计算机科学原理框架》则要求学生能分析问题和计算制品，理解计算制品和结果以及产生它们的计算技术和策略，利用美学、数学、实用主义及其他标准对其进行分析和评估；评估和分析自己的、其他人的计算工作；评价问题解决方案；解释制品的功能；证明一个解决方案、模型、制品的恰当性和正确性。

一些学者也提出了学习计算思维的基本方式方法。例如，Donna Kotsopoulos 等提出了不插电活动(Unplugged)、探究(Tinkering)、制作(Making)、再混合(Remixing)4 种开展计算思维的基本方法；CAS 发布的《计算思维教师指导手册》提出在课堂上帮助学生发展计算思维的五种方法，即探究、制造(Creating)、调试(Debugging)、坚持(Persevering)、合作(Collaborating)，这些方法都是最基本的计算思维实践原则和方式，具体解释如下。

(1)探究是指尝试着做事情，做事情既可以指实现代码或游戏等无形制品，又可以指实现创客教育中的有形制品。

(2)制造是指计划、制作、评估新的计算制品。

(3)调试是指发现制品为何没有像预期的那样运行。

(4)坚持是指能持久而有耐心地解决问题。

(5)合作是指与他人相互配合以取得更好的结果。

(6)不插电活动是指进行不使用计算机开展的活动。

(7)再混合是指将整个制品或制品的组成部分用于其他制品或其他目的，这种制品可以是数字的、有形的，也可以是概念的。

2.5　计算思维过程

凡是能利用计算机完成任务的解决方案，从理论上来讲都能由人来处理和执行，即人赋予计算机执行的思想，并把执行过程抽象为框架，从而能依据不同问题、不同情境填充具体内容，使复用性得以发生。但人在计算速度方面不如计算机，而且容易对重复性的劳动产生倦怠感，容易出错，而这些却是计算机的强项，因此人和计算机形成了和谐的问题解决伙伴关系，实现了能力互补。用计算机解决问题必然成为一种思维模式。周以真教授认为，计算思维是构思问题所涉及的思维过程。因此，计算思维必然包含一般思维过程的要素或以其为基础。一般思维过程包括分析、综合、比较、抽象、概括、判断、推理、理解等基本过程。

(1) 分析是指通过已有知识对事物进行初步理解，如发现事物的组成部分和个别特征等。

(2) 综合是指将事物的多个方面或特征联系起来，从整体上进行考虑。

(3) 比较是指将多类或多个事物在某些方面进行对比，发现相同与不同之处。

(4) 抽象是指抽出一些事物的共同的主要特征，摈弃不关注特征。

(5) 概括是指通过观察、分析、综合、比较、抽象来发现某类事物的共同特征。

(6) 判断是指建立事物之间的、概念之间的关系的联系。

(7) 推理是指把两个判断联系起来，从而获得一个新判断的过程。

(8) 理解是指通过推理，获得事物的现象和本质、原因和结果之间内在联系的过程。

由上述可见，思维是一个复杂的、高级的认识过程，反映了事物的相互联系及其发展变化的规律，并且具有间接认识和概括认识的特性。物理学科中常见的思维过程是：提出问题、制定计划、获取事实与证据、检验与评价、合作与交流。从上述分析中可以看出，不同学科存在不同的思维过程和模式。因此，本书也可以将计算思维定义为学科化的思维过程与思维模式，从而更便于把计算思维定义成一种显性知识，促进计算思维的学习和实践。在计算机科学中，问题解决过程是依赖问题类型的，因此，计算思维过程模式是同一类型问题的常用思维路径，计算思维则是利用计算机科学概念进行问题求解、系统设计的常用思维过程模式的集合。下面给出一些关于计算思维过程的案例。

2.5.1　谷歌的计算思维过程

谷歌“计算思维教师课程”中提出的计算思维过程分为如下 4 个步骤。

(1) 分解：将数据、过程或问题分解为较小的可管理或可解决的部分。

(2) 模式识别：观察模式、趋势以及数据中的规律。

(3) 抽象化：生成模式的一般规律。

(4) 算法开发：开发一系列分步指令，用以解决一些相似的问题。

这个过程对于解决小规模问题是有一定借鉴意义的，非常适合计算思维的初级学习。对于大规模问题或复杂问题，分解和抽象思想、算法思想将成为计算思维的中级学习内容。这个过程和 Code.org 及 BBC 的阐述具有一致性。例如，BBC 的“计算思维入门”在线课程也提出了类似的计算思维过程，其表述是：首先，在大脑中寻找解决过的类似问题(模式识别)，只注重细节，而忽略不相关信息(抽象)，把复杂问题迭代式分解成一系列更小的、易于管理的子问题(分解)，每一个子问题都单独进行研究。然后，设计简单步骤或规则来解决每个子问题(算法开发)。最后，将这些简单的步骤或规则编写成程序以解决问题。

2.5.2 Repenning 等的计算思维过程

Repenning 等(2016)将计算思维过程描述为一个由抽象、自动化、分析构成的三阶段迭代过程。

(1)抽象：问题描述，给出问题的工作原理。

(2)自动化：实现解决方案表达，给出简单模型。

(3)分析：解决方案执行和评估，实现思维结果的可视化。

(4)如果不满意或未达到要求，则跳回步骤(1)。

整个思维过程紧紧围绕人的能力和计算机的功能启示性(Affordance)展开，从而提供更加以人为中心的计算工具。

这是对计算思维过程的一般描述，抽象阶段包括问题的描述，问题解决方案的设计；自动化更强调计算解决方案的语言描述，将其映射为可执行的代码形式；分析则强调解决方案的分析与评价，确定问题解决的正确性、效率等。这个过程简化了软件开发或问题解决的分析和设计阶段，而这一阶段是计算思维的最重要阶段，评估也应是计算思维的核心内容，但却很少提及，而这个计算思维过程模型对评估进行了强调。

2.5.3 乐高的计算思维过程

乐高 WeDo 提出了基于问题解决的计算思维过程。此过程是一个迭代过程，有助于开发新见解并提出新的解决方案，能广泛应用于各种问题解决过程。整个过程分为定义问题(Define the Problem)、计划(Plan)、制定解决方案(Try a Solution)、交流(Communicate)、修改(Modify)五个步骤，如图 2-1 所示。

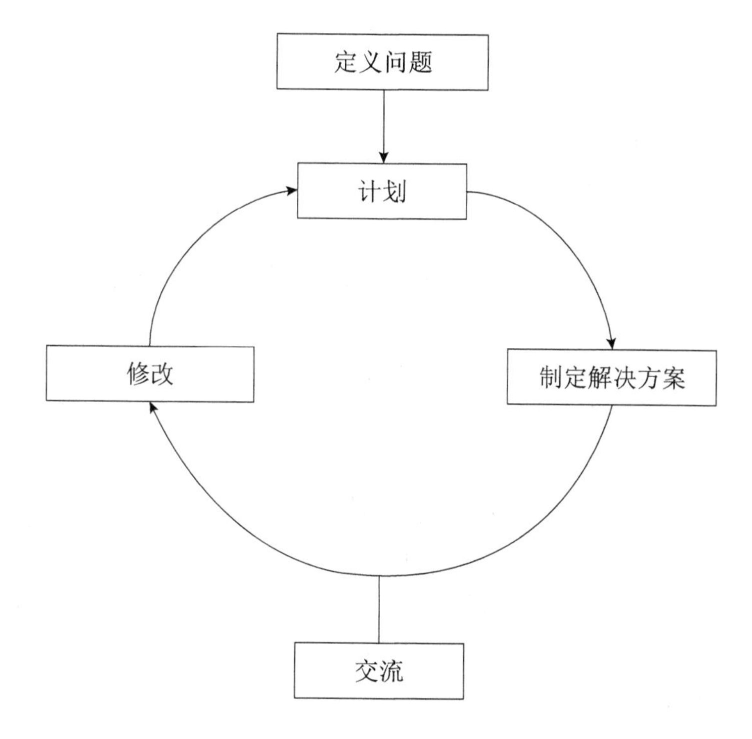

图 2-1　乐高 WeDo 的计算思维过程

(1) 在定义问题阶段，需要确定要解决的问题是什么、问题的约束是什么、问题的结果是什么，并通过把这三方面描述出来来定义问题。

(2) 在计划阶段，首先头脑风暴来研究可能的解决方案，然后比较优缺点，最后制定计划。

(3) 在制定解决方案阶段，将计划付诸行动，利用算法和编码解决问题。

(4) 在交流阶段，将自己的计划、解决方案的实现细节分享给同伴或同学，征求他们的改进意见。

(5) 在修改阶段，根据上一阶段的改进意见对解决方案和实现进行修正，并将结果与定义问题时设定的目标进行比较，确定可以从中学到什么，或者下次如何做得更好，确认发现的任何新问题。

2.5.4　算法中的计算思维过程

算法是计算机科学的核心，也是计算机科学中最难学的部分。很多算法分析和设计课程给出了算法设计的一般思维过程。目前算法的计算思维过程有两种，第一种是针对研究算法的一般计算思维过程，具体过程如下。

(1) 待求解问题的描述。

(2) 分析和理解问题。

(3) 如果需要建立数学模型则建立，否则跳过此步骤。

(4) 选择数据结构、确定精确还是近似解法、选择算法设计策略。

(5) 设计新算法。

(6) 分析算法的时间和空间复杂度，如果不符合要求，则转向步骤(2)。

(7) 算法的正确性证明。

(8) 编写代码并调试。

含有正确性证明的过程通常是算法研究的思路。在软件开发中，很少有编程人员严格证明算法的正确性。多数情况下，算法设计完毕，考虑算法复杂性，编写代码，通过调试发现算法中的逻辑问题，从而形成第二种算法的计算思维过程，具体过程如下。

(1) 待求解问题的描述。

(2) 分析和理解问题。

(3) 如果需要建立数学模型则建立，否则跳过此步骤。

(4) 选择数据结构、确定精确还是近似解法、选择算法设计策略。

(5) 选择与设计算法，并手工运行。

(6) 分析算法的时间和空间复杂度，如果不符合要求，则转向步骤(2)。

(7) 编写代码并调试。

当然，我们还会发现各种关于算法思维过程的描述，其主要差异是是否存在算法的正确性证明。存在正确性证明是算法研究之路，体现了严谨性；不存在正确性证明则是开发之路，将在实际应用中调试和验证。因此，应根据实践情况来选择合适的思维路径。

2.5.5 软件工程中的计算思维过程

在计算机科学中，“软件工程”是一门非常重要的课程。周以真在2006年的计算思维定义中提到了“系统设计”这一软件工程术语，并认为计算思维是数学和工程的互补。之后，“系统设计”这一概念就很少在计算思维的相关研究文献中出现，在各国K12计算机课程标准中也没有出现过。这可能源于软件工程自身的复杂性，对于中小学生而言，可能还无法理解这种抽象而复杂的工程过程，而实质上软件工程思维是计算思维中的重要思维方式，设计思维则是软件工程中的重要思维方式。

软件过程模型是软件开发过程的最高抽象层次，代表了一种开发过程的策略和理念，独立于开发方法，是一般性开发方法的进一步抽象。例如，瀑布模型将软件生命周期划分为制定计划、需求分析、软件设计、程序编写、软件测试和运行维护六个基本活动，而且前后活动依次而行，前一阶段结束才能进入下一阶段，这是一种典型的线性过程；快速原型法是由快速分析、构造原型、运行原型、评价原型、修改等部分迭代构成的，在当前创客教育、3D 打印、STEAM 教育中有所提及；螺旋模型沿着螺线进行若干次迭代，每一次迭代都由需求定义、风险分析、工程实现、客户评估构成，直到满足用户要求为止。很明显，这虽然能控制软件开发风险，但过程复杂。目前的大型软件的版本式开发就接近这个过程；而具体的软件开发方法都遵循这些过程展开。

对于具体的开发方法或者系统设计，当前国内软件工程教材介绍的主要有结构化软件开发方法和面向对象的软件开发方法两种，而且现在多数使用面向对象的语言，因此面向对象的软件开发方法是值得简化来供中小学生学习的。

目前，在 K12 教育、创客教育或 STEAM 教育中也经常提到设计思维，其中讲授的内容通常是斯坦福大学 D.School 提出的设计思维过程，即同理心、定义、构思、原型、测试五个阶段，并按照这五个阶段在中小学展开学习活动与实践。此外，也有学者将设计思维过程分为定义、调研、构思、打样、精选、实施和总结六个阶段，但其本质是基本一致的。在人机交互领域也提出了以用户为中心的设计(Human/User-Centered Design)思维，在产品设计、系统开发的每一个步骤中都把用户列入了考虑范围。从这个角度上看，设计思维和计算思维是有交集的，交集部分是计算思维中体现的设计思维，这部分设计思维是一种以用户体验为中心的软硬件系统设计思维，不应将此部分设计思维像计算思维一样提升到跨学科的层面(形成更抽象、更通用的设计思维形式)，这种角度能够避免理解和学习中的混乱。

2.5.6 数据科学中的计算思维过程

统计学、数据挖掘、机器学习是数据科学中的基础内容，都包含明确的理论、技术、思想和方法，其中的通用数据处理过程是数据收集、数据分析和数据表征，这三部分都是 CSTA 所提出的计算思维核心要素，也可以看作数据科学的一般计算思维过程。

Lee 等(2011)认为，现实世界的经验和结果数据集之间可以建立起强有力的关系，从而在不同框架下理解时空模式。数据探索中学习数据分析的方法可以分为三个步骤：①依据活动指令生成或收集数据；②组织和分析数据；③提出独特的问题，并寻找合适的数据集来分析，从而给出问题答案。

在物理、人文社科的研究中往往涉及实验及数据处理。其研究过程一般可以表述为实验设计、数据收集、数据分析、数据可视化、数据解释等阶段。在整个过程中，数据收集、数据分析、数据可视化(数据表征)是计算思维的核心要素，充分利用了计算思维的基本思想。

在当今的数据收集中，无论是自动采集还是手工采集，在采集的数据中都难免存在杂质，而且采集的数据多数情况下不能直接用于训练模型。因此，在数据挖掘和数据科学中，将计算思维过程分为数据收集、数据清洗、数据预处理、建立模型、数据可视化、模型解释与评估等步骤。

从总体分析来看，计算思维依据问题类型可使用不同的思维指导模型，但不同学者对具体情况的理解也不甚相同，甚至有学者提出自己的计算思维过程。因此，计算思维过程不能通过简单的知识记忆来获得，必须在实践的基础上，通过内化，形成自己的理解。

2.6 计算思维的内涵释疑

学术界除了对计算思维的定义和基本要素方面具有争议，还有很多其他方面的争议，比较核心的有：计算思维为什么当时命名为 Computational Thinking 而不是 Computing Thinking？计算思维中每一个人是谁？计算思维可以不涉及编码吗？计算思维是知识还是技能？这些问题都涉及计算思维的本质、教育内容和教育形式，有必要进行深入的探讨。

2.6.1　Computational Thinking 还是 Computing Thinking

无论是 Computational 还是 Computing 都可以翻译成计算。因此，如果 Computational Thinking 和 Computing Thinking 都存在，均可翻译成计算思维。那么为什么计算思维的英文表述是 Computational Thinking，而不是 Computing Thinking 呢？

在电子计算机出现之前，计算(Computing)用来描述机械计算机(Mechanical Computing Machines)、人类计算机(Human Computers)的执行操作。在 1989 年的 ACM 报告中将计算作为一门学科，即计算学科。它是对算法的理论、分析、设计、效率、实现和应用的系统化研究。相对于 2005 年的定义，该定义是狭义的。在《ACM 计算课程 2005》中，计算的定义是："在一般情况下，我们可以将计算定义为任何目标导向的活动，这种活动可能是需要计算机、受益于计算机或创建计算机。因此，计算包括为各种用途设计与创建硬件和软件系统；加工、构建和管理各类信息；使用计算机做科学研究；做智能计算机系统；创建与使用通信和娱乐媒体；发现和采集特定用途的相关信息等。这种罗列是无止境的，可囊括的范围是巨大的。"

《ACM 计算课程 2005》定义了计算领域的五个子学科：计算机科学、计算机工程、信息系统、信息技术和软件工程。计算的意义取决于其所处的领域，例如，信息系统专家和软件工程师对计算有着不同的理解。然而不管在何种情况下，将计算设计实现得非常好都是复杂而困难的工作，但社会各领域都需要复杂的计算，需要人们将计算做得非常好，因此有必要不仅将计算看作一种职业，而且将其看作一门学科。

计算(Computation)是指遵循明确定义的模型(如算法)、包含算术和非算术步骤的任何类型计算(Calculation)。实施计算(Computation)的机械或电子设备称为计算机。实施计算(Computation)的学科称为计算机科学。计算科学(Computation Science)应用计算机科学(硬件、算法)和软件工程原理来解决科学问题。它涉及使用计算机硬件、网络、算法、编程、数据库和其他特定领域的知识来进行物理现象模拟的设计和实现，并使其能在计算机上运行。计算科学是跨学科的，甚至可以涉及人文学科、艺术学科，它与不同的学科结合形成计算经济学、计算数学、计算生物学等跨学科分支。

从以上对二者的范畴和用意分析来看，Computing 被定义为工程科学的一个分支，更关注计算机能够实现的运算技术本身，研究用于描述和转换信息的算法过程，如云计算、移动计算、社会计算、自然计算、普适计算、并行计算，这些都属于一般意义上的计算。计算思维的最初定义是“运用计算机科学的基础概念进行问题求解、系统设计，以及人类行为理解等涵盖计算机科学之广度的一系列思维活动”。通过和计算科学(Computation Science)的定义相对比，二者明显具有一致性，即都强调应用计算机科学解决问题。从计算思维的本质来看，Computational Thinking 中使用 Computational 这个词也是恰当的，因为计算思维更强调使用计算机科学进行计算的思想，而不是研究和学习计算(Computing)的原理。

2.6.2　计算思维中的每一个人是谁

周以真认为，计算思维是 21 世纪人类的核心素养，是每一个人都应具备的基本技能。这得到了许多计算思维拥护者和推动者的认可，并在 K12 中推动计算思维教育。2009 年的计算思维研讨会参与者给出了“每一个人(Everyone)”的定义，其中谈到了许多计算思维的案例，但这些案例多数是针对科学家和工程师的，有几个是考古学和法律等非技术领域专业的例子。因此，人们会认为，计算思维与大学和研究生教育更相关。一些人也谈到了 K12 学生学习计算思维的现状和可能性。例如有学者认为，当时在高中生学习的课程中已经涉及一些本科课程的计算思维活动；K8 可以重点学习建模和仿真环境(如 Scratch 和 Logo)；已经开发的 NetLogo 建模和仿真环境可以应用于中学、高中以及大学课程中。计算思维研讨会参与者没有详细探讨计算思维与不具有大学学历的成人的相关性，但讲述了一群盗贼试图窃取建筑设备的小故事：几名男子试图偷窃一块卡特彼勒施工设备，并把它装上卡车拖走。但该设备装有主动状态检修系统，它能广播自身所在位置，这样当窃贼把它盗走时，就可以清楚知道窃贼的位置。从这个故事中可以看出，虽然盗贼为犯罪做了大量准备，但他们并没有最终理解基于计算思维技术的系统，因此他们所做的努力最终失败。

周以真发起的计算思维运动的视角是每个人都能从像计算机科学家一样的思考中受益，不只是那些主修计算机科学专业的人。这种认识早已出现。艾伦·佩利(Alan Perlis)在 1960 年的主张可概括为，每个人都可以从学习算法和编程(计算思维)中受益。其他名人也纷纷效仿。然而，这种笼统的说法从未得到证实。丹宁认为，周以真的视角看似是一个有价值的目标，但通过仔细分析，有理由怀疑计算思维是否能直接被非计算专业人员使用，如医生、心理学家、建筑师、艺术家、律师、伦理学家、经纪人等。其中一些人可能由于修改工具而成为计算思维的受益者，但并不是每个人都需要如此。同时也应看到基本计算思维在这些领域是非常有用的，特别是对那些设计和生产计算模型与软件的人，可以把这些人称为计算设计师，他们拥有强大的计算思维能力。经验丰富的计算设计师相信自己的思维是准确的，也相信自己是更高级的解决问题者。

计算思维的操作性定义暗示，计算工具能促进计算思维。建筑师可利用计算机辅助设计(CAD)软件绘制一座新建筑或勾画一幅新建筑的蓝图，虚拟现实(VR)允许用户在新建筑中模拟参观，但这些都不涉及计算思维。建筑师不需要计算思维技能，而是需要设计、美学、可靠性、安全性和可用性。以此类推，医生使用诊断系统，艺术家使用绘画程序，律师利用文件搜索，警方进行虚拟现实训练，房地产厂商绘制房价地图都不需要计算思维。

在所有主张中，最大胆的说法是，计算思维能提高人的一般认知能力，并迁移到其他领域，同时表现出卓越的解决问题能力，但一直没有发现任何支持该说法的证据。1984 年罗伊·皮亚(Roy Pea)和米甸·库尔兰(Midian Kurland)试图证明 Logo 的编程学习将有助于学生学习数学或有助于一般认知能力的培养，但几乎没有发现任何证据。1997 年，蒂莫西·科什曼(Timothy Koschmann)重新考察这一疑惑，认为孩子学习编程的益处就像学习拉丁语一样，然而依然没有任何证据表明学习拉丁语能帮助孩子提高生活技能。2015 年，马克·古茨戴尔(Mark Guzdial)回顾了所有可用证据，重申没有证据支持这种说法。他也指出，教师可以设计教育课程帮助其他领域的学生学习一些编程，从而教会他们在各自领域设计计算工具。他们不需要具备软件开发人员的能力。

目前，教育已经促使大量不同种类的思维出现，如工程思维、科学思维、经济学思维、系统思维、逻辑思维、理性思维、网络思维、道德思维、设计思维、批判性思维等，每个学术领域都声称拥有自己的思维方式。是什么让计算思维优于其他类型的思维呢？目前还没有答案，也许仅仅是宣传的结果。但丹宁认为，计算思维主要对计算设计师有益，并不能使每个人都受益。然而从数学、科学等处理问题的方式来看，计算思维的确能使很多问题在其数学思想的基础上，找到一般非解析式的问题求解方法，这在很多情况下是有益的。但无论怎样，各个国家都开始把计算机科学纳入必修课程，这也许是计算思维的成功之处。

2.6.3　计算思维可以不涉及编码吗

周以真认为，计算思维是可以跨学科且高于学科的。计算思维基于数学思维，又用来解决现实问题，因此常常涉及其他学科，也往往借助其他学科的思想解决问题(如社交网络、物理世界中的仿真、模拟退火、遗传算法)，甚至有些计算思想仅是学科思想结合计算机信息处理特点的计算方法改进。从这种意义上讲，计算思维可以不涉及编程，而现在多数学者认为，计算思维不包含编程，目前也出现了很多不用编程且培养计算思维的学习活动，如不插电活动、游戏设计等。

但计算思维教育的目的是让每一个人能像计算机科学家一样思考。计算机科学家通常是有编程/编码经验的，如果没有编程与编码的体验，就不能对计算机课程学习有完整的反馈，就会变成如导师一般的人物，需要其他强大编程人员的配合，也就是说这些人成为团队中伟大思想的提出者或领导者，但这些人可能会提出一些不切实际的想法。必须等待编程者予以反馈才能修改方案。即使是有多年编程经验的设计者，当遇到自己未编过程序的领域时，也只能提供解决问题的思路，必须要等编程执行获得问题的结果时，设计者才能进行算法的修改和纠正，这在大规模数据处理中更加普遍。

从另一个角度看，所有思想和方法要通过计算机来执行，都必须通过编写成程序来完成，因此程序对计算来说是不可或缺的一步。计算思维教育中不采用编码或编程，只是降低了要求，或者说为计算思维中的概念提供高层理解，为后续进一步学习提供支撑。真正的计算思维学习应该具有一定时长的编程体验。初学者如果在衔接具体的、可行的方案时没有编码体验，总会缺少自信和具体情形的反馈，甚至无法确定自己是否真正掌握了计算思维。

编码或编程学习实践会对计算思维的学习和掌握有积极的促进作用，

使人们更了解问题与计算思维的关系，更容易形成计算思维能力。编码的学习能使初学者更容易地体会和掌握计算思维。

要想利用编程工具对计算思维进行实践，就必须掌握所用编程语言中使用的概念和基本表达语言甚至类库，如此才能采用有效的编程来实践计算思维。尽管已经学习过递推、归纳、抽象、分解等计算思维中的基本概念，甚至在中小学阶段也有早期接触，但真正利用其解决计算机科学问题时，很多学生还是表现出极大的困惑，只有通过真正的思维实践才能真正地掌握计算思维。因此，计算机科学标准中仍然将编程作为计算机科学教育的核心部分。

2.6.4 计算思维是知识还是技能

计算思维提出以后，学者对计算思维的定义、范畴、概念进行了深入的分析，也产生了计算思维属于知识还是技能的探讨。在回答计算思维是知识还是技能之前，首先需要了解知识和技能的关系。虽然很多学者把知识分为显性知识和隐性知识，而且把传统意义上的知识视为显性知识，把技能视为隐性知识，但我们依然采用知识和技能这两个概念来作为分析出发点。

从这种意义上来说，计算思维的认识经历了一系列变化。《CSTA K12计算机科学标准》(2011 修订版)将计算思维列为与合作、计算实践与编程、计算机与通信设备等并列的大概念，由此可以看出该标准将计算思维定义在知识层面，而且具有独立的实践维度。Brennan 和 Resnick(2012)将计算思维学习框架描述为计算思维概念、计算思维实践、计算思维意识三个层次，转变了对计算思维的认识，认为计算思维概念是计算思维的知识支撑，计算思维实践是计算思维内化的关键，计算思维意识的产生是计算思维实践后的内隐知识升华和外在表现。《K12 计算机科学框架》和《AP计算机科学原理框架》明确提出计算思维实践的视角，强调计算思维实践拥有不同的维度。从以上可以看出，学者对计算思维的认识在逐步转变，并逐渐形成趋同一致的认识，即计算思维学习需要实践的支持。从这种意义上来讲，计算思维是一种技能。但计算思维不同于骑自行车这样的行为型技能，而是一种思维技能，它需要计算知识的支撑。从二者的关系来看，计算知识是计算思维技能形成的基础，而技能反过来也可以巩固知识的学习、促进新知识的形成。因此，计算思维是一种基于知识的思维型技能，不能脱离知识而独立存在，是和知识一起学习的，是通过实践对知识的升华。这是它与动作技能(如骑自行车)不同的地方。计算思维既涉及知识，又涉及技能，还涉及意识，应按照知识和技能的学习方法安排教学。因此，在教育活动中，强调计算知识学习，更强调计算知识的应用与实践。

计算思维作为一种能力和素养而传播，首先要有知识层面，其次要进行实践，从而上升为技能层面，这与《K12 计算机科学框架》和《AP 计算机科学原理框架》提出的计算学习框架一致。从计算概念、计算实践到计算观念的实现路径成为计算思维学习的框架，并正在逐渐成为领域共识，但计算思维形成之后，也可以脱离知识而独立存在并应用于问题解决的其他领域，因此业界也开始将计算思维看作一种个人品质、一种能力。

2.7　小　结

计算思维从提出到现在，其概念一直存在争议。这为计算思维到底是什么留下了讨论的空间，这也可能是计算思维得以持续研究的关键所在。在无法用简短定义说清楚计算思维的本质和范畴时，学者们运用了认识论从不同视角对计算思维的本质进行论断，也试图通过计算思维核心要素的形式对计算思维的范畴进行界定，试着归纳计算思维过程，但争议从未终止。从这种意义上来讲，计算思维尚未发展成熟，仍需进一步讨论和思考。

第3章　计算思维核心要素剖析

虽然ISTE等机构和学术人群研究了计算思维的核心要素，但其具体内涵和体现这些核心概念的知识载体缺少全面而详细的阐述。本章将对比较公认的核心要素结合可能的知识载体进行分析，探讨其内涵。

3.1　抽　　象

抽象是形成普遍规律和思想的方法，是人类形成高阶思维、总结各种规律的基础。因此，抽象的应用在各学科中普遍存在，不被计算机科学学科所独有，但其用途和表现形式不一样，在计算机科学里，抽象的目的是重复使用、信息隐藏和简化应用，可以把一类问题及解决方法用统一的方法、方式加以表达。目前，抽象作为计算思维的本质而受到广泛关注。下面将首先介绍抽象的基本理解，然后详细介绍抽象思维在计算机科学领域的典型应用，最后讨论抽象思维在多个学科中的应用，说明其在计算思维中的地位。

3.1.1　抽象的基本理解

抽象(Abstraction)与具体相对，是指从具体事物中抽出或概括出共同的方面、本质属性与关系等，而将个别的、非本质的方面、属性与关系舍弃的思维过程。抽象还具有去掉细节、提取、分离等含义。

抽象是随着人的成长而逐渐发展起来的一种独特技能。儿童心理学家让·皮亚杰(Jean Piaget)将儿童的认知发展分成四个阶段：感知运算阶段(0～2岁)、前运算阶段(2～7岁)、具体运算阶段(7～11岁)、形式运算阶段(11岁以后)。在形式运算阶段，儿童思维发展到抽象逻辑推理水平。而在更早的时期，儿童就开始使用和理解抽象概念。例如，儿童能够从张三、李四、爸爸、妈妈这些概念中抽象出并理解“人”的概念，忽略了他们具有的身高、外貌、年龄、姓名等具体特征，把具体概念中的诸多个性排除，描述事物的共性，具备了初步的抽象思维能力。这种抽象从具体的事物转化而来，更容易学习和理解。

牛顿运动定律、供求定律或毕达哥拉斯定理这样的抽象知识能在更深层的背景下，帮助人类理解客观世界。此时的抽象将与模式识别密切相关，这也增加了其理解的难度。这要求人们能思考更宽泛而复杂的抽象概念，并动用实验、数学等复杂知识，寻找和理解复杂的规律，此间的复杂抽象使得学习更加困难。在从小学到大学或更高阶段的数学学习中，我们发现数学越来越难以理解，学习也越来越困难，其原因也是如此，即随着学习的不断深入，要学习的数学知识越来越抽象。

抽象也是人类利用计算思维时不可或缺的一个概念。周以真认为，计算是抽象的自动化，也就是说，计算通过采用精确的符号和模型，把抽象、抽象层和它们的关系机械化，从而自动化地运行它们。在处理大型复杂任务或设计大型复杂系统时都将使用抽象和分解；算法是一个抽象过程，它接受输入、执行一系列步骤，并产生输出以满足预期的目标。因此，在计算思维中，最重要、最高级的思维过程就是抽象。杰夫·克莱默(Jeff Kramer)认为，成功的计算机科学专业学生是那些能够处理抽象问题的人。抽象能力俨然是每一个人都应具备的高级能力，抽象能力越强，越容易成为优秀的人。

3.1.2　计算机科学中的抽象

计算机科学家使用抽象来建立模型，这些模型不仅可以重复使用，而且对于同一个功能的应用程序，不必为每种类型的计算机重新编写所有的程序代码(甚至不需要任何改动)。例如，我们可以利用某种跨平台的计算机编程语言(如C++)编写源代码，再将这些源代码分别编译成在不同类型操作系统上可执行的形式。抽象也允许软件设计者从一类特定问题的实现细节中分离出函数、类、包、类库或软件框架，这种抽象使得程序员在不知道类库、操作系统软件或硬件特定细节的情形下，只需少量的额外工作就能在其基础上编写自己的软件程序，这也允许一个程序员非常方便地利用另一个程序员开发的程序包，只需要对另一个程序员开发的程序包实现抽象的理解，就能利用它解决问题。因此，抽象减少了计算机科学家的工作，增强了计算机软件系统的演化能力，使得开发大规模复杂软件成为可能。下面介绍几种计算机科学中的抽象。

1. 结构化编程中的抽象

结构化编程往往将复杂的程序任务分解成更小的模块，这些模块之间应具有清晰的流程控制和接口，从而降低复杂性。在较大型系统中，抽象的顶层是独立的可执行文件，在生成可执行文件之前，是由许多源文件构成，每个源文件都只包含处理问题所需要的一小部分程序代码。可供其他系统复用的部分将抽象出来形成可重用的函数库。数据可抽象出来形成通用的数据模型(如数组、树、图、E-R 数据库模型等)。这种方法产生的效果是将模块内部细节隐藏起来，将定义和现实分离开来。

2. 抽象数据类型

抽象数据类型(Abstract Data Type， ADT)是一种数据类型的数学模型，通常利用数据对象、数据关系以及基本操作三个要素来定义。具体形式如下：

ADT 抽象数据类型名{
数据对象：<数据对象的定义>
数据关系：<数据关系的定义>
基本操作：<基本操作的定义>
} ADT 抽象数据类型名

这类似数学中的代数结构。它实现了数据的某种抽象，定义了数据的取值范围及其结构形式，以及对数据操作的集合。但根本没有提到这些操作是如何实现的。这使得许多数据虽然为自定义类型，但是有了公共的定义，这使得其能在各语言间迁移和使用。在面向对象领域中，抽象数据类型相当于类(Class)；抽象数据类型的实体就相当于具体的对象。C++标准库、Java 库等多数编程语言类库都提供了数组、链表、堆栈、队列、Map、优先队列和字符串等内置抽象数据类型。尽管它们在不同语言类库中实现的方法不同，但对程序员而言是“相同的”，即数学特性相同，不必重新学习。

抽象数据类型也将使用与实现相分离，这样既能实现封装和信息隐藏，也使人们能够独立于程序的实现细节来理解数据结构的特性。ADT 是计算机科学中的一个重要理论概念，在算法、数据结构和软件系统的设计与分析等课程中都在使用，但主流计算机编程语言却不直接支持。

3. 分层抽象与抽象层次

计算机科学经常采用层次抽象，这使得设计的系统、软件和算法往往具有多个层次，其中每一层次代表相同信息和过程的不同抽象层次模型，仅仅是细节不同，而且每个层次都可以有自己的表达系统和规则。每一个相对抽象的更高层次都建立在一个相对具体的更低层次之上，更低层次往往提供一个更细粒度的表示，即越来越接近底层的语义。例如，网络体系结构模型从上到下有应用层、传输层、网络层、数据链路层、物理层，各层之间独立，自上而下越来越专业，并接近底层实现。再如，当前的计算机实现建立在物理信号之上，再实现逻辑门电路、二进制运算、机器语言、编程语言和操作系统、编程语言上的各种应用程序，每一个层次都是具体化的，但不由其下面的层次决定，这使每一层都可以用独立的语言描述，进而使得各层次之间独立。例如，数据库管理系统由物理层、逻辑层和视图层三个抽象层次构成。分层抽象是软件工程中常用的问题解决方法。

3.1.3 其他学科中的抽象

抽象思维被人类学家、考古学家和社会学家认为是现代人类行为的关键特征之一。许多学者相信，现代人类在 5 万～10 万年前就具备了抽象思维，而且其发展与人类语言的发展密切相关，无论是口语还是书面语，似乎都涉及并促进了抽象思维。抽象是所有学科的共有思维。每个学科都在考虑抽象出自己的一般规律、定律和定理，加速所在学科的科学发展。现代学科充满了抽象和抽象思维。下面介绍计算机科学学科以外其他学科中的抽象思维形式。

1. 数学中的抽象

数学中的抽象是提取数学概念或对象的基本结构、模式或属性的过程，消除最初可能与之相连的现实世界对象的任何依赖，并对其进行推广，使其在其他等价现象的抽象描述中具有更广泛的应用或匹配。数学中最典型的抽象是纯粹抽象、理想化抽象及各种抽象的多层叠加。

纯粹抽象的心理行为是指在某一特定情况下思考时，注意力只集中在被思考对象的某些特征和它们之间的相互关系上，排除了被认为不相关的其他属性和关系。这样一种抽象行为的结果在适当的语言中已经得到确认，开始扮演一般概念的角色。这类数学抽象的一个典型例子是同化抽象(Abstraction by Identification)。

理想化抽象的心理行为是指在一定的情境中，一个人的想象产生了一个特定的概念，这个概念成为一个人意识所考虑的对象。通过想象赋予概念的属性，不仅是“纯”抽象行为所导致的初始对象实际拥有的属性，而且包括其他想象出来的属性，它们以一种修正的方式反映初始对象的原始属性，甚至是现实中完全不存在的属性。最传统的数学理想化方法之一是对实际无穷大的抽象，从而产生了实无穷的概念，这种抽象是数学集合论发展的基础。另一种传统的理想化抽象是对潜在可实现性的抽象，从而导致潜无穷的概念。这种抽象再加上拒绝使用实无穷的抽象，构成数学构造性基础的基础。

各种抽象的多层叠加是数学越来越难理解的原因。例如，从数、数量关系、函数关系，到集合论，然后到向量、矩阵，再到抽象代数各种理论，形成了叠加而成的复杂抽象。抽象代数将各种抽象的公理化代数系统(如向量、矩阵、变换)中共有的内容进一步抽象出来，形成了更抽象的数学研究。

数学抽象的优点是：①它揭示了数学不同领域之间的深层联系；②一个领域的已知结果可以暗示另一个相关领域的猜想；③一个领域的技术和方法可用于证明其他相关领域的结果；④一个数学对象的模式可以推广到同一类中的其他类似对象。数学抽象的主要缺点是高度抽象的概念更难学习，可能需要一定程度的数学成熟度和经验才能学会。

2. 物理和化学中的抽象

物理抽象是在观察、实验的基础上，通过物理概念、物理判断和物理推理的形式，对已获得的物理事实进行加工处理而形成的对物理对象、物理现象、物理过程的本质和规律的认识。例如，牛顿物理学中抽象的目标是抓住现象不可改变的永恒本质。牛顿通过遵循抽象方法创建了质点的概念，以便从任何可感知物体的维度和形状中抽象出来，只保留惯性和平移运动。质点是所有物体的最终共同特征。化学是以实验为基础的自然科学，具有原子的结构、元素、化合价、元素符号、相对原子质量等难以理解的抽象概念。

这些理科和工程学科涉及函数、计算、空间集合关系的运算和处理，就会跨越到数学中来。因此，数学抽象是从所有学科中抽象出来的更普遍事物的独特思考，忽略不普遍的方面，因此数学成为应用学科的公共基础。

3. 社会科学中的抽象

在社会理论中，抽象既是一个概念过程，又是一个物质过程。在社会实践中，马克思将商品抽象为货币或价格，即抽象出商品的价值，使不同的商品之间可以通过货币来比较，实现了完全不一致对象间的可比性，这种抽象依然保留“抽取”或“抽离”的主要含义。“国家”这个概念早期的意思是国王的财产，而在实践和宪法的意义下，“国家”这个概念则变得更抽象。

抽象成为社会科学若干学科的基本方法论工具。一些学科有明确的、不同的人的概念，通过理想化来突出人的某些方面及其行为，这些理想化与特定的人类科学有关。例如，社会学把人抽象化、理想化，把人描绘成一个社会存在。新古典主义经济学家也遵循同样的程序，创立了无限抽象的“经济学人”这一概念。经济学家将其所有的个人和个人素质中抽象出来，以获得体现经济活动本质的特征。在发展心理学中，将人按年龄进行抽象，以反映符合相应概念的特征和理论。

4. 艺术学中的抽象

在艺术中，抽象绘画是尝试打破绘画必须模仿自然的传统观念，利用诸多事物的共通之处综合而成的。最初抽象画和具象画混杂一起，通过几何体加颜色的方式来表现半抽象绘画作品。在 20 世纪，绘画抽象化的趋势与科技的进步和城市生活的变化相吻合，最终反映了人们对精神分析理论的兴趣。抽象画通过抽象的色彩、线条、色块、构成来表达和叙述人性，体现了经验之外的生命感受，成为无逻辑、无主题、无故事的艺术形式。抽象艺术不模仿任何已有的创造，刻意在视觉空间创造出独特的绘画语言，以鲜明的个性及艺术符号来完成画家对艺术的体验。

在绘画时通常也会利用抽象绘制出画的骨架，再逐渐丰满。简笔画也是一种艺术形式，它将复杂形象抽象与简化，注重事物的形体结构，在不同的层次上形成不同的抽象级别，也是去除细节的过程。

5. 哲学中的抽象

在哲学术语中，抽象是一种思维过程，在这种思维过程中，思考的内容将脱离具体的事物而形成抽象概念。抽象概念对于理解围绕经验主义和普遍性问题的一些哲学争论很重要，最近也在谓词抽象下的形式逻辑中流行起来。

6. 语言学中的抽象

抽象在语言中具有重要地位。阿纳托尔·拉波波特(Anatol Rapoport)认为，抽象是一种机制，通过这种机制，可以将各种各样的经验映射到简短的声音上，进一步将声音抽象到更易于分割的符号串(文字)上，使得经验与表达可以流传和传授。

抽象在语言学研究领域也有多种用途。语言学研究者经常运用抽象的方法来分析语言现象。音位是一种常用的抽象概念，它对语音进行抽象，忽略了不能区分意义的语音细节，使其成为具体语言中能够区别意义的最小语音单位。其他类似的抽象形式还包括语素、字形、词根和词汇。抽象也出现在语法、语义和语用之间的关系中。语法只考虑从文字符号里抽象出来的表达结构框架，体现这些文字符号之间的组织规则和结构关系；语义考虑的是从语言使用者那里抽象出来的文字符号和它们所表示的含义；语用学涉及对语言使用者的参照，听话人通常要通过一系列心理推断，去理解说话人的实际意图。抽象和抽象层次在阿尔弗雷德·科尔兹布斯基(Alfred Korzybski)提出的一般语义理论中占有重要地位。

3.1.4　K12 抽象学习样例

抽象无处不在，不仅在日常生活中，而且在中小学的各门课程中均存在抽象思想的应用。因此，可以通过它们来理解抽象的本质含义，再迁移到计算机科学领域中，使抽象更容易被中小学生理解。

日常生活：抽象和模式识别是紧密相关的。模式识别的结果也可以看作一种抽象。例如，牛顿运动定律、供求定律或毕达哥拉斯定理等是对现实世界的抽象，并形成理解世界的规律。

语文：对段落或篇章进行缩写。

数学：学生对同龄人进行调查，分析数据并进行统计描述；在应用题求解时，使用方程。

科学：通过实验数据重新发现定律或定理。

外语：语法是语句的抽象。

艺术：利用几何形状来绘画；利用音乐来表达个人情感。

编码和计算机科学：在 Scratch 编程中，将代码串简化成不同的函数。它隐藏了编程语言中的底层复杂性，这使得实现算法和与数字工具进行通信变得更简单。

3.2 分　解

在计算思维的核心要素中，分解是仅次于抽象的第二核心要素。下面将首先阐述分解概念的起源与基本理解，其次介绍计算机科学问题中的分解思想，再次介绍其他学科中的分解思想和形式，最后介绍分解思想的学习分析和 K12 课程中一些分解示例。

3.2.1 分解概念的起源与基本理解

分解作为动词，最初的意思是将有机物质降解成更简单物质的过程。该过程是营养循环的一部分，对于回收占据生物圈物理空间的有机物质至关重要。动物死亡后不久，体内生物器官开始分解。虽然没有两个生物以相同的方式分解，但它们都经历相同的连续分解阶段。明显看出，最初的分解与生物学密切相关。目前，分解在字典中也给出了两个典型的语义解释：①一个整体分成它的各个组成部分，如物理学上力的分解、数学上因式的分解等；②一种物质经过化学反应而生成两种或两种以上其他物质，如碳酸钙加热分解成氧化钙和二氧化碳。目前，分解思想已经广泛应用于日常生活和各领域中。

后来，分解成为解决各种问题和设计算法中的通用术语，其基本思想是将问题分解为子问题。为了能更好地解决问题，笛卡儿提出了自己的方法论，其第二条是“对要解决的每一道难题，要尽可能分解成许多部分，以便于妥善处理这些难题的要害”。他以简单易懂的方式描述了问题解决之道，成为分而治之的思维基础。在当前的日常生活和各学科教学中，分解的应用非常普遍，普遍得似乎没有人直接提及，但它确实是我们潜移默化的解决问题能力，我们每时每刻都在使用分解。分解也是计算机解决问题必不可少的核心要素，没有分解就没有问题的解决。分解成为人类应具备的基本技能，在问题解决过程中，特别是在计算机解决问题时，经常和抽象、模式识别、算法一起使用。

3.2.2　计算机科学中的分解思想

如果一个问题通过简单的一些语句就能实现，则不需要具体的分解方法，只需要步骤化思维就已经足够了。如果问题过于复杂，或要开发大型软件系统，则必然会使用基于模块的软件开发方法。模块化这一概念产生于产品设计领域，是在传统顺序化设计制造模式基础上发展起来的一种新的设计思想。模块化就是把一个待开发的软件(系统)分解为模块，模块再划分为子模块，直到每个模块都易于实现。这样，每个模块都具有一个特定的功能，同时还可以将它们组装起来形成整个软件。在整个系统中，模块是可分解、可组合、可更换的独立单元，而且每一个模块都独立地开发、测试。模块之间的相互关系(如信息交换、调用)则通过一定的方式予以规定和说明。这种开发方法是对复杂事物分而治之的一般原则在软件开发领域的具体体现。

1. 模块划分原则

划分模块就是对模块的进一步分解，是软件需求分析和系统设计中的关键环节。模块划分是否合理将直接影响系统设计的质量、开发时间和开发费用，以及系统实施维护的方便程度。划分模块并没有严格和绝对的标准，好的模块划分方案也不是唯一的。通常划分模块的原则如下。

(1) 模块内部高聚合、模块之间低耦合。模块内部高聚合、模块之间低耦合是模块设计与划分的首要原则，是实现模块独立性的关键。尽量减少模块之间的关联程度，关联程度越高，相互之间的关系就会越复杂。当模块关联程度高时，需将一些功能模块进一步提取或合并，从而降低耦合、提高内聚。

(2) 模块大小要适中。模块过大是指模块内部代码行过多，不仅不利于程序阅读，而且测试和维护困难，还可能造成模块接口的复杂性，甚至影响复用。

(3) 保持合理的模块深度、宽度、扇出和扇入。每一模块保持一个入口接口和出口接口，尽量做到修改模块实现时不影响接口。同时系统中的模块调用不要过深，输入参数和返回参数不要过多。

(4) 抽象原则。把非本质的性质隐藏起来，只突出那些本质的性质，以实现更多的信息隐藏，减少人们的注意力资源，降低人们的认知负担。同时利用抽象，尽量消除重复的代码，建立公用模块，避免对不必要的代码进行重复编写和调试。

2. 划分的依据

在子系统或模块划分中，应保持内部强耦合，子系统或模块间尽可能独立，接口明确、简单，在系统划分出模块后提取公用模块，提高可重用性，并确保系统构成模块间的松耦合。按照模块设计思想，对模块或子系统进行划分的依据通常有以下几种。

(1) 按逻辑划分，把相似的处理逻辑功能放在一个子系统或模块里。例如，把数据录入功能放到一个子系统或功能模块中，把数据编辑功能放在一个子模块中。

(2) 按时间划分，把要在同一时间段内执行的各种处理功能放在一个子系统或模块中。

(3) 按过程划分，也就是按流程划分，将同一个流程阶段的功能放在一个模块中，则更有利于对系统的理解。

(4) 按职能划分，也就是按管理功能划分，这在信息管理系统中非常常见，如将图书管理系统划分为用户管理、图书管理、借阅等子系统。

(5) 按通信划分，把相互需要较多通信的模块放入一个子系统中，这样可减少子系统间或模块间的通信，使接口简单。

3. 计算机科学中的分解范式

在当前的计算机科学中，主要有面向对象的开发方法、结构化开发方法、功能分解方法、分而治之方法等分解范式。

1) 面向对象的开发方法

分解是面向对象开发方法中最主要的技术之一。在面向对象的开发中，以分析、设计和实现为软件过程焦点，以用例图、类图、对象图、包图、构件图、部署图、状态图、活动图、协作图、序列图等为抽象指导框架，完成从需求分析、系统设计到系统实现的逐步转换，实现从用户的系统理解转换到设计者的系统理解，再转换到实现者的系统理解，从而顺利地和面向对象的编程语言对接，使开发工作能够实现自然的过渡与转换。目前有多种面向对象软件开发方法指导分解过程。

在整个开发中，不仅涉及分解，而且涉及计算思维的各个方面，如抽象、模拟、模式识别、并发等。理解面向对象开发中所使用的各种图的作用和意义也是实现面向对象系统顺利分解的基础。

2）结构化开发方法

结构化开发方法，也称为面向功能的软件开发方法或面向数据流的软件开发方法，是针对基于过程的软件开发方法而提出的，依据软件生存周期，包含结构化需求分析、结构化系统设计、结构化程序设计与实现等步骤。

结构化需求分析是一种面向功能或面向数据流的需求分析方法，采用自顶向下、逐层分解的方法，建立系统的处理流程。结构化需求分析中使用的主要技术有数据流图、数据字典、结构化语言、判定表以及判定树等。数据流图描述业务或计算机对数据的高层处理过程。数据字典描述数据组成和数据关系。结构化语言以近似编程的语言描述处理过程。判定表以及判定树则描述各种条件的处理关系。

结构化系统设计是将数据流图方式描述的需求分析转换成系统应具有的模块化结构，并通过分解逐步使其接近程序可表达形式。其过程也充分利用了模块化分解过程。

结构化程序设计与实现是将结构化系统设计的功能模块进一步依据特定程序进行编码。各功能模块可以独立编程，再将各模块连接在一起组合成特定功能的软件系统。

3）功能分解方法

首先确定系统的总体功能，然后将其分解为若干子功能，各子功能进一步分解，如此继续，直至各子功能被分解为易于实现的基本功能单元。这种由子功能或基本功能单元按照其逻辑关系连成的结构称为功能结构，并可用功能结构图来描述。

4）分而治之方法

问题分解中最典型的算法是分而治之。分而治之（Divide and Conquer）方法是一种非常重要的算法设计思想，其基本过程分为三个步骤。

(1) 分解：将原问题分解为若干规模较小、相对独立、与原问题形式相同的子问题。

(2) 解决：若子问题规模较小且易于解决，则直接求解；否则，继续反复分解各子问题直到可解。

(3) 合并：将子问题的解逐层合并构成原问题的解。

分而治之方法与软件设计中的模块化方法非常相似。常见的算法有快速排序、归并排序、折半查找等。

4. 分解与复用

合理的模块分解是软件复用(Reuse)的基础。但要求这些模块可以方便地重复使用。复用是典型的拿来主义和共享主义。软件得以快速生成的原因之一就是开放源码与复用。依据复用的层次自底向上分为代码复用、函数复用、模式复用、组件复用、框架复用和平台复用。

代码复用直接通过复制代码来复用，是最低层次的复用，也是最糟糕且不可取的方式，会使代码重复，从而造成修改和维护的麻烦。函数是一个最基本的复用模块，可以用来重复解决问题，而不必关注内部细节。类通常包含数据和函数，具有更好的封装性和复用性，组件或包则是对多个类的进一步封装。组件(如各种控件、包、动态链接库)复用将使组件作为一个整体而直接使用，具有更大的复用粒度，更易于使用，而且能提高开发速度。模式复用体现了灵活的设计方法，设计模式成为面向对象开发人员必备的基础知识。框架复用则体现出面向特定领域的高层复用，开发者需要了解框架的构成，才能进行填充式开发，如 MFC 框架、Struts+Spring+Hibernate 框架。平台复用是更高层次的复用，但平台的定义和形式相对灵活，是进行快速软件开发的基础，利用其开发的软件往往与特定领域和应用相关。

3.2.3　分解思想的多学科应用

分解是现实世界解决问题的一种方法，也是物理世界中物质变化的一种形式，常常应用于问题解决和软件开发中。

1. 日常生活中的分解思想

在人类进行任何一种有目的的活动时，几乎都存在分解的应用。例如，做一顿饭、旅游、实现某一个目标。再如，时间中的分解思想：把一年分成四季，把一个季度分成三个月，还可以继续分解下去。再如，国家的行政区域。

2. 数学中的分解思想

许多数学对象可以通过分解成多个组成部分，或者找到它们的一些属性而使这些对象更容易地理解，这些属性必须是通用的，而不是由我们选择表示它们的方式产生的。初等数学中，多项式的分解称为因式分解，其一般步骤为：一提二套三分组，要求将多项式分到不可再分的形式。小学数学中，四则混合运算过程也明显体现出分解的特性，分解质因数是将合数分解为质数的积。例如，可以用十进制或二进制等方式表示整数12，但是12=2×3×3这种分解永远是对的。从这个分解表示中我们可以获得一些有用的信息，例如，12不能被5整除，或者12的倍数可以被3整除。

正如可以通过分解质因数来发现整数的一些内在性质，我们也可以通过分解矩阵来发现矩阵表示成数组元素时具有的不明显函数性质。例如，特征分解是使用最广的矩阵分解之一，可以将矩阵分解成一组特征向量和特征值。

3. 物理中的分解思想

在高中物理中，有许多直接应用分解思维的问题，如力的合成与分解、运动的合成与分解、用分解的思想处理抛物体运动、用分解的思想处理电场中的偏转问题等。

4. 化学中的分解思想

在化学中，分解是化学反应的一个基本类型，是指在特定条件下(如加热、通直流电、催化剂)，一种化合物降解成两种或两种以上较简单的单质或化合物的过程。例如，水在电解的情况下将分解出氢气和氧气。

5. 机械中的分解思想

在机械工程中，零件是构成整机的部件，也可以看作模块。一台机器是由众多零件构成的，零件都是标准部件，损坏后可以更换。因此，机械设计体现出明确的分解思想。按照机器功能将整个机器分解成若干大部件，如何进一步分解成较小的部件，这将是设计师的重要工作。例如，一台计算机由中央处理单元、存储器、输入设备、输出设备组成，这些设备又通过主板连接在一起，如果这些部件有损坏，可以维修，也可以更换整个部件。中央处理单元由运算器和控制器组成，而运算器和控制器也可以进一步分解。

3.2.4 分解思想的学习分析

尽管一个人在某一个学科中学会了分解，但如果与将要迁移的情境不具有相似性，就很难形成迁移。例如，水可以分解为氢气和氧气。这种分解就无法迁移到计算机科学领域。这使水分解为氢气和氧气的方式不同于计算机科学领域的分解模式，也就是说分解模式也受到所在领域知识的限制。

但也应该认识到，分解概念本身仅提供了思维的方向。分解这一概念无论应用于哪一个领域，都是指将问题分解为子问题，如果子问题无法直接解决，可以进一步分解为子问题直到可解。德国哲学家、数学家莱布尼茨就分解方法的学习和应用明确指出："不讲分解技巧，分而治之就不大有用。无经验者对问题分解不当，反而会增加困难。"这也说明，纵有很多原则、思想和范式，作为技能的分解，也必须要通过实践才能掌握。模仿、修改和创新是学科下分解思维学习的关键。

3.2.5 K12 课程分解示例

分解深深扎根于我们日常工作、学习和生活中。在完成项目和任务的过程中，分解是强大的工具。在 K12 中，可使用如下案例进行教学。

(1) 语文：利用分解学习汉字的合体字。

(2) 数学：通过多个步骤来解决应用题和分解质因数。

(3) 科学或生物：研究不同的生物构成系统，例如，可以通过消化系统了解人体如何消化食物。

(4) 地理：通过研究构成文化的传统、历史和规范来探索一种文化。

(5) 外语：通过把外语句子分成主语、动词和宾语等部分来学习它的句子结构。

(6) 艺术：构思要绘制图画的组成，并合理布局。

(7) 计算机科学：从计算机科学和编码的角度来看，当学生编写一个新游戏时，分解可以发挥作用。例如，学生需要考虑角色、背景和情节，对于角色还要考虑不同的造型；脚本还要进一步分解为语句来实现角色的动作和角色造型切换等。

3.3 模式识别

模式(Pattern)通常指重复的艺术或装饰设计。在计算思维中，模式指一致的、有特点的形式、结构、风格或方法。而模式识别(Pattern Recognition)是观察信息中的模式、趋势和相似性，并从中得出结论。模式识别是人类的最基本技能，人类在婴幼儿时期就能使用模式来理解周围的世界，如识别房子、门、各种动物等，并能利用语言中的各种模式发展语言技能。

掌握计算思维需要拥有强大的模式识别能力。模式识别是计算思维的核心任务，是解决问题的必要步骤。模式允许计算机通过一种抽象的处理方法对一组有顺序要求的对象进行排序，而不必一遍又一遍地依赖具体的序列，因此，模式识别与分解(将对象分解成较小的部分)和抽象(将对象升华为其核心特征)能很好地结合在一起。在分解对象时，可以将对象的所有部分进行模式评估。例如，分解的文本可能会显示名词和动词的模式。同样，通过抽象，对象可以通过共有的特性分组，形成简单的模式。

模式通常会激发算法思维，成为算法的基础规则，也可以作为算法的构建块。在更简单的层次上，模式还可以帮助编码人员确定变量。模式识别是创建代码体系结构的基础，它与递归是计算机科学课程的一个重要组成部分。

模式识别在人工智能领域作为一个专业术语早已提出。模式识别是对数据中模式和规律的自动识别。模式识别与人工智能、机器学习以及数据库中的数据挖掘和知识发现等应用密切相关，经常与这些术语互换使用。然而，这些方法是有区别的：机器学习是自动模式识别的一种方法，而其他方法包括人工规则或启发式生成；模式识别是人工智能的一种方法。学习者应该意识到，当不正确地选择数据、不恰当地选择模式识别算法时，机器模式识别会存在出错的风险。当机器识别出有害或错误的模式时，人们应该能及时发现和纠正，不要过于迷信其结果，要把其看作辅助工具。

模式识别也存在于其他学科中。例如，经济学家研究周期性支出是如何形成买卖模式的；科学家试图通过寻找不同病例的相似性来确定疾病暴发的根源；教育家寻找有效的教学模式，便于有效教学方式的复用；商业网站根据用户的兴趣模式进行商品推荐。模式识别对任何人都大有益处，识别模式作为计算思维过程的一个基本步骤，其优势如下。

(1) 模式有助于提高问题解决的效率。

(2) 模式有助于确定用来解决问题的操作步骤。

(3) 识别模式对于利用计算机自动解决问题至关重要。

(4) 模式将允许重复操作，是循环中的核心内容。

在中小学课堂中，可以通过如下方式强调和学习模式识别。

(1) 语文：发现诗词的押韵；发现汉字的构成模式；利用总-分-总模式书写作文。

(2) 数学：发现等差数列、等比数列的关系；发现函数中的数字关系。

(3) 科学：根据动物的特征对它们进行分类，并将它们的共同特征表达出来。

(4) 社会研究：通过查看数据来确定不同经济趋势可能产生的影响。

(5) 外语：通过观察词根来对一门外语中的不同单词进行分组，以便更好地理解词汇。

(6) 艺术：根据艺术家美学的共性和每一组呈现的关键细节特征对绘画进行分类。

模式识别在元认知中也起着重要作用。当人们解决问题的时候，总是在大脑中搜索并思考是否能利用已有的思维模式将其解决。有规律的反思可以让学生认识到他们学习的模式，并且让他们避免一次又一次地犯同样的错误。

通过学习和实践，学生能逐步认识或发现复杂问题不同部分之间的模式或联系。这些模式既可以反映共同的相似性，也可以反映共同的差异性。这个概念对于在密集信息中形成对数据的理解是必不可少的，它远远超出了识别数字、字符或符号序列中的模式，从而为计算思维的学习、应用和掌握奠定基础。

3.4　算法思维

近年来，算法思维已经成为计算机科学教育工作者的流行语。算法思维是理解、执行、评估和创建计算步骤的能力。要成为算法思想家，必须首先能够逐步理解和执行算法的计算过程，还需要能够评估算法的正确性和效率；更重要的是，能够针对给定的问题，创建新的算法，开发一系列精确的分步指令，完整、正确、高效地解决此问题。

3.4.1　算法思维的起源、范畴与特征

中文的“算法”一词来自《周髀算经》，英文的“算法”一词——Algorithm 来源于 9 世纪波斯数学家阿尔·花剌子模(Al-Khwarizmi)，其最初的书写形式为 Algorism，其解释是“阿拉伯数字的运算法则”，其书写形式在 18 世纪演变为 Algorithm。欧几里得算法，即寻找两个数最大公约数的过程，被认为是已知最古老的算法。经典的算法还有很多，如割圆术、秦九韶算法等。从现代意义上看，算法比任何用于计算的机器都要古老。

从广义上讲，算法在现代社会无处不在。烹饪食谱、音乐乐谱、商业程序、医疗协议和家用电器手册都是人类处理算法的例子。这种方式实现了创建算法与使用算法的分离。算法的本质在于两个代理(既可以是机器，也可以是人)之间的通信。一个代理把程序、方法和规则翻译成一组有序的指令，其目的是达到一个特定的结果；另一个代理对其解释并执行。在很大程度上，算法允许知识基础和操作职责的分离，这是工业社会的基础之一。因此，早在电子数字计算机出现之前，算法思维就已经受到工业界、金融界、科学界以及教育界的青睐。但如何定义和形式化算法一直是个难题。直到 20 世纪，图灵提出一种假想的计算机抽象模型，即图灵机，从而解决了算法定义的难题，计算机的研究与发明则为算法研究提供了更广阔的发展前景。当计算机出现之后，每一台计算机设备都使用算法来执行其功能。计算机算法通过缩短手工操作所需的时间，使生活变得更容易。在自动化的世界里，算法让工作人员更加熟练和专注，使缓慢的过程更加快捷。在很多情况下，尤其是在自动化领域，算法可以为公司节省资金。

因此，算法的研究和使用更加受到追捧。一度认为，算法是计算机科学教育的主要内容，即使到了人工智能时代，过程和算法依然是计算思维的核心要素。对算法的定义与内涵的理解是指导算法设计和分析的基础，许多学者都对此进行过论述，并从不同角度对算法进行了解释和阐述。

唐纳德认为，算法的现代含义与配方、过程、方法、技术、步骤序列、例程(Routine)非常相似，只是稍有不同，即一个算法不仅是用于解决特定类型问题的一组操作序列，而且具有有限性、确定性、输入、输出和有效性五个重要特征。

美国信息技术素养委员会(Committee on Information Technology Literacy)的报告《精通信息技术》这样描述算法思维：算法思维是概括性的概念，包括功能分解、重复(迭代/递归)、基本数据组织(记录、数组、列表)、泛化和参数化、算法与程序、自上而下的设计和精化等。某些类型的算法思维并不一定需要使用或理解复杂的数学。

美国莱斯大学的“算法思维课”(COMP 182)认为，算法思维是一个有关系统推理、控制算法复杂性、阐明其性质的科目。该课程中的算法技术，以及算法的正确性和效率，将通过对交互系统的推理来教授，这些交互系统在我们高度连接的世界中无处不在。

美国约翰斯·霍普金斯大学的“算法思维：问题解决和编程实践课”认为，算法思维将为学生提供逻辑思维和方法工具，阐述编写计算机程序所需的抽象解决方案。基本的编程语言(如 BASIC、PHP、汇编、C++、Java)能让我们通过计算机练习和实践算法问题的解决。

周以真认为，算法是一个多步指令序列的抽象，接受输入并产生期望的输出。此外，算法还有很多定义。例如，一个算法是一个有限序列的、定义明确的、计算机可实现的指令集合，通常用于解决一类问题或进行计算；算法是执行计算、数据处理、自动推理和其他任务的明确规范；算法思维是通过明确定义所需步骤来获得解决方案的一种方法；算法是一个定义良好的过程，它以某个值或一组值作为输入，并生成某个值或一组值作为输出。因此，算法也可以看作将输入转换为输出的一系列步骤。

目前算法已经成为计算机科学领域的重要概念，并且在本科阶段就有两门以算法为核心的课程：“数据结构与算法”和“算法分析与设计”，但如何将其分层次、分阶段、按需求传授给 K12 学生和非计算机专业人员，还需要进一步研究和论证。

3.4.2　算法思维的学习层次

算法的复杂性决定了算法之间学习的先后与层次。从目前来看，算法思维的研究已经到非常具体的层面，对算法思维定义和范畴的哲学层面研究较少，也不像计算思维那样具有广泛的争议，已经作为课程在大学中广泛开展。本书将算法的学习从简单到复杂分为 5 个层次(图 3-1)，包括算法表达层、基本思想层、数据结构层、高阶思想层、问题类别层。

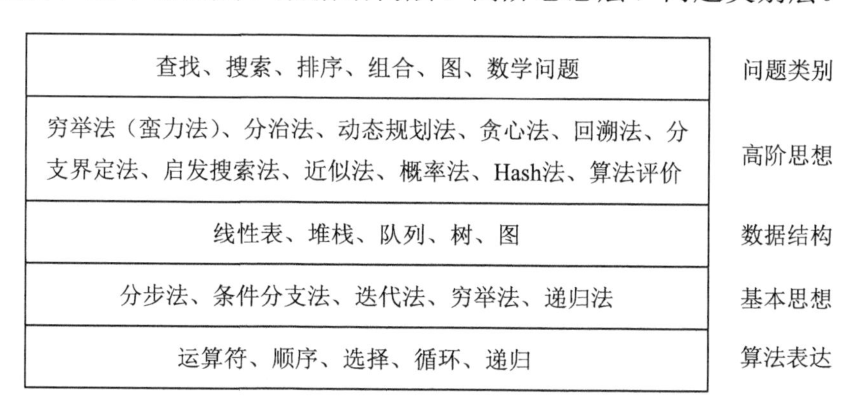

图 3-1　算法的学习层次

1. 算法表达层

设计计算机算法的最终目标是能在计算机上重复使用和执行，这就要求编写的算法能够容易地转化为程序语言。在程序中，计算机所能理解和执行的基本操作是用基本语句来描述的，基本语句中不仅涉及程序的控制结构，而且涉及数据对象的运算和操作。因此，算法的描述要尽量借鉴这些内容，但要从编程语言中独立出来。算法的表达应包括如下基本运算：①算术运算，加、减、乘、除等运算；②逻辑运算，与、或、非等运算；③关系运算，大于、小于、等于、不等于等运算。此外，还涉及输入、输出、赋值等运算，从而形成数据操作的基础。

如果利用变量和运算符形成符合计算机运算规则的序列表达，就形成了一条独立的算法语句，若与算法的控制结构相结合则会形成更复杂的描述。算法的控制结构借鉴了程序的控制结构，包括顺序、选择和循环三种结构，是将人类思想转换成机器语言的基础。这三种结构的基本思想在实现生活中很常见。

顺序结构是一串顺序行为或指令序列。例如，起床、刷牙、吃早饭、漱口、上学，这就是一个顺序结构。

选择结构在生活中也很常见。例如：

如果(if)　　明天不下雨

我们去郊游；

否则(else)　　我们上课；

循环结构的语意是重复做某件事，直到条件不满足而中止。对于循环这个概念，其应用也是很容易理解的。例如：

当(while)　　没有到达商场时

移动 1 步；

其语义是，当没有到达商场时一直走，当到达商场时停下来。因此，从这种意义上来，这些概念是不难理解的。当要用上述语句描述计算问题的具体解决方案时，则需要对问题的准确理解，需要解决方案所依赖知识的支持。

当问题的解决方案用一些语句表达出来时，就会形成构成算法的指令序列，这通常要求规范和描述其输入、输出，当能用一个名称来代替和描述整个功能时，可以将其定义为函数或模块，从而便于重复使用。

2. 基本思想层

基本思想层很少作为算法的一部分来讲述，通常在程序设计语言中体会和学习，主要包括分步法、条件分支法、迭代法、穷举法、递归法等。分步法通常指一个任务或问题解决方案通过几条顺序执行的指令来实现，即可以认为问题解决方案由指令序列构成。条件分支法的使用情境是：当满足不同条件时，问题会有不同的计算方式和结果。迭代是重复反馈过程的活动，是在上一次计算结果的基础上进行某一个重复的动作而逼近所需目标或结果。每次对某一过程的重复称为一次迭代，而每一次迭代得到的结果会作为下一次迭代的初始值。穷举法的基本思想是根据题目的部分条件确定答案的大致范围，并在此范围内对所有可能的情况逐一验证，直到全部情况验证完毕或找到解。递归法是指一种通过重复将问题分解为同类的子问题而解决问题的方法。递归在某种程度上也是一种循环，是一种自顶向下的循环，即从初始条件出发，利用递推关系自顶向下循环到边界条件，再从边界条件自底向上逐层完成计算的过程。因此，书写递归的过程需要寻找递归方程和边界条件。

理解分步法、条件分支法、迭代法、穷举法、递归法等基本思想与顺序结构、选择结构、循环结构、递归结构的对应关系是用程序实践基本算法思维的基础，也是进一步深入学习高阶算法的关键。

3. 数据结构层

算法的目的是处理数据，不同的数据表达形式将影响数据的处理方法，数据结构作为数据的规范化表达形式，必然对应着可重复使用的基本数据处理形式。目前有线性表、堆栈、队列、树、图等基本数据结构。当前的数据结构相关书籍多数以数据结构为线索，讲述相应数据结构下的数据处理算法。

4. 高阶思想层

高阶思想层则以处理更为复杂的问题为目标，采用以算法思想与设计为导向的研究与学习方法，涉及的主要内容包括穷举法、分治法、动态规划法、贪心法、回溯法、分支界定法等。这些内容通常在数据结构课程之后再学习，强调问题和不同算法思想之间的对应关系，并利用计算复杂性理论为算法设计和分析提供指导。高阶算法思维是一个不断扩大的研究领域。

5. 问题类别层

问题是算法分析和设计的起点。问题分类将有助于研究和设计算法。如果问题能够在抽象层次上归于一类，则可用相同的解决方案。当前的问题类别归纳为查找问题、搜索问题、排序问题、组合问题、图问题、数学问题等。

算法的整个学习过程遵循人类的认知过程，分解、抽象、模式识别等计算思维要素也贯穿其中，通常算法表达层和基本思想层是结合语言来学习的；数据的表达和存储是计算思维不可或缺的内容，通常也是算法思维的基础；算法思维在现有的课程中具有明确的表述，具有我们熟悉的知识维度；以问题类别的形式学习和掌握算法更有利于将算法迁移或应用到其他领域。

3.4.3 算法思维学习策略

大学计算机科学课程已经开展多年，课程开展顺序的合理性也得到了验证。从当前大学计算机科学课程安排来看，学习一门编程语言→学习数据结构→学习算法→学习人工智能等是合理的课程学习顺序。

编程学习要从概念、语法、编程思想、编程实践四个方面展开。在编程学习中通常应该涉及的基本概念包括数据类型、变量、运算符、表达式、基本语句(顺序、选择、循环)、函数等，这些概念在算法思维的学习和应用中必不可少，是算法学习的基础。理解语法并能用语法表达问题解决方案是编程学习的重点。编程思想中不仅包含抽象、分解以及模式的使用，也包含利用迭代、穷举、递归等方法解决问题的思维方式。在编程实践中，将逐步形成基本的计算思维和编程思想，这为算法思维的进一步学习奠定基础。

在“数据结构”课程的教学规划中，授课教师要考虑学生已经学习的编程语言，并选用以此语言为基础的伪代码描述算法过程的教材，这将为理解数据结构中的算法奠定基础。“数据结构”课程是以数据逻辑结构为中心的教学内容组织方式，围绕一种数据结构介绍其相应的各种存储与增删改查等类型算法，是大学计算机相关专业的必修课程。

随着以数据结构为中心算法的完善，又逐渐形成了以算法自身为核心的课程。这种课程以问题为核心，形成各类算法模式，这是算法思维的高级形式。此课程多数在大学计算机科学相关专业的二、三年级开设。目前，算法思维正逐渐向 K12 渗透，希望中小学生能够学习和掌握部分简单的算法及其思想。一些研究者以生活为中心，以不插电活动形式来研究如何在 K12 中教授算法。重要的算法概念，如递归、参数、变量、数据类型，在面向年龄较小的学习者时通常故意忽略。这些概念需要更深层次的抽象思维技能，因此只适合年龄更大的学习者。

算法具有多种表示法，包括自然语言、伪代码、流程图、DRAKON 图表、控制表格、编程语言等。算法的自然语言表达往往冗长而模糊，而且很少用于复杂或技术性的算法描述。伪代码、流程图、DRAKON 图表和控制表格是结构化的表达算法，避免了自然语言陈述中常见的许多含糊之处。编程语言可被计算机理解，利用其表达的算法通过编译后可由计算机执行，但其增加了算法的表达难度，而且有时候使得算法描述过于冗长，使得算法的重点不突出、不简洁。因此，根据具体情形选择合适的算法表达方式是有益的。

3.4.4　算法与编程的关系

算法是 CSTA 认可的计算思维核心概念之一，同时在计算机科学中有着对应的课程和教学内容。虽然编程不被看作计算思维的核心概念，但却是算法思想进入计算机自动执行的通道。从研究者的视角来看，算法是通过证明来确保其正确性的，而在软件开发时，编程并测试是检验算法正确与否的通常做法。

在大学计算机科学专业课程中，算法是独立于计算机编程语言的课程，而且其表达方式通常独立于特定语言，使用某语言的类语言。算法与编程密不可分，在计算机领域，一直有“数据结构+算法=程序”的说法，可见算法对程序的意义。程序是用某种语言来表达计算过程的代码，对算法和数据结构进行某种机器可读的描述，使算法能够在特定机器上执行。将算法用伪代码、流程图、自然语言等来描述，这样可以将算法与程序分离，算法及其程序可以由不同的人来完成，也可以用不同的程序来描述，实现了二者的松耦合。设计算法的人可以不用学习某种特定编程语言，而且算法设计是困难的、复杂的，可能与特定领域相关。这种任务的分离可以让算法设计人员、编程人员独立工作，算法设计人员不用懂具体的编程语言，而编程人员也不一定具有高阶的算法思维能力。

算法是高于编程的。计算机科学中多数编程都依赖算法，而周以真将这些算法抽象类比到更简单的层面，如订票、选择路线，这种抽象使得算法概念更容易理解，但是在真正结合数据结构、数值计算的算法设计中，算法设计却令人头痛，即使对从业多年的算法设计者来说，有时仍然是困难的。这种困难的程度和问题自身的复杂性密切相关，这也是测量计算思维的难度所在。

在计算机课程中，如果我们教授如何设计算法，而学生设计出的算法不能比较容易地转化为计算机程序，则此教学在一定程度上是失败的。这是因为不能转化为程序的算法对于自动计算来说是没有意义的。因此，通常的思路是先学习编程语言，再学习复杂算法，同时在编程语言的学习过程中蕴含简单的算法学习，这对于复杂算法的学习来说是有帮助的。在大学课程中，也是先学习一门编程语言，再学习数据结构和算法等课程，这是当前主流的课程安排顺序。但是当前也有研究者通过实证研究发现，先学习算法再学习编程语言，比先学习编程语言再学习算法更有效率、效果更好。也有研究者通过一些不插电活动等一些不涉及编程的方式来学习和体验算法，取得了不错的学习效果。本书认为，在利用编程解决问题时，将问题的解决分为算法设计和编码两个阶段。在算法设计阶段，将问题的解决看作构思问题计算步骤的过程，最后得到独立于编程语言的解决过程描述；编码阶段则是将上一阶段的问题解决（计算）过程描述用特定的语言描述出来。在学习中也应如此，将学习内容分为这两个层次来理解，从而更有利于对算法本身的理解，也有利于理解算法与程序描述之间的关系。这样对学习过程的分解对算法和编程语言本身的学习都是十分有帮助的。

3.5　模拟与模型

在计算机科学中，模拟（Simulation）是开发一个模型来模仿现实世界的过程。在计算思维中，模拟和建模是解决问题的有力工具。同时，模拟是 ISTE 和 CSTA 联合发布的九大计算思维核心要素之一。其给出的含义是“过程的表示或模型，还包括使用模型运行实验”，从而明确表达了在 K12 中模拟这个要素要学习的知识内容：①使用模拟的模型运行实验；②利用模拟进行过程表示或建模。这是针对 K12 教育的一般目标，而在计算机科学、物理学、社会学等领域，需要相关研究人员能够建模和开发模拟应用，从而体现模拟在计算思维教育中的更广泛目标。

为了更清晰地描述和理解什么是模拟，必须将其与另一个概念：仿真（Emulation）相区别。二者经常都被翻译成仿真，其实二者是有本质区别的。在计算思维中，模拟是指选取一个物理的或抽象的系统的某些行为特征，用另一系统来表示它们的过程；在计算机软件领域中，模拟是指用软件去模拟某个系统的功能，并不要求模拟该系统的内部细节，只要在同样的输入下，软件的输出和所模拟系统的输出一致就可以。因此，模拟是模仿出原系统的一个抽象模型，而不需要把原系统原理或结构完全模仿出来，不需要具备原系统的全部功能。仿真则比模拟更进一步，是指用软件去模拟出某个系统中各部件的组成，真实地模拟出系统的运行机制。这就要求软件的使用者非常了解所模拟系统的内部结构，能够利用各种数据结构和编程实现各个部件。因此，模拟比仿真具有更广的范畴。

例如，我们要建立一个图书管理系统，这种管理系统更多意义上是模拟。因为我们只需要清晰地记录图书的管理流程，而不需要模拟人是如何管理图书的。而如果要通过软件实现原子弹爆炸、疾病传播等的试验和原理探究，这时必须要和真实模型是一致的，才对现实的研究富有意义，这就是仿真。由上可以看出，仿真的要求要比模拟高得多，实现起来的难度也相应大得多。

在计算机的论文中，模型是一种常见词，经常与模拟一起组合使用。这是因为仿真、模拟是实现模型的一种重要手段，但也应知道建模不一定需要通过模拟来实现。

模型在英文中往往用 Model 和 Pattern 两个词，其含义是模型或模式，通常是指通过主观意识借助实体或者虚拟表现构成客观阐述形态结构的一种表达目的的物件。模型是开展研究的有力工具，多数模型是为便于研究而进行的模拟结果。模型的建立是复杂的，往往以问题解决为目标，进行猜想、假想和模拟，从而希望建立与客观事实相符合的计算制品，使建立的物件与原设想的物件具有类似的结构或功能。

建模是研究者要完成的任务，而模型建立以后可为应用者提供指导，也有一些模型对建立其他模型具有规范和指导作用，这种模型称为元模型。本书认为，世界各国的 K12 计算机科学课程标准中都未把计算机科学中的常用方法、模型、系统等计算思维方法放入其中，其原因在于其内在构造的复杂性，导致这些内容很难被中小学生所理解，采用具体而深入浅出的方式介绍计算机科学与编程则更符合其教学阶段。

计算机建模一直是计算机科学中的重要任务。“数据结构”课程讲述的是计算机中数据的结构模型。在数据的结构模型中，最基本的数据单元是程序设计中最基本的数据类型，可以是整型、布尔型、浮点型、字符型等。在其上是结构体(在面向对象的编程语言中称为类)、线性表、树、图等模型。而结构体/类、线性表、树、图结构的反复嵌套将形成更复杂的数据结构，可以对应更复杂的数据模型，如关系数据模型、领域模型等。

数据结构模型与算法也总是被捆绑在一起，“数据结构+算法=程序”是对算法的精确论断。数据结构对算法设计有着深层次的影响，毕竟算法是按照问题的数据约束设计而成的，选择不同的数据物理存储结构也可能会促成不同的算法。因此，在解决问题时，需要同时考虑算法和数据结构。

在软件工程中也存在各种各样的模型。软件开发过程模型、软件结构模型、软件开发方法中包含的各种模型往往能用各种图表示出来，如数据流图、软件结构图、体系结构图、用户案例图、时序图、类图、活动图、流程图等。这些模型对系统设计具有指导意义。结合具体应用问题，这些模型为系统设计和开发提供指导。

从某种意义上来讲，计算机帮助人类的方式主要是模拟和建模，也就是说，模拟是计算机系统设计和实现的一种重要方式，是建立模型的一种手段，建立模型的一般过程如下：①问题描述；②抽象，去除具体细节，并寻找一般模式；③关系整理，模型形成；④模型验证。通过实例的方式，将有助于学习者对模拟和建模的理解。

3.6　自　动　化

自动化(Automation)是机器能力和人的能力结合的过程，是将人的计算思维过程按照程序设计语言规范以程序的形式表达出来，只要写出的程序能够顺利完成编译过程，有时需要链接(或通过解释)，就能够实现自动计算。自动计算是计算机科学追求的目标，不能自动化的算法是没有意义的。编程是计算机科学专业的学习基础。

掌握程序语言，是利用计算自动化的关键。为了满足不同的人群和任务需要，出现了多种多样的编程语言，这些编程语言在表达层次和表达灵活性方面是不同的。例如，汇编语言采用接近计算机底层的指令规范，编写出的程序能够利用计算机的所有硬件特性并能够直接控制硬件。这种语言难以学习，而且对于同一任务，所需要的指令要比高级语言多出很多，但是其更接近底层，更适合书写硬件驱动程序。专业语言，如Java、C++这样的高级语言，更适合专业化学习者，它们表达灵活，但仍然难以学习，Python 语言更适合专注于算法研究的人员，更适合用来编写人工智能算法，目前很少用于大规模软件开发。

积木式编程语言主要为儿童和没有编程经验的人建立起一种学习支架，使用者仅需要拖曳语法块，并修改参数，从而使学习者在初期避免语法为其造成的痛苦，但其功能往往简单，缺少灵活性，经过一阶段的学习之后，往往需要过渡到基于文本的语言上来。基于文本的语言通常更灵活，更适合中高级学习者。这种转换中，Scratch 中学习到的思维方式和语言范畴很难迁移，更多的是帮助儿童初步理解数字世界，不会对后续更复杂编程语言的学习有太多的帮助，这也是多数积木式编程语言向文本式编程语言学习迁移时的一种困扰。

学习者要掌握自动化这一计算核心要素，需要理解编程中经常使用的核心概念，如变量、算术运算、逻辑运算、程序控制结构(顺序、条件、循环)是计算自动化的基础表达方式。语言表达层次与编程环境所支持的函数库和类库密切相关，也与程序语句的抽象程度有关。

经过一段时间的专业化编程训练与实践，自动化就会成为人的一种基本技能，就会逐渐形成基本的计算思维表达方式，成为掌握程序自动化方法的前提，形成计算思维的表达意识，这种意识和观念能在不同编程语言之间迁移。

3.7　小　　结

本章对比较公认的 6 个计算思维核心要素进行了较为翔实的剖析。抽象是计算思维的第一核心要素，而且在绝大多数学科中都存在，是科学的共有思维。分解是问题解决的必要手段，是计算思维中解决复杂问题和建立大规模系统所需的必要技能。模式识别是人类拥有的本能，结合抽象和分解，利用其将发现各种规律，是算法思维和编程思维形成的基础。算法思维作为计算机科学中的核心知识内容，有“算法分析与设计”课程作为支撑，更容易体会和学习。自动化和算法思维具有极大的相关性，只有合格的算法才能更容易通过程序实现自动化。模拟与模型也是系统建构和算法设计中必不可少的手段，是一种高阶计算思维方法。

实质上，计算思维不仅仅包含本章提到的 6 个要素，但相对于其他要素来讲，这 6 个要素更受研究人员认可、更常用、更基础。随着领域和教育内容的变化，模块化、调试等要素也会出现在计算思维的学习内容中。

第 4 章　计算思维课程的开发

要使计算思维成为 21 世纪普通公民的核心素养，将计算思维融入国家课程是推广它的高效方法。但对计算思维重要性的认识也不是一蹴而就的，因此，出现了从政府、公益组织与公司、研究者个人兴趣不同层次推动课程开发的行为。

在研究者个人兴趣层面，随着计算思维在计算机科学和教育领域影响的不断扩大，有许多对计算思维感兴趣的研究者努力将计算思维融入自己的课程，并进行了相应的初步试验。在公益组织与公司层面，一些公益组织和公司看到了计算思维培养的意义和价值，开发课程以及学习资源、开展各种活动，提升普通人对计算思维的认识，使得教师更容易、更感兴趣地将计算思维引入课堂。在政府层面，随着美国、英国等国家将计算思维作为 K12 教育的核心素养并开发课程，计算思维在业界的影响不断深入，许多国家为不错过 21 世纪合格劳动力培养的浪潮，积极修改相应的课程标准，在此基础上开发相对应的课程。计算思维课程的开发出现了百家争鸣的局面。

4.1　计算思维课程发展与倡议

周以真认为，计算思维应成为中小学教育的重要组成部分，要把计算思维融入 K12 课程，使 K12 学生具有这一 21 世纪所需要的核心技能。当前融入计算思维的 K12 课程有两种形式：一种是计算机科学课程，在英国称为计算；另一种是在其他课程中使用计算思维技术。例如，在 STEM/STEAM 课堂中融入计算思维，培养学生试错(Trial and Error)这样的问题解决技巧。Barr 和 Stephenson(2011)描述了跨学科的计算思维应用模式，也体现在了 ISTE 和 CSTA 联合发布的《计算思维领导力工具箱》中，然而康拉德・沃尔夫拉姆(Conrad Wolfram)认为计算思维应该作为一个独立的学科教授。计算思维因计算机科学人才培养中出现问题而提出，因此，利用计算机科学的知识和实践来教授是最恰当的。

随着计算思维在研究领域的影响不断深入，许多国家对 ICT 课程现状进行调研，这些调查无一例外地认为，当前的 ICT 课程已经不适合 21 世纪的人才培养，应该停止现有的课程，开发融入计算思维的新课程，并把计算思维培养作为课程的首要目标。美国是计算思维融入 K12 教育的主要倡议者，为融入课程做了大量的准备工作。美国首先修改了课程标准和课程框架，具体表现如下。

2009 年，ISTE 和 CSTA 提出了计算思维的操作性定义。

2011 年，CSTA 发布了《CSTA K12 计算机科学标准》(2011 修订版)，明确将计算思维作为 K12 计算机科学的一个大概念，将计算思维作为 K12 计算机科学教育的一个知识模块。

2016 年，《K12 计算机科学框架》将计算思维作为技能实践。

2016 年，美国大学委员会发布的《AP 计算机科学原理框架》定义了七大计算思维实践，很多大学和组织基于此框架，开发了具有影响力的"AP 计算机科学原理"(AP Computer Science Principles) 课程，并开始试点工作。"AP 计算机科学 A"(AP Computer Science A) 的可替代课程——"AP 计算机科学原理"已经开发，旨在吸引那些对编程不感兴趣的学生，其包含抽象、大数据与信息、算法与互联网等主题。"AP 计算机科学原理"课程的第一次考试时间是 2017 年 5 月，之后每年 1 次。

英国在开发和传播计算思维与计算机科学课程标准方面取得重大进展。英国终止了原有 ICT 课程，为避免受到原有课程的影响，将课程名称定为"计算"(Computing)，并列入英国国家 K12 必修课程中，CAS 已经为其开发了相应的指导书《国家课程中的计算：中学教师指南》。此指南作为非正式和基层 K12 教师、信息技术(Information Technology，IT) 专业人员和大学学者合作开发的一部分，讨论了于 2014 年 9 月开始在英国中学实施的"计算"课程，为该课程的规划、教学和评价提供了支撑。为了确保顺利实施所需的课程，Computing at School 项目也将提供教师资质认证。在修订国家课程标准之后，相应的课程和教材陆续出现，既包括官方课程，也包括各种非官方组织机构为推动计算思维而开发的教师培训课程和初步实验课程。

中国也于 2018 年初正式发布了《普通高中信息技术课程标准》(2017 版)，明确将计算思维融入新课程。澳大利亚、法国、德国、芬兰等国也将计算思维纳入 K12 课程标准中，这意味着计算思维开始进入国家政策的视野，从官方角度审视并将计算思维融入相关课程，推动计算思维成为 21 世纪合格人才的核心素养。

许多组织和个人为推动计算思维融入课程进行了大量的努力。例如，CSTA 提供了一套计算思维教师资源，包括 K12 教育的计算思维操作性定义、计算思维核心要素和学习进度表、九个计算思维学习经验和初高中计算思维学习案例。CSTA 也开发了一个计算思维领导力工具箱，作为对计算思维教师资源的补充，包括教授计算思维的案例文档，为 K12 机构创建系统性变革资源实施战略指导。谷歌不仅开发了为教育者准备的计算思维课程，还将 K12 教育工作者可能需要的计算思维资源链接整理到一个网页上，这些资源明显不是谷歌开发的，但谷歌为应用者提供了信誉保证。这些材料依据年级、主题(包括数学、语言和科学)进行了分类。对于可应用型资料，都提供标签来标示其属于共同核心课程还是符合其他美国标准课程，材料中也给出了大量的与科目相关的问题。Code.org 也提供了相应的计算机科学教育课程，为将计算思维融入课程的发展和传播提供了更好的条件。

4.2　计算思维与课程标准

在新一轮的 K12 计算机科学相关的课程改革中，很多国家课程标准将计算思维融入其中，并给出了相应的学习目标、学习内容和进度表。

4.2.1　《CSTA K12 计算机科学标准》(2011 修订版)中的计算思维描述

《CSTA K12 计算机科学标准》(2011 修订版)将计算思维设置在和计算实践、计算机与通信设备、合作、社区化与全球化道德影响同样的高度上，并认为计算思维是一种能力，描述了计算思维在 K12 阶段的分阶段学习目标。

在小学 3 年级，学生应能够：使用技术资源(如拼图、逻辑思维程序)来解决与年龄相适应的问题；使用书写工具、数码相机和绘图工具逐步展示思想、想法和故事；了解如何按照有用的顺序排列(排序)信息，例如，不使用计算机而将学生按照出生日期排序；认识到软件是为更容易操作计算机而创建的；能够演示如何使用 0 和 1 来表示信息。

在小学 4～6 年级，学生将能够：理解和使用问题解决所用算法的基本步骤(如问题陈述和探索，样本实例检查、设计、实现和测试)；在不使用计算机的情况下，对算法(如搜索、事件序列或排序)进行简单的了解；演示如何使用 0 和 1 构成的一串数字(二进制数字)来表示字母和数字信息；描述如何使用模拟来解决问题；在解决复杂的问题时，能够列出其子问题；了解计算机科学及其相关领域。

在初中阶段(7～9 年级)，学生将能够：在算法问题解决中，使用基本步骤来设计解决方案(如问题陈述和探索，样本实例检查、设计，实现解决方案、测试、评估)；描述问题解决相关的并行化过程；将算法定义为可由计算机处理的一系列指令；评估同一问题的不同算法解决方案；执行搜索和排序算法；描述和分析所遵循的指令序列(如描述在规则和算法所驱动的电子游戏中角色的行为)；以文本、声音、图片和数字在内的多种方式表示数据；对问题状态、结构和数据进行可视化表示(如图形、图表、网络图、流程图)；通过与特定的模型和仿真(如生态系统、流行病学、分子动力学)进行交互来支持学习和研究；评估什么样的问题可以使用建模和模拟来解决；分析计算机模型准确代表真实世界的程度；使用抽象将问题分解成子问题；理解计算中的层次和抽象概念，包括高级语言、编译、指令集和逻辑电路；检查数学和计算机科学元素之间的联系，包括二进制数、逻辑、集合和函数；提供计算思维的跨学科应用实例。

在高中阶段(10～12 年级)，分为 2 门课程：“现代世界中的计算机科学”(Computer Science in the Modern World)和“计算机科学原理”(Computer Science Principles)。在学习“现代世界中的计算机科学”之后，学生应能学习到的计算思维包括：使用预定义的函数和参数、类和方法将复杂的问题分解成更简单的部件；描述用于解决软件问题的软件开发过程(如设计、编码、测试、验证)；解释顺序、选择、迭代和递归等流程控制是如何应用于算法描述的；比较和分析海量数据收集技术；描述二进制和十六进制表示之间的关系；分析各种形式数字信息之间的表示和应用情境；描述在计算机系统中如何存储各种类型的数据；使用建模和模拟来表示与理解自然现象；讨论抽象对处理问题复杂性的价值；描述将并行处理作为解决大型问题的策略；描述如何将人的意图转化为制品，从而使计算与艺术和音乐共享特征。在学习“计算机科学原理”之后，学生应能学习到的计算思维包括：将问题分类为计算机易处理、难处理或无法解决的问题；解释启发式算法对近似解决难处理问题的价值；深入理解经典算法并实现其中的一个；根据效率、正确性和清晰度评价算法；利用数据分析来增进对复杂的、自然的人类系统的理解；比较简单的数据结构及其用法(如数组和链表)；讨论各种形式的二进制序列(如指令、数字、文本、声音、图像)的解释；使用模型和模拟来帮助制定、改进和测试科学假设；通过建模和仿真来分析数据并识别模式；通过定义新函数和类来分解一个问题；通过将进程分割成线程并将数据分成并行流来演示并发性。

4.2.2　《K12 计算机科学框架》中的计算思维描述

美国的《K12 计算机科学框架》认为，计算思维是通过实践获得的，更强调其实践性。其实践内容包括培育包容性的计算文化、围绕计算展开的协作、识别和定义计算问题、开发和使用抽象、创建计算制品、测试和改良计算制品、进行有关计算的沟通等 7 个计算思维实践。

实践 1：培育包容性的计算文化。

利用包容性的计算文化实践，学生将能基于性别、种族和人的能力构建包容性和多样化的计算文化，兼顾人的个性、道德、社会、经济和文化背景。在设计过程中，不同用户有不同的需求，每个人的需求可能都是不一样的。设计者要尽量站在用户的角度思考问题，在设计中要尽量满足多数用户的需求，使产品有最大的用户群。同时能与同行或同事交流设计意见，改变自己在交互、产品设计和开发方法中的偏见。

实践 2：围绕计算展开的协作。

协作计算是通过结对和团队协作完成计算任务的过程。有效的协作可以产生比独立工作更好的结果。合作需要个人能融入不同的观点、相互冲突的思想、不同的技能和个性。在此实践后，学生应能使用协作工具来有效地协同工作并创建复杂的计算制品，运用逻辑推理和合作的方式表达自己的想法，发现通过合作调解差异的方法，通过定期评估团队动力来提高团队效率和效果；制定团队规范，利用公平的工作量来提高效率和效果；

能向团队成员和其他相关人员征求意见，并提供建设性的反馈；能够使用工具和方法进行项目协作，使用不同的协作工具和方法来征求团队成员和同学的意见。

实践 3：识别和定义计算问题。

识别和定义计算问题是随着时间推移而发展的技能，是计算的核心。用计算方法解决问题需要定义问题，将其分解成部分，并评估每个部分以确定计算解决方案是否合适。因此，在此实践中，学生应能逐步识别复杂的、跨学科的、可以通过计算来解决的现实世界问题；将复杂的现实问题分解为可整合现有解决方案或程序的可处理子问题；系统地评估利用计算工具解决给定问题或子问题的可行性。

实践 4：开发和使用抽象。

抽象是识别模式或从特定示例中提取共同特征来形成概括的方式。通过此实践，所有年级的学生都应该能够识别模式，从更复杂的现象或过程中提取出共同的特征；能够评估现有的抽象，以确定哪些应该被纳入设计，以及如何纳入设计，创建模块，开发适用于多种情况并降低复杂性的交互点，从而降低解决方案的复杂性并隐藏较低级别的实现细节；能够表示模式、过程或现象，理解计算机可以模拟现实世界的现象，使用现有的计算机模拟来学习现实世界的规律、建模现象和过程，并模拟系统来理解和评估潜在的结果。

实践 5：创建计算制品。

开发计算制品的过程既包含创造性表达，也包含对创意的探索，创建原型并解决计算问题。在此实践中，学生应能参与项目规划、通过头脑风暴创建文档，使用迭代过程来规划计算制品的开发，此迭代过程包括对计划的反思和修改，考虑关键特征、时间和资源限制以及用户的期望；应能独立、系统地使用设计流程，通过向广大观众寻求解决问题的方法，创造与个人相关、对社区有益的计算制品，这种计算制品可以通过组合和修改现有的计算制品或开发新的计算制品来创建。计算制品包括程序、仿真模拟、可视化、数字动画、机器人系统和应用程序等。

实践 6：测试和改良计算制品。

测试和改良是反复改进计算制品的过程。这个过程包括调试(识别错误并改正)、比较实际结果和预期结果。因此，在此实践后，学生应能够通过考虑所有场景和使用测试用例来系统地测试计算制品，预测错误并利用这些知识来促进发展；能够识别和修复程序中的错误，并使用策略来解决计算系统中的问题(如故障排除)；能够多次评估并改进计算制品，以提高其性能、可靠性、可用性和可访问性，让测试成为迭代、系统、主动、有意识的过程。

实践 7：进行有关计算的沟通。

沟通涉及个人表达和与他人交换意见。在计算机科学中，学生与不同的受众就计算的使用和影响，以及计算选择的适当性进行交流。学生清楚地书写评论，记录自己的工作，并通过多种媒体表达自己的想法。明确的沟通是指使用精确的语言，并仔细考虑可能的受众。在此实践后，学生应能够组织和处理更大的数据集，并从大型或复杂的数据集中选择相关数据来支持自己的观点，以更复杂的方式传达信息；能够使用符合目标受众的术语来描述、证明和记录计算过程与解决方案；能够注重知识产权，当需要借用别人的想法时，要考虑合理引用，负责任地表达意见。

4.2.3 《AP 计算机科学原理框架》中的计算思维描述

“AP 计算机科学原理”课程是一套计算机科学核心理念与计算思维实践相结合的课程，强调计算思维实践的地位和作用。在为其开发的《AP 计算机科学原理框架》中，建议该课程包括连接计算、分析问题和计算制品、开发计算制品、抽象、交流、合作等计算思维实践内容，具体描述如下。

1. 连接计算

计算(Computing)的发展对个人、社会、商业市场和创新产生了深远影响，并促进重大革新。学生将学习这样的影响，并通过学习计算概念，与计算世界建立连接，从而理解计算社会，发现这些不同计算概念之间的连接关系，把这些连接关系绘制出来。

2. 分析问题和计算制品

分析问题和计算制品将能使学生理解计算制品中的计算技术和策略，理解计算制品及问题是什么以及生成的过程。利用美学、数学、实用主义和其他标准分析与评估制品、计算技术和策略也是学生应掌握的技能。

3. 开发计算制品

开发计算制品最能体现计算思维能力。计算制品的制作可有许多形式，如混音数字音乐、生成动画、开发网站、编写程序等。学生通过参与设计和开发计算制品，应用计算技术创造性地解决问题。

4. 抽象

抽象是计算思维的本质，计算思维要求能在多个层次上理解和应用抽象，如从电信号、二进制、门电路到逻辑运算、算术运算等多层次上的理解。通过实践，学生将使用抽象去开发模型、模拟自然和人工的现象，从而去预测世界，分析它们的效能。

5. 交流

通过学习和实践，要求学生能够描述计算及其影响，解释和证明设计以及计算选择的适当性，分析和描述计算制品以及这样制品的行为或结果。交流包括书面和口头两种形式，可采用图形、可视化效果和计算分析等手段来进行。

6. 合作

合作是当代计算制品快速完成的有力保障。创新也是通过个人、团队和它们之间的协作而产生的。在“AP 计算机科学原理”课程中，学生将与他人合作生产计算制品、从数据中提取信息和知识、研究计算的全球影响，从而促进学生认识到合作的重要性，形成合作观念。

4.2.4　中国《普通高中信息技术课程标准》(2017 版)中的计算思维描述

在中国中小学中，与计算机科学相关的课程名称为信息技术课程。在 2015 开始启动、于 2018 年 1 月正式发布的高中信息技术课程新标准《普通高中信息技术课程标准》(2017 版)中，并没有对课程名称进行修改，却将计算思维和更多的计算机科学内容融入高中信息技术课程中。

《普通高中信息技术课程标准》(2017 版)将计算思维定位为四大核心

素养之一，并将计算思维定义为：“计算思维是指个体运用计算机科学领域的思想方法，在形成问题解决方案的过程中产生的一系列思维活动。”

《普通高中信息技术课程标准》(2017 版) 还认为，具备计算思维的学生能够表现出如下特征。

(1) 在信息活动中能够采用计算机可以处理的方式界定问题、抽象特征、建立结构模型、合理组织数据。

(2) 通过判断、分析与综合各种信息资源，运用合理的算法形成解决问题的方案。

(3) 总结利用计算机解决问题的过程与方法，并迁移到与其相关的其他问题解决过程中。

在此基础上，《普通高中信息技术课程标准》(2017 版) 将计算思维的发展分为 4 个层次。

在预备级上，学生应能表现出如下特征。

(1) 在日常生活中，认识数字化表示信息的优势。

(2) 针对给定的简单任务，识别主要特征，并用流程图画出完成任务的关键过程。

(3) 了解对信息进行加工处理的价值、过程和工具，并根据需求选择适当的工具。

在第 1 个层次上，学生应能表现出如下特征。

(1) 针对给定的任务进行需求分析，明确需要解决的关键问题。

(2) 提取问题的基本特征，进行抽象处理，并用形式化的方法表述问题。

(3) 运用基本的算法设计解决问题的方案，使用编程语言或其他数字化工具实现这一方案。

(4) 按照问题解决方案，选用适当的数字化工具或方法获取、组织、分析数据，并迁移到其他相关问题的解决过程中。

在第 2 个层次上，学生应能表现出如下特征。

(1) 针对较为复杂的任务，运用形式化方法描述问题，并采用模块化和系统化方法设计解决问题的方案。

(2) 正确区分问题解决中涉及的各种数据，并采用适当的数据类型表示。

(3) 针对不同模块，设计或选择合适的算法，利用编程语言或其他数字化工具实现各模块功能。

(4) 利用适当的开发平台整合各模块功能，实现整体解决方案。

在第 3 个层次上，学生应能表现出如下特征。

(1) 对基于信息技术的问题解决方案，依据以信息系统设计的普遍原则进行较全面的评估，并采用适当的方法迭代优化解决方案。

(2) 把利用信息技术解决问题的过程迁移到学习和生活的其他相关问题的解决过程中。

4.2.5　《K12 科学教育框架》中的计算思维描述

美国的《K12 科学教育框架》明确提出将数学和计算思维作为 K12 学科与工程课程的 8 个主要实践之一。《K12 科学教育框架》认为，在科学中，数学和计算是表示物理变量及其关系的基本工具，用于构建模拟、统计分析数据，以及识别、表达和应用量化关系等一系列任务。数学和计算方法能预测物理系统的行为，以及对这些预测进行测试。此外，统计技术在评估模式或相关性分析的应用中是非常有用的。

在工程中，用于描述关系和原理的数学与计算表示是设计的一个组成部分。例如，结构工程师通过基于数学的设计分析来计算是否可以忍受预期的使用压力，以及是否可以在可接受的预算内完成。此外，设计模拟为设计开发及其改进提供了有效的测试台。

在 K12 科学教学中，计算思维的主要作用在于通过计算进行问题求解，同时包括系统模拟和统计计算。这是将计算思维跨学科融入的先驱，期待数学、外语、语文、物理等学科的加入。

4.2.6　计算思维在英国计算课程标准中的体现

英国的计算课程标准 *Computing—Programmes of Study for Key Stages* 1-4 虽然未明确计算思维的范畴，但计算思维已经深深体现在整个课程目标中，它将计算思维培养分为 4 个关键阶段。

在关键阶段 1，应教授的计算思维内容包括：了解什么是算法，如何将它们转化为数字设备上的程序。在这个阶段学生应能够：创建和调试简单程序；使用逻辑推理来预测简单程序执行后的结果；有意识地使用技术来创建、组织、存储、操纵和检索数字内容。

在关键阶段 2，学习相应的课程内容之后，通过实践学生应该能够：

设计、编写和调试完成特定目标的程序，包括控制或模拟物理系统；利用分解来解决问题；在程序中使用顺序、选择和循环结构；使用变量和各种形式的输入与输出；使用逻辑推理来解释一些简单算法的工作原理，以及检测和纠正算法与程序中的错误、使用和组合数字设备上的各种软件(包括互联网服务)去设计与创建一系列程序和系统，以实现既定目标，包括收集、分析、评估和呈现数据和信息。

在关键阶段 3，学生应该能够：利用计算抽象对现实世界问题和物理系统的状态与行为进行建模；了解一些计算思维关键算法，如排序和搜索的关键算法；使用逻辑推理来比较替代算法对同一问题的效用；使用 2 种或更多的编程语言，其中至少有一种是文本语言，来解决各种计算问题；适当使用数据结构，如列表、表格或数组；设计和开发步骤化或函数化的模块化程序；理解简单的布尔逻辑及其在电路和编程中的一些应用；了解数字如何表示成二进制的，并对二进制数进行简单的操作，如二进制加法、二进制和十进制之间的转换；选择、使用和组合多个应用程序(优选跨设备)的创新项目，并实现具有挑战性的目标，包括收集和分析数据并满足已知用户的需求；为特定受众创建、重用、修改和重新定义数字制品，注意信任度、设计和可用性。

在关键阶段 4，学生应该能够：设计和开发应用程序、解决问题、了解技术的变化如何影响安全性，包括保护在线隐私和身份的新方法，以及如何识别与报告问题。

4.2.7　计算思维在澳大利亚《技术课程标准》中的体现

计算思维是澳大利亚的中小学技术课程要培养的三大思维之一。澳大利亚《技术课程标准》将计算思维定义为一种使用数字技术来创建解决方案的问题解决方法，涉及运用逻辑组织数据，分解成部分、解释模式和模型、设计和实现算法等内容。

澳大利亚中小学技术课程由“数字技术”“设计与技术”两门课构成。在“数字技术”课中，使用计算思维实现问题的算法解决方案。为了使计算机能够通过一系列逻辑和有序的步骤来处理数据，学生必须能使用抽象，并将问题分解为足够简单的任务。这可能包括对数据趋势的分析，以及在某些前提条件下对用户输入作出反馈，或预测模拟结果等。因此，这门课将抽象、数据收集、数据表示、数据解释、规范、算法和实现定义为计算思维的核心要素。在数字化解决方案和信息的组织、表示和自动化的各环节中都包含这些要素。这些要素也可以用在非数字或数字环境下的探索中，也很可能用于未来数字系统的探索中，提供了学生和教师都能使用的语言和视角，这些要素作为理念而在其课程中充分体现。

抽象是指隐藏、去除不相关的想法、问题或解决方案的细节，以关注可管理的方面。人们在交流中往往注重简洁，很少交流大家都已经知道的细节，这也可以看作一种抽象。这种抽象在我们很小的时候就已经掌握了。

数据收集、数据表示和数据解释这些概念将关注数据的属性、如何收集和表示数据，以及如何在上下文中解释它们以产生新的信息。“数字技术”课程中的这些概念建立在数学课程中的统计和概率基础之上，该课程将使学生对数据及其表示的本质以及解释数据的计算技能进行深入理解。在开发数据处理和可视化技能的同时，也将为其他学习领域的数据探索提供机遇。其中，数据收集部分将描述数字系统中测量、收集或计算的数字、分类和文本事实，作为创建信息及其二进制表示的基础。数据表示描述了人们和数字系统如何以符号方式表示与构造数据，以用于存储和通信，并在知识和理解链中加以处理。数据解释描述了从数据中提取意义的过程。

概念规范、算法和实现侧重问题及其解决方案的精确定义和通信。其中，规范将准确、清晰地定义和描述问题的过程。算法是对解决问题所需步骤的精确描述。算法需要经过测试才能实现最终的解决方案。描述了算法的自动化通常通过使用适当的软件或编写计算机程序来实现。

在“设计与技术”课程中，在设计过程的不同阶段，当需要计算量化数据和解决问题，如计算成本、测试材料和组件、比较性能或建模趋势时，就需要使用计算思维。

4.3　正 规 课 程

正规课程是指由政府部门直接参与进行推广的课程，得到相关教育部门的批准。非正规课程通常是指由公司或非营利组织自我主导的课程。个人实验课程则是指个人为获得某种实验结果而开设的课程。

4.3.1 “AP 计算机科学原理”课程

随着计算思维在 K12 阶段的融入和推广，美国大学委员会决定开发新的大学先修课程“计算机科学原理”来应对这种变化。在该课程开发之前，首先开发了《AP 计算机科学原理框架》，将其分为五大核心知识内容和七大计算思维实践，并允许以此框架为基础，实现一纲多本，允许使用不同编程语言。因此，出现了以“计算的美丽和乐趣”(Beauty and Joy of Computing)、“计算机科学原理”、“中学计算”(Computing in Secondary Schools，CISS)等为课程名称的计算机科学原理大学先修课程，其具体课程内容、编程语言和工具如表 4-1 所示。

表 4-1　《AP 计算机科学原理框架》的部分实例课程

课程名称	课程内容	编程语言和工具
Beauty and Joy of Computing	八个单元：计算思维入门；开发复杂程序；链表和算法；算法复杂性；数据；互联网；树与分形；递归和高阶函数	Snap!, Python
Code.org 的计算机科学原理	五个单元：数字化信息；互联网；编程；数据；Performance Task	JavaScript, Internet Simulator, App Lab persistent data storage
CISS	四个单元：使用 Alice 编程；程序设计；探索互联网和计算的影响；了解数据和信息的本质和应用	Alice, Excel, Internet Simulator
CS50 for AP CSP	八个单元：抽象；算法；数据结构；封装；互联网技术；资源管理；安全；软件工程及其对现实世界的影响	Scratch, C, PHP, SQL, JavaScript, Linux
CS Matters in Maryland	六个单元：虚拟世界；程序开发；信息和互联网；数据收集；数据操作；数据可视化	Python, Excel, EarSketch, NetLogo, Bokeh, DataQuest.io
CSP4HS	六个单元：入门；比特和字节的力量；Snap! 编程；抽象和算法；互联网让世界是平的；数据大记事	Snap!
Mobile CSP	八个单元：预览和安装(前期课程)；手持计算机和移动应用程序；图形和绘图；动画、模拟和建模；算法和步骤抽象；列表、数据库、数据和信息；互联网；AP CSP 考试准备	App Inventor

续表

课程名称	课程内容	编程语言和工具
PLTW	四个单元：算法、图形和图形用户界面；互联网；降雨数据；智能行为	Scratch/App Inventor, Python, PHP/SQL/HTML/CSS/JavaScript, Linux, NetLogo
蓬勃发展的数字世界	六个单元：影响；编程；表征；数字处理；大数据；人工智能	Scratch, Processing

Beauty and Joy of Computing 是由伯克利大学开发的 AP 课程，使用 Snap!可视化编程语言，深入计算机科学理念(函数编程、递归和高阶函数)，呈现计算的社会影响。该课程采用的编程语言之一是 Snap!（一种基于 Scratch 的语言），它是一个积木式图形化编程语言，只需拖动积木式代码，并像积木一样拼接，就能实现编程。该课程还采用基于浏览器的环境，允许对项目云存储、探索互联网 API，在所有移动设备上都可以使用；它涵盖的计算大概念包括抽象、设计、并发、模拟和计算的限制。课程的重点是是让学生了解计算的“美丽和乐趣”，赋予人们创造有意义项目的能力，让代码本身变得美丽，使学生玩得开心。

Code.org 开发的“计算机科学原理”是一门长达一年的高中课程，有数字化信息、互联网、编程、数据、动手实践任务五个核心学习单元，包含数字信息，互联网，应用程序设计入门，变量、条件和函数，列表、循环和遍历，算法，参数、返回和库，练习创建动手实践任务(Performance Task)，数据，网络安全和全球影响等章节。主要内容包括：探索计算机如何存储数字、文本、图像和声音等复杂信息；介绍互联网的运作方式，并讨论其对政治、文化和经济的影响，使用一种称为互联网模拟器的数字工具模拟互联网的工作方式；介绍基本编程概念和协作软件开发过程；学习设计和分析算法；探索和可视化数据集，使用数据可视化工具帮助学生找到数据模式。该课程包含鼓励学生构建自己的智力模型和计算工具的学习单元与项目，帮助理解“AP 计算机科学原理”的七大理念。同时，Code.org 提供了为期 15 个月的教师专业发展计划，重点学习该课程的教学实践和概念。

CISS 是美国加利福尼亚大学圣迭戈分校 Beth Simon 博士和 ComPASS 项目组联合开发的课程。CISS 使用 Alice 编程语言来实践抽象、算法、创造力和编程等主题。学生在 Alice 中探索各种编程概念和结构，并通过在 Alice 中创建一个新程序来完成动手实践任务。该课程包括 11 个 Alice 编程模块，覆盖排序、条件、循环、对象和方法等编程主题。学生将花费大量的时间来规划和安排他们的课程，特别强调程序设计的创意。该课程使用 Microsoft Excel 或 Google 电子表格作为平台，教授学生如何理解数据和信息。该课程包括电子表格和数据有关的模块。学生使用互联网公开的数据集来分析并生成图表，作为“动手实践任务”的一部分。该课程还使用各种不插电活动来学习计算对世界的影响。

CS50 for AP CSP 是哈佛大学开设的 AP 课程，介绍计算机科学高精尖企业和基于经验层面的编程艺术。该课程是由 13 周的大学课程 CS50 转化而来，更适合高中生学习，并符合“AP 计算机科学原理”课程框架。该课程将向学生介绍计算机科学原理的大理念，内容包括抽象、算法、数据结构、封装、互联网技术、资源管理、安全、软件工程及其对现实世界的影响，同时学习有价值的问题解决技巧。这些技术不仅有助于 AP 考试，还可以为职业生涯提供帮助，学生和教师都可以利用 CS50 现有的在线社区来支持学习，教师可以加入 CS50 for AP CSP 教育工作者网络。

CS Matters in Maryland 注重积极的自主探究学习，包括详细的每日课程计划，并提供多种扩展方式，以满足不同学习者的需求。该课程的核心主题是：数据、互联网数据的本质和多样性；处理和管理数据的算法和方法；分析、可视化和解释数据的方式，增加人们对数据的理解并解决挑战性的现实问题。该课程使用 Python 教授编程概念。该课程的结构旨在满足“AP 计算机科学原理”的所有学习目标，帮助学生准备 CSP 动手实践任务（Performance Task）考试和笔试，在课程结束后完成并提交这些任务。

CS Principles for High School Teachers（CSP4HS）是 2011 年在亚拉巴马大学开设的大学理事会试点 CSP 课程，其主要目标群体是中学数学师范生，重点是帮助他们了解 CSP 课程框架和动手实践任务。CSP4HS 培训材料包括：①CSP 课程框架和动手任务的培训模块；②适合学习的 120 多个视频；③亚拉巴马州教师领导小组开发的教案；④课程幻灯片；⑤测验和考试；⑥教学大纲和分步指导；⑦为未参与课程的教师提供广场式实践社区。目前，美国部分州正在使用 CSP4HS 的在线内容，并根据 CSP4HS 主题提供面对面培训。

Mobile CSP 以“AP 计算机科学原理”的大理念为核心，是涵盖 App Inventor 中编程内容的计算机科学课程。每节课都提供即时反馈形式的交互式练习，采用问题式和编码两种形式。基于 App Inventor 编码练习加强了学生对基本编程概念的理解，并提高了学生解决问题的能力。在该课程中，学生将完成两个合作编程项目，以及一个关于最近计算创新影响的个人研究或写作项目。这些项目适合练习“探索和创建动手实践任务”。在网站注册后，课程资料可免费提供。

项目引路的“计算机科学与软件工程”主要讲述计算思维和计算机科学的现实应用。将 Python 作为基本工具，解决应用程序开发、数据可视化、网络安全和模拟等项目和问题，还提供了附加工具和平台，让学生了解不同的计算思维模式。PLTW 为教师提供了全面的专业发展计划、日常教案和资源、学校和技术支持。

“蓬勃发展的数字世界”采用基于项目的自主探究教学法，其目的是吸引多元化的学生群体。整个课程包含影响(Impact)、编程、表征、数字化操纵、大数据、人工智能六个模块。每一个模块都结合真实的问题或场景、采用结构化的团队合作、开展以学生为中心的活动、具有吸引力的多媒体和叙事。教与学是通过评价量表、小组合同和以形成性反馈的间隔性检查点等来支持的。该课程正在与 UTeach(美国培养 STEM 领域中学师资的一个重要的职前教师培养项目)合作，帮助 43 所大学启动 UTeach STEM 教师准备计划，并培训数百名教师去讲授这门课。

4.3.2　“探索计算机科学”课程

“探索计算机科学”是一门开课时间长达 1 年的高中课程，共 6 个单元，大约 6 周讲授 1 个单元。该课程是围绕计算机科学知识和计算思维实践这一框架而开发的，主要包括如下教学主题。

(1) 人机交互。此单元主要介绍计算机和计算的概念，调查计算机的主要组件以及这些组件对特定应用程序的适用性。学生将尝试互联网搜索技术，探索各种网站和网络应用程序，并讨论隐私和安全问题，以及社会、经济和文化背景之间的联系，介绍人机交互和人体工程学的基本概念。学生将理解智能化的机器行为不是“魔术”，而是使用了基于信息数据的算法，了解计算能力创新对社会以及许多领域产生影响的途径。

(2) 问题解决。此单元介绍各种解决问题的技术，介绍数学和计算机科学之间的联系，还包括布尔逻辑、函数、图形和二进制数字系统、搜索、排序算法和图表等主题。此单元将为解决各种环境下的问题创造条件，在适当的情况下应用已知算法，但也会创造新算法。各种解决方案和算法分析将主要解决计算机不易解决且没有已知解决方案的问题。

(3) 网页设计。此单元将进一步学习算法、抽象和网页设计知识，并将其应用于创建用户和设备的网页与文档，也将探讨网络使用中的社会责任问题，学习使用各种技术来规划和编写网页，并检查网站的可用性，学习人机交互和人体工程学的基本概念，创建用户友好的网站。

(4) 编程。此单元介绍与程序设计和开发相关的一些基本问题，使用迭代开发过程来设计算法，并运用数学和逻辑概念以及各种编程结构，为各种计算问题创建基于编程的解决方案。

(5) 计算和数据分析。此单元将探索计算机如何促进管理和解释数据。首先使用计算机变换、处理和可视化数据，以便找到模式和测试假设；然后使用各种大型数据集，说明数据和信息获取的广泛性，有助于识别问题；最后讨论数据收集和数据汇总方法，收集与当地社区问题有关的数据，并支持案例制作或促进问题发现。

(6) 机器人。此单元将机器人作为一种高级应用引入该课程中。机器人可用于解决业务、医疗保健等问题，也可以用于从事可能对人类造成危害的工作，在这些情境下机器人该如何实现创新。此单元探索如何集成硬件和软件来解决问题。学生将看到软件和硬件设计对产品的影响并将学到的知识应用于机器人学习。

计算领域的伦理和社会问题分散在以上六个单元中。关于计算如何促进各领域的创新，以及创新对社会的影响的内容将贯穿整个课程。计算机和网络的广泛应用引发了一些伦理问题，既有积极的影响，也有消极的影响。计算处于经济、社会和文化环境中，因此它们彼此影响。

4.3.3　“计算”课程

英国的“计算”作为中小学的必修课程，下面介绍牛津大学出版社出版的有关小学计算、GCSE 和 A Level 的学生用书与在线资源。

牛津国际小学的“计算”课程完整覆盖小学 6 个年级，采用基于现实生活和项目的方法向学生传授他们在数字世界中所需的关键计算技能。每个单元都会为完成最终项目安排一系列技能学习，包括设计自己的机器人、编写简单游戏以及创建在线年鉴等主题。同时，该课程专注于关键计算技能，如处理文本和数据、图像编辑、逻辑和编程，帮助学生获得日常生活所需要的计算技能，如如何安全使用互联网，以及评估哪些来源的信息值得信赖。教师指南为专业和非专业教师提供计算学习方面的支持。该套课程包含 6 本学生用书和 2 本教师用书。

每个阶段都涵盖六个关键概念，学生不仅能够有效使用技术所需的技能，还能够深入了解如何创造性地、安全地和协作地完成这些任务。使用它们获得核心的计算机技能。关键概念如下。

(1) 使用文字：使用文字处理软件编辑、设计和发布文字内容。

(2) 控制计算机：在 Scratch 中编写游戏，并测试。

(3) 处理数据：使用电子表格来组织、过滤和显示数据。

(4) 互联网：学习如何安全和负责任地使用互联网。

(5) 多媒体：使用图像、视频和声音创建动态资源。

(6) 社会情境中的计算机：探索社交媒体安全和万维网有关技术的实际应用问题。

Matrix Computing for 11-14 共有 3 本教材，是与 11～14 岁中学生相对应的教材。该教材依据全新的英国国家计算课程标准 KS3 (Key Stage 3) 的目标而开发，使学生具备创造性的计算思维技能，同时为 GCSE 和适应数字世界做好准备。该教材的每一个主题都有明确的学习路径。

(1) 计算思维：理解算法、流程图和逻辑结构，并将其应用于现实生活的问题解决中。

(2) 使用 App Inventor 编程：使用可视编程语言为手机和平板电脑创建可工作的应用程序。

(3) 数据和 CPU：学习二进制和使 CPU 工作的电子元件基础知识。

(4) 用 Python 编程：学习专业程序员使用的高级编程语言。

(5) 信息技术：了解组成计算机系统的硬件和软件，以及如何安全和负责任地使用它们。

(6) 创造性沟通：创造性地使用技术制作网站和其他数字产品。

该教材在每章通过以下方式为教学提供一个清晰的结构：①使用相关的、激励性的讨论活动进行有影响的、鼓舞人心的话题介绍；②明确的教学目标。

霍德教育也出版了相应的计算课程，名称为 Compute-IT，主要出版了 KS3 计算课程。该课程由 CAS、英国计算机学会、计算机科学杰出人才网络项目中开发教师继续教育学习资源的专家教师共同开发。教学材料包括 3 本学生用书、3 个教学包和 1 套数字化教学资源。Compute-IT CPD 视频课程包含 150 多个单元，以支持新课程中的关键主题。该课程的第一次课开始于 2015 年 9 月。霍德教育还发布了从 KS3 到 GCSE 到 A 水平的印刷版和数字化学习资源，以支持相应的教学和学习。

4.3.4 以色列中学课程

Bargury 等介绍了以色列中学课程，该课程主要讲授计算机科学和计算思维的基础知识，其课程目标不是让学生成为程序员，而是教他们逻辑和算法思维，同时让他们接触编程。该课程教授三年(共 180 学时，每周 2 课时)，包含四个模块。

(1) 通过 Scratch 接触计算思维和编程的基础知识，如循环、变量和事件。

(2) 使用电子表格进行科学研究(需要数学和物理知识)。

(3) 选修课，机器人入门、互联网编程基础(HTML5 和 Javascript)。

(4) 编程项目(包括提案、问题建模、设计和实施解决方案)。

4.4 非正规课程

下面介绍一些非正规课程。虽然这些课程尚未在学校中开设，但大多数已经在网络上形成在线课程或通过网络进行广泛传播，以期待产生更大的影响力。

4.4.1 “创造性计算：基于设计的计算思维入门”课程

“创造性计算：基于设计的计算思维入门”(Creative Computing：A

Design-based Introduction to Computational Thinking）是基于设计的计算思维和 Scratch 创造性计算入门课。该课程采用基于设计的学习方法，强调设计和创造事物，而不仅仅是使用或与角色交互；强调个性化，创造对于个人来说有意义的事物；强调创作，与他人合作创作游戏等软件制品；注重反思，审查和重新思考一个人的创意实践。这些理念成为该课程每个环节设计的基础。

为学习计算思维和创造性计算，“创造性计算：基于设计的计算思维入门”主要涵盖的内容如下。

（1）计算概念（循环、序列、条件、运算符、数据等）。

（2）计算实践（增量迭代、测试/调试、重用、模块化等）。

（3）计算观念（表达、连接和质疑）。

（4）基于艺术、故事和游戏的项目。

（5）迭代设计和开发方法。

“创造性计算：基于设计的计算思维入门”是一门 12 节课的中学课程。在学习环境方面，需要带有扬声器和麦克风的计算机，用于基于计算机的设计活动；需要上网，可以在线使用 Scratch 编程环境，从而避免安装 Scratch 语言环境，也可以访问学习社区进行讨论，还可以学习相关在线资源案例。该课程提供的基础编程概念学习是年轻人进入社会工作的必备基础，也为学生进一步学习计算机科学提供了预备知识。

4.4.2 英国开放大学提供的“计算思维入门”课程

英国开放大学提供的“计算思维入门”课程是一门免费课程。该课程由计算思维与自动化、计算思维与抽象、计算思维无处不在三部分组成。计算思维与自动化部分介绍了算法的起源、算法的定义，以及自动化、抽象和模型的关系。计算思维与抽象部分比较了作为模型的抽象和作为封装的抽象，并介绍了计算思维的问题解决过程：发现和归纳物理世界的现象、建立数学模型和自动化。计算思维无处不在部分介绍了计算思维在生物、化学、物理、经济学等学科中的应用。

通过该课程学习，学生应能够：①描述计算思维涉及的技能；②定义和使用建模、封装两种抽象形式；③将工程思维和数学思维相比较，理解计算思维的独特本质；④了解计算思维在不同学科中的一系列应用。

4.4.3 Code.org 相关课程

Code.org 成立于 2013 年，其成员和志愿者通过开发教学材料，将计算机科学融入 K9 课堂。2014 年夏季初，Code.org 提供了 A-F 级别的课程“计算机科学基础”（CS Fundamentals），适用于从幼儿园到小学 5 年级的学生，目的在于激发兴趣和吸引学生，采用在线和不插电活动，教授学生计算思维、问题解决、编程概念，通过计算思维实践来培养计算机科学家的技能，包括创造力、合作、沟通、坚持、问题解决能力。该课程采用在线和自学相结合的不插电活动形式，明确讲述了分解、模式匹配、抽象、算法四个概念，通过学习，在教师指导的情况下学生依据计算思维步骤了解如何玩一个游戏。

为初中阶段提供的“计算机科学发现”（Computer Science Discoveries）是一门计算机科学入门课程，培养学生创建真实制品的能力，并将计算机科学作为发展创造力、沟通、解决问题和发现乐趣的媒介。整个课程由 6 个单元构成。其中问题解决、网站开发、设计过程、数据和社会都提供了计算思维的知识学习与实践。

“计算机科学原理”（在 4.3.1 节已经提到）是一门 AP 课程，也作为常规课，包含互联网、大数据和隐私、编程和算法等主题。该课程遵循《AP 计算机科学原理框架》，包含计算思维实践。全年课程为 100～180 小时，建议学习年龄为 13～18 岁。

4.4.4 CodeHS 课程

CodeHS 是帮助 K12 学校教授计算机科学的综合教学平台，它提供了全面的、完整的、适用于从幼儿园到 12 年级的计算机科学教育课程，如表 4-2 所示。该套课程重点培养学生的计算思维和解决问题能力，以及学习编程语言知识、学习新语言所需要的概念。

表 4-2　CodeHS 提供的课程列表

年级	课程
幼儿园	核心概念：代码入门（Core Concepts: Introduction to Code as Language）
1 年级	核心概念：算法与逻辑语句（Core Concepts: Algorithms and Logic Statements）

续表

年级	课程
2 年级	核心概念：应用、描述和调试(Core Concepts: Apply, Describe, Debug)
3 年级	核心概念：融入多种编码概念的算法(Core Concepts: Algorithms with Multiple Coding Concepts)
4 年级	我的第一个脚本：学习阅读和修改 JavaScript(My First Scripts: Learning to Read and Modify JavaScript)
5 年级	我的第一个脚本：学习写 JavaScript 脚本(My First Scripts: Learning to Write JavaScript)
6 年级	基于卡雷尔狗的编程入门(Introduction to Programming with Karel the Dog)
7 年级	Web 设计(Web Design)
8 年级	计算理念(Computing Ideas)
9 年级	计算机科学入门(JavaScript 版)(Intro to Computer Science in JavaScript)
10 年级	计算机科学入门(Python 版)(Intro to Computer Science in Python)
11 年级	AP 计算机科学原理 (AP Computer Science Principles)
12 年级	AP 计算机科学 Java 版 (AP Computer Science in Java)

整个课程体系以编程为核心内容，小学以机器人和 JavaScript 语言为主，属于基础概念学习阶段；中学则强调 Web 设计和计算理念，利用 JavaScript 语言实现计算机科学的入门。高中则引入 Python 和 Java 两个流行的专业语言，提供了两门计算机科学先修课程。该课程强调理论和实践的融合，这将为计算机科学和计算思维的深入学习奠定基础。

4.5　实验课程

下面主要介绍在论文中进行初步实验的计算思维教学课程。

4.5.1　TangibleK 课程

TangibleK 课程是 Bers 等(2014)为幼儿园孩子们准备的一门计算思维培养课程，以一种结构化的、发展的方式，通过探究来培养他们的计算思维，旨在为孩子们提供介绍计算机编程的机会。该课程通过机器人编程学习计算思维概念，使用机器人编程创意混合环境（Creative Hybrid Environment for Robotics Programming，CHERP）和商用机器人搭建工具包。CHERP 这种编程环境同时提供触感和图形化编程界面，利用其可实现机器人编程。整个课程共 6 个单元，每个单元都包含 60～90 分钟的结构化活动。所有的活动都集中在搭建和编程机器人车辆以完成一个特定的目标，在每个活动中都引入了具体的机器人技术和编程概念与技能，复杂过程的观察、反思和分解等技能学习贯穿整个课程。每一单元都是在叙事背景下讨论一个或多个概念，整个课程以一个跨学科项目作为结束。课程具体内容如下。

第 1 单元：工程设计过程。

孩子们建造结实的交通工具，并利用它运送玩具；应用工程设计过程的各个阶段来计划、测试和改进他们的车辆。

第 2 单元：机器人。

孩子们分享和学习什么是机器人，通过设计和建造自己的机器人来探索机器人部件，学会恰当地连接机器人的部件（如将电线和电机连接起来）来制造一个移动的机器人。

第 3 单元：选择和排序编程指令。

孩子们通过选择相关的指令并按照正确的顺序排列它们来让机器人跳“Hokey-Pokey”（一种舞蹈）。

第 4 单元：循环程序。

孩子们使用循环指令来让机器人一直前进。接下来，让机器人只向前移动一个特定的步数到达一个固定的位置。

第 5 单元：传感器。

孩子们使用光传感器来训练他们的机器人在黑暗时打开自己的灯，在明亮时关闭；并将机器人传感器和五种人类感官进行比较。

第 6 单元：分支程序。

给孩子们介绍一对分支流程控制指令“If”和“If not”，并根据传感器感知的环境状况，利用程序来调整机器人的行为。

在这 20 小时的课程中，孩子们有充足的时间自由地构建和设计机器人，并创建属于自己的编程计划，不仅仅限于课程计划的内容。在完成上述 6 个单元的课程之后，孩子们将完成一个跨学科项目，以充分展现自己，并把自己的想法应用到一个特定的主题或情境中。在整个课程期间和最终项目阶段，对不同概念的理解进行测试。研究结果显示，参与课程的孩子们都达到目标成绩水平。TangibleK 课程对孩子们具有吸引力，也能发展他们的计算思维技能。

4.5.2　“高级计算思维基础”课程

“高级计算思维基础”(Grover et al.，2014)是为中学生开发的计算思维入门课程，主要讲述信息的系统处理、结构化问题分解、算法的流程控制、抽象和模式归纳及调试。整个课程包括 6 个单元(约 6 周)，每个单元大约 1 周。课程设计采用以下方法。

(1)在参考借鉴儿童和新手程序员相关学习研究的基础上，建立教学法(如使用已经证明有效的概念学习实例、使用伪代码、教授代码跟踪、使用多选题形式的“测验”来推动学生理解并强化所学概念等)，评估所教内容。

(2)明确计算机科学和计算思维的基本思想。

(3)使用学科语言解释计算机科学领域的术语概念。

(4)通过实践活动和作业，促进积极的、基于建构主义的零起点学习。

通过以上课程设计方法得到的“高级计算思维基础”课程内容如下。

第 1 单元：算法，程序和无处不在的计算。

第 2 单元：串行执行；问题求解，任务分解，精确指令序列构成的解决方案。

第 3 单元：迭代/重复流程控制：循环。

第 4 单元：数据和变量。

第 5 单元：布尔逻辑与高级循环。

第 6 单元：分支流程控制：条件思维。

4.5.3　“计算思维导论”课程

Hambrusch 等(2009)描述了为科学专业大学生准备的“计算思维导论”课程。该课程是由计算机科学系与科学系合作开发的，以计算思维为基础，并讲授计算思维与物理、化学和生物信息学的结合与应用。该课程的开发遵循五个主要原则：①为计算思维奠定基础；②用学生熟悉的语言举例；③以问题驱动的方式教学；④编程语言应关注计算原理；⑤有效利用可视化。

该课程包含 15 周的课程内容，每周两次 1 小时的讲座和一次 2 小时的实验，具体内容如下。

1. 基本编程工具(6 周)

(1) Python 入门；基本数据类型。

(2) 直线绘制程序、变量赋值、类型转换、数学库。

(3) 字符串、列表和元组、向量和数组。

(4) 条件和循环结构。

(5) 使用 MatPlotLib 库和 VPython 库绘制二维和三维图表。

(6) 函数、参数和作用域、递归。

2. 计算工具和方法(6 周)

(1) 算术和随机数、使用 NumPy、数值稳定性和问题稳定性的案例。

(2) 模拟和蒙特卡罗方法入门。

(3) 计算物理：理想气体和伊辛(Ising)自旋模拟。物理系统中采用一般 Demon 算法估计参数。

(4) 树的数据结构、遍历和探索。

(5) 介绍图的基本概念、使用 NetworkX 进行图操作、介绍科学应用中的图。

(6) 生物信息学：使用树和图表示法对蛋白质相互作用进行建模。在细胞图景中可视化图并使用聚类技术分析蛋白质的相互作用。

(7) 科学计算的重大挑战。

3. 计算机科学(3 周)

(1) 面向对象设计：类的使用和设计、面向对象的概念、字典和空间查询的例子。

(2) 计算机科学史。

(3) 计算极限、难处理性、可计算性。

(4) 未来的计算模型：DNA 计算、量子计算。

除了上述课程，在计算思维教育的相关文献中，还有许多关于计算思维教育的实验性课程。

美国塔斯基吉大学向生物专业学生开设了“生物信息学入门”课程，涉及的计算思维包括多层抽象、集合、排列、搜索空间、计算复杂性、随机与期望、启发式方法、图形、拓扑和同构等，给出了生物数据库、数据库相似性搜索、系统发育树的 Newick 格式表示三个主题例子。主要授课对象是大学 3～4 年级学生。通过强调计算思维的概念，学生学习到了一种思维模式。课后调查显示，学生对自己的经历持肯定态度，认为自己的计算机知识和技能提高了，其中一些学生还决定在课程结束后参加编程和计算课程。

以色列特拉维夫大学计算机科学学院开设了一门面向生命科学家的计算方法课，学习对象是高年级本科生和研究生。该课程基于编程知识，专注于培养学生的计算思维技能，包括四个模块，每个模块涉及不同的生物学领域，先映射到计算主题，再映射到计算概念，如表 4-3 所示。

表 4-3 计算思维教授内容构成

生物学领域	计算主题	计算概念
生物网络	图、Dijkstra 算法	贪心算法、抽象、简化
生物序列	自动机和正则表达式	预处理
系统仿真	布尔/离散网络	仿真、离散数学
生物图像	图像处理：边缘检测	模块化设计

学生通过 Python 编码专注于实际使用而不是语法，从而超越编程，将计算概念放于课程的首要位置，使他们更关注解决问题和计算思维概念。

美国得克萨斯大学埃尔帕索分校开设的“媒体推进计算思维”(Media Propelled Computational Thinking，MPCT)课程是编程入门课，旨在向各种 STEM 和非 STEM 科目新生介绍在媒体计算、数学和物理问题背景下的编程。该课程让学生直接操作简单的数学系统来模拟和显示熟悉的物理现象，从而增强学生对数学建模和编程的直觉与兴趣。整个课程由 7 个主题构成。

主题 1：图形编程入门。使用 Jython 绘制几何对象。

主题 2：流程控制和布尔表达式。介绍 RGB 编码、关系运算符、布尔表达式，在图像重着色上下文中学习使用 if 语句。

主题 3：画线。在熟悉 Python 语法和语义之后，将探索绘制线条的各种方法，学习斜率和截距等基本数学概念。

主题 4：函数和对象。绘制多条在正负范围之间变化的曲线图，在课堂上讨论直线的渐近式和标准式绘制的等价性，再通过编程绘制平行线和操纵灰度图像。

主题 5：曲线的检查和生成。主要研究斜率线性变化的曲线，如抛物线，这样也可以让学生在主题 6 中对弹道运动有直观的理解。

主题 6：弹道学。在弹道问题中，物体只靠重力加速，它们的轨迹是抛物线。它们的轨迹相对于时间的斜率对应速度。它们的速度相对于时间的斜率对应加速度。学生首先模拟一个“投掷”，然后模拟弹跳来理解与地面的非弹性碰撞。

主题 7：共振。举一个耦合共振的例子，说明歌剧演员用声音击碎酒杯的技巧原理，以及 1940 年塔科马窄桥(Tacoma Narrows Bridge)的灾难性故障和 1960 年前后洛克希德-马丁公司的几起坠机事故案例。

“通过计算思维发现科学”(Discover Science through Computational Thinking，DISSECT)项目(Nesiba et al.，2015)的目的是将计算思维整合到中学/高中科学中来向学生介绍计算机科学原则，并通过 K12 的英语文学课，将计算思维实践与作文和文学相结合。例如，学生通过歌词单元进行歌词分析、诗歌设备数据分析、歌曲评论和网站创作；使用名为 ToonDoo 的拖放式漫画创作工具，采用算法思维将苏格兰士兵麦克白的故事用基于场景的故事板表达出来；通过 LOF 符号开发项目将计算思维整合到该单元中，让学生在 Google 文档上协同工作，找到小说中八个符号的每个实例，然后组成小组，用符号编写一个段落摘要。该模块为学生提供了学习和实践抽象的协作途径，这是段落摘要写作取得成功的必要技能。该课程还有算法简介、互联网资源可靠性等计算思维模块。通过评估发现，DISSECT 学生在计算思维方面的表现优于对照组，并且在写作测试中表现更好。该课程展示了计算思维技能的使用，计算思维整合是成功的。

美国德保罗大学提出了在通识教育课程中融入计算思维的框架(Perković et al.，2010)，明确地将计算思维融入“编码和密码”“问题解决”“个人计算”“全球气候变化”“动画”“早期俄罗斯和城市生态学”

等 19 门课程，提供了 3 个具体而深入的计算思维示例，包括“科学探究：地理信息系统”“艺术与文学：游戏设计入门”“艺术与文学概论：三维建模”。“科学探究：地理信息系统”课程介绍地理空间信息处理的基本原理。专题包括空间数据类型、地图设计和动画。教学方式是讲课和在计算机实验室中上机练习。通过学习，学生将了解地理数据的特点，并学会运用地理信息系统的方法和工具来显示与分析地理数据，理解抽象空间实体的不同方式并进行空间数据建模。所学的计算思维主要为设计和抽象。“艺术与文学：游戏设计入门”课程的目的是让学生能够归纳(抽象)出一个简单棋盘游戏的操作规则来找到这个游戏的基本规则，并使用游戏基本规则来发现和评价游戏可能存在的走步策略。“艺术与文学概论：三维建模”课程主要介绍创建动画和游戏中的三维物体和场景所需的建模和纹理技术。主题包括场景合成、基于多边形和平滑曲面的三维对象建模、曲面材质和纹理、相机、照明和渲染。通过学习，学生能够识别复杂环境或物体中的视觉模式，以便将其分解为一组重复的模块化组件，然后使用自动化和随机化来有效地设计三维空间中的环境或实现模型的真实重建。主要学习的计算思维包括设计、抽象、自动化、随机化等。

美国艾奥瓦州立大学的“老人科技”(Gerontechnology)课程(Yang et al., 2011)实现了计算思维的传播和跨学科合作。该课程由衰老过程、辅助技术、服务计算和系统建模、软件工程实践、老年人设计指南、评估和评价方法 6 个模块组成。衰老过程模块主要讲述年龄的增长是如何影响感觉、运动和认知功能的。如果对最佳、典型和病理性的衰老缺乏足够的知识，就不可能设计甚至评估老年学解决方案。辅助技术模块让学生了解主流的和尖端的老年科技的权衡，并学习如何更好地应用这些技术来监视、评估、干预、补偿、恢复和增强老年用户或有特殊需要的用户的身体机能，可以设计和采用最有助于老年人及其照料者的解决方案。服务计算和系统建模模块介绍并不是所有的老年技术解决方案都是基于计算机的，但是大多数解决方案确实以某种方式利用了计算机系统，该模块能让学生通过结构化方法来分析复杂的问题，探索可行的解决方案，并制定应对复杂老龄化问题的策略。软件工程实践模块让学生理解分析、设计、实现和测试软件系统的过程，了解计算机工程师和科学家使用的术语和过程。老年人设计指南模块让学生理解有效的设计将会使更多的公众愿意使用老年技术。技术设计需要适应更常见的情况，如视力下降、力量减弱、灵巧性、稳定性、瞬间记忆衰退以及更严重的病理状况，使老年人能够轻松使用它。评估和评价方法模块学习评价老年技术解决方案的有效性、可用性和可接受性，老人科技解决方案在本质上通常是非常个性化的。这门课由设计、计算机科学和老年学三个系合作完成，专注于将计算思维作为一个跨领域主题。组合和分解等概念在辅助技术模块中明确讲授。通过该课程的学习，学生自评显示计算思维能力显著改善。尽管学生自评“参与计算思维的能力”下降，但这可能是因为计算机科学学生在课程中没有意识到还有更多需要学习的东西。学生自评还发现跨学科团队合作能力提高；参加该课程的非计算机科学专业学生与计算机科学专业学生的表现相当。

美国NSF资助的K12项目“在传统教育中融入计算机科学”(Engaging Computer Science in Traditional Education，ECSITE)的目标是将计算融入学生已经学习的课程，如艺术、生物和数学等。下面通过一些例子说明这个项目如何将计算思维融入这些课程的。例如，在“艺术”课程中，使用PhotoShop、Dreamweaver和其他工具来学习矢量图形，使用Arduino和其他工具来教授编程和传感器等；在“生物学”课程的DNA序列部分引入算法和数据分析；在“健康教育”课程中，讲授如何利用谷歌或其他搜索引擎发现相关的、值得信任的有用信息；在“地理”课程中利用计算制图和计算机可视化；在“社交和公民社会”课程中，使用Arduino制作步伐跟踪器搜集数据以开展“城市节奏”(Pace of Cities)项目。所有参与的教师都计划继续整合计算内容到课程中。

4.6　小　　结

由于人们对计算思维的定义、范畴争论不休，研究人员和实践人员就决定放弃争议并进入实践，以期从实践中获得灵感，重新思考计算思维的定义和范畴。

随着实践的深入，出现了各式各样以计算机科学为主要学科内容的课程形态。美国、英国、中国纷纷以计算思维培养为目标，制定K12计算机科学标准，开发计算机科学相关课程。遗憾的是，国内的许多计算思维课仅仅是已有计算机科学导论课的重新包装，并没有经过真正的科学研究过程，也没有以标准和框架的形式说明课程中的哪些部分体现了计算思维的基本思想和核心概念，教材各自为政，并未体现共同目标。我国的大学计算思维融入课程还有很长的路要走。而 K12 计算思维课程受到人工智能的冲击，其推广的效果大打折扣，现在普遍推广人工智能课程，部分课程附带宣称培养计算思维，虽然二者并不冲突，但如何有效结合并真正能够培养计算思维是一个值得研究的问题。K12 计算思维培养在中国任重而道远。

由于周以真教授率先提出的计算思维具有跨学科特性，很多 STEM/STEAM 课程、创客课程、编程课程宣称能培养计算思维，而由于计算思维存在定义模糊和评价多样性，多数课程无法具有统一的评价标准，因此无法获得广泛的认可。计算思维在美国《K12 科学教育框架》的出现就是一个良好的开始，它初步形成一个共识性的基础，从而可以进一步批判、思考、实践和改善。在不久的将来，计算思维也许会真正融入数学、英语、物理、化学等学科的正规课程中。

第5章 计算思维的教与学

计算思维属于元知识，包括一系列知识和技能。这些知识和技能可以通过计算机科学领域不同知识的学习和实践来获得，也有学者认为，计算思维可以通过跨学科学习来获得。学者对计算思维的不同认识造成计算思维教与学方式的多样性。本章在分析计算思维学习基础理论之后，从计算思维的学习模式、实践工具和学习实践活动多个视角论述国内外教与学情况。

5.1 计算思维学习的理论基础分析

周以真认为，将学习科学研究应用于计算思维课程的设计是必要的，从而使设计出的计算思维课程与学生的年级和年龄相适应，这样可以最大限度地发挥其对K12学生的影响。让·皮亚杰(Jean Piaget)的认知发展阶段理论认为，儿童必须到11～12岁以后，才能进入形式运算阶段。到这个时期，儿童思维才发展到抽象逻辑推理水平。抽象是计算思维的基础。因此，依据让·皮亚杰的认知发展阶段理论，在11～12岁之前是不适合进行计算思维教育的。

西蒙·派珀特(Seymour Papert)在让·皮亚杰的建构主义(Constructivist)学习理论的基础之上，建立了自己的学习理论——建造主义(Constructionism)。该理论认为，学习是一种重建，而不是一种知识的传播，当学习者通过构建有意义的产品进行学习时，学习才是最有效的。自20世纪70年代开始，西蒙·派珀特一直致力于通过Logo语言帮助儿童成为他们自己“智力大厦”的建造者。在其1980年出版的《头脑风暴：儿童、计算机及充满活力的创意》一书中，系统阐述了自己的建造主义观——做中学(Learning by Making)。在他看来，好的教育不是如何让教师教得更好，而是如何提供有效的空间和机会让学习者去构建自己的知识体系。西蒙·派珀特把计算机作为强有力的工具来帮助学习者形成算法、解决问题并在此过程中学习和锻炼智力。

20世纪80年代，学术界在儿童和新手学习计算概念的认知方面进行了广泛的研究，如思维技能的开发和调试、基于问题的迁移、为学习迁移提供合适的支架等进行了广泛的研究。现代儿童编程软件(如 Scratch)则利用积木式编程降低认知负荷，从而提高编程的自我效能感。

目前，教育技术的多数学习理论和方法能应用到计算思维的教学中。其中，构建主义、支架、具身认知等成为计算思维学习的主流支持理论；自主探究、基于活动的学习法、基于问题的学习法、基于项目的学习法等通用学习法成为计算思维学习的常见方法。计算思维是一种内在的技能，不能直接传播，与心理感觉密切相关，但又依赖计算知识，因此知识+实践练习成为计算思维学习的关键，是计算思维学习中不可或缺的环节。Brennan 和 Resnick(2012)强调计算思维学习要从计算思维概念、计算思维实践、计算思维观念三个维度上展开，Rode 等(2015)提出了从计算思维到计算制作的学习路径，而 Kafai 和 Burke(2013)强调从计算思维到计算参与的学习路径。目前世界各国正在 K12 中引进计算思维，并试图将其问题解决的技能迁移到其他领域。过去有关计算思维学习的研究工作还包括利用儿童编程软件 Logo 实践数学和科学课程知识，以及在科学课程中使用建模软件等方式来教授计算思维。许多学者还用机器人、游戏、跨学科的方式进行计算思维教学，计算思维的教与学实践正在火热进行中。

5.2 计算思维的学习模式

虽然在第2章阐述探究、制作、再混合、坚持、合作等计算思维获取的一般方法，但它们仅仅被看作计算思维活动应遵守的一些原则。下面描述一些有代表性的计算思维学习模式。

5.2.1 基于计算思维模式的学习

模式是主体行为的一般方式，具有一般性、简单性、重复性、结构性、稳定性、可操作性的特征。Repenning 等(2015)提出了基于模式的计算思维学习，其中的模式也通常称为计算思维模式(表 5-1)，主要用于游戏设计和制作，熟悉和掌握这些模式就能轻松地开发很多游戏。

表 5-1　Repenning 等提出的计算思维模式

模式名称	模式解释
Generation(生成)	代理生成一系列其他代理(如枪射出一串子弹)
Absorption(吸收)	与生成模式相反，代理吸收其他代理(如猎食者捕获食物)
Collision(碰撞)	代理相撞时的情形(如一辆卡车与一只青蛙发生碰撞，青蛙必须“被碾压”)
Transportation(运输)	一位代理携带另一位代理的情况(如蜜蜂携带花粉)
Push(推)	游戏中像推箱子这样的模式，推的方向有上、下、左、右模式
Pull(拉)	与推相反的模式(如火车机车牵引火车厢)
Diffusion(扩散)	邻近代理扩散进入另一个代理，例如，火炬代理可以通过相邻的地砖代理扩散热量。最接近火炬代理的地砖代理温度最高，距离火炬代理较远的地砖代理温度较低
Hill Climbing(爬山)	计算机科学中的一种搜索算法，一个爬山代理能像人一样沿着能走向山顶(局部最优)的方向移动

这是游戏设计与开发领域的计算思维模式，这些模式的掌握对游戏开发能起到促进作用。在面向其他应用领域时，将有相应领域的计算思维模式，对其所在领域的计算思维也起到支架作用。因此，我们利用任何一种语言编程时总要学习一些案例，总结一些模式，从而在模仿中学习。计算思维模式的模仿和学习成为计算思维新手的有效工具。

5.2.2　基于活动的学习

基于活动的学习是以活动理论为基础的。活动理论可以帮助设计者更好地理解知识情境，以具身认知的方式体会复杂的社会关系和人类交互、以及工具的使用。杨开城(2005)认为，学习活动的要素包括学习目标、学习任务、操作步骤、交互形式、成果形式、角色和职责规划、监管规则、评价规则等，它们之间形成了一定的层次关系，即学习目标决定学习任务，学习任务制约其他各要素。学习活动设计就是对学习活动中各要素及其相互作用关系的设计。

计算思维作为一种抽象的思维实践，需要相应的活动设计支持。K12

计算机科学标准给出了计算思维的学习活动设计框架，由活动名称、时间、活动描述、级别、主题、预备知识、计划说明、教学/学习策略、评价与评估、其他支持材料、资源组成，其中活动名称是指活动的概括性描述；时间是完成活动所需的课时数；活动描述是简要介绍活动的主题和目标；级别是活动所对应的年级或层次；主题是指活动中要实践或学习的知识和技能；预备知识是指在活动之前，学生应该知道什么；计划说明是指活动过程的一般规划以及对教师的建议；教学/学习策略是指组织课堂演示和特定学生任务的方式；评价与评估是指课堂和实验室工作的形成性和总结性评估；其他支持材料是指脚手架实验室、示例程序、具有挑战性的问题等；资源是标明此活动的来源以及其他相关活动的资源链接。

新西兰坎特伯雷大学计算机科学教育研究组发起了计算机科学不插电(CS Unplugged)活动。这种活动不使用计算机，仅通过日常活动，以具身认知为基础，展开活动实践，体会计算思维的思想。这种活动的描述要素包括介绍(Introduction)、年龄(Ages)、技能(Skills)、材料(Materials)、活动后的讨论(Follow-up Discussion)、总结(Summary)、与其他课程的关系(Curriculum Links)、活动扩展(Extension Activities)。为了让整个活动顺利进行，还需要提供活动的安全注意事项、学生活动指导单(包括活动步骤)、教师注意事项、学生活动记录单等。

5.2.3　基于项目的学习

美国项目管理协会(Project Management Institute，PMI)在其出版的《项目管理知识体系指南》(*Project Management Body of Knowledge*，PMBOK)中为项目所做的定义是：项目是为创造独特的产品、服务或成果而进行的临时性工作。例如，开发一项新产品，策划一次自驾游，ERP的咨询、开发、实施和培训都可以称为项目。

项目是当前许多人的工作形式，因此，基于项目的学习不仅能模拟真实的情境，而且学习过程能围绕某个具体的问题，充分利用已学习的知识和各种学习策略，实现实践体验、内化吸收，在探索创新中获得较为完整、具体的知识和技能。

计算思维是一种思想，是一种问题解决的方法和规律，必然是一种抽象层面的内容，这给计算思维理解和融入课程与教学造成了一些困难。在计算机科学职业中，基于项目的工作方式随处可见，而且在多数软件开发环境中通常将一个工程命名为一个项目。STEM/STEAM应用与计算思维的结合也通常采用项目法。基于项目的计算思维学习方法则以项目建构为核心，分为理解计算思维思想、开展计算思维实践、形成计算思维意识三个步骤。计算思维思想是针对某一个或一类问题解决过程、应用场景的清晰描述。

在计算思维实践中，基于项目的学习有着重要意义和价值。基于项目的计算思维学习实践通常分为设计项目、分组分工、制定计划、探究协作、制作作品、汇报演示和总结评价等七个基本步骤。而从软件工程的角度，基于项目的计算思维学习实践应包括项目描述、可行性分析、需求分析、软件设计、实现与编码、测试等阶段。

通过计算思维实践，基于项目的学习旨在把学生融入有意义的任务完成过程中，让学生积极地思考、实践、内化，自主地进行知识建构，并以生成有意义知识和培养学生问题解决能力为目标，注重实践过程以及实践与知识的联系。在进行不断地归纳总结后，会逐步形成计算思维意识。

5.2.4　基于问题的学习

基于问题的学习是利用查找资料和讨论来解决问题的一种学习方式。与传统的讲授式教学相比，这明显是一种新的教学方法，符合当前流行的建构主义学习观。基于问题的学习由美国的神经病学教授霍华德·巴罗斯(Howard Barrows)在加拿大麦克马斯特大学首创，荷兰马斯特里赫特大学也重视基于问题的学习的应用和研究。

基于问题的学习是一套设计学习情境的完整方法。基于问题的学习有五大特征。

(1) 以问题为学习起点、以解决问题为目标，考虑学习内容与问题的关系，利用学习的内容解释和解决问题。

(2) 问题应具有真实性、情境性，学生能利用已经学习到的知识，在探究过程中学习及应用学科思想，有时没有固定的问题解决方法和过程。

(3) 以小组合作学习和自主探究为主，教师在学习中的作用不是讲授，而是引导，注重发展学生的合作品质和技能。

(4) 学生是学习和活动的主体，教师应激发学生在学习中的主体作用，让学生认为学习是自己的责任，使问题在学习过程中起到支架作用。

(5) 学生应定期自我评价和小组评价，以深度体会和矫正自己的、基于问题的学习实践。

基于项目的学习要制作出一套能解决问题的可行制品，基于问题的学习比基于项目的学习具有更广的范畴，例如，利用问题将很多已学习的知识集成于一个问题框架下，了解问题与知识的关系、知识之间的关系，了解学科问题的一般解决过程，从而利于学科的理解。

基于问题的学习主要由问题提出、查找资料、讨论、教师总结四个步骤组成，学生在独自学习中也可采用基于问题的学习，过程是提出问题、查找资料、思考与验证。因此，基于问题的学习不仅可以发生在课堂上，也可以发生在独自学习中。但在教学中，通常需要查阅相关资料，这可能会浪费很多时间从而导致课堂时间紧张。为防止这种情况发生，教师通常会提前布置任务、进行课前准备。在基于问题的学习中，学生为解决问题需要查阅课外资料，归纳、整理所学的知识与技能。这种方法可以促进学生不断地思考，进行知识的整合与关联，有利于培养学生的自主学习精神。

5.2.5 基于设计的学习

基于设计的学习是由加州州立理工大学波莫纳分校教授多伦•尼尔森(Doreen Nelson)提出的，是教授和评估创造力的一种学习方法，当时提出的目的是教会学生运用三维模型解决与课程相关的问题。学生构建的对象不仅成为表现创造力的一种手段，而且让学生展示出更强的回忆相关信息的能力，并将他们的学习与课堂内外的多种情景联系起来。与基于项目的学习、研究性学习和基于挑战的学习一样，基于设计的学习强调引导学生进行参与式的建构主义学习。基于设计的学习流程的步骤包括：①确定课程的主题或概念；②从课程中找出问题，将问题转化为“从未见过”的设计挑战；③制定评估标准；④让学生“试一试”；⑤上传统的导学课；⑥学生修改设计。教师负责这个周期的前三个步骤。学生作为设计师，首先在第四步中解决问题，他们需要建立一个粗略的模型来满足教师提出的挑战的标准。

哈佛教育研究生院的创新计算实验室开发的“创造性计算：基于设计的计算思维入门”课程采用基于设计的学习，整个过程包含规划

(Planning)、连接(Connecting)、探索(Exploring)、创造(Creating)和反思(Reflecting)等活动。规划是做一个作品或项目的设计；连接是和已知的对象建立关系；探索是发现问题解决方案前的探究；创造是利用 Scrach 编程开发一个制品；反思是思考教师的问题或自己遇到的问题。

从以上可以看出，基于设计的学习很适合计算思维的实践学习情境，也与西蒙•派珀特的学习理念一致，基于设计的学习也可以与基于项目的学习相融合，从而充分利用各自的优点。

5.2.6　基于使用-修改-创造的学习

Lee 等(2011)提出了"使用-修改-创造"学习模式(图 5-1)来帮助学生学习计算思维。整个学习模式基于学习支架理论，通过越来越深入的互动促进计算思维的获取和发展。

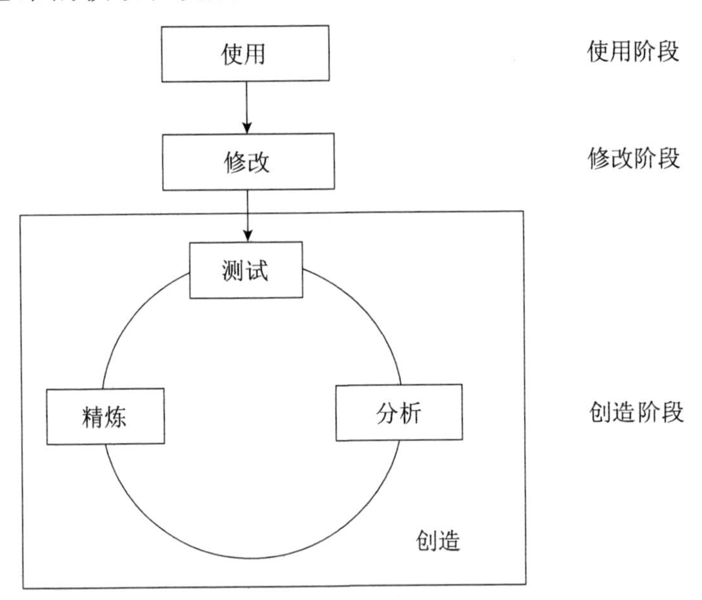

图 5-1　Lee 等提出的"使用-修改-创造"学习模式

在第一阶段，即使用阶段，学生是其他人所创造制品的消费者。他们很可能使用已分布的计算软件运行实验，运行控制机器人的程序或者玩电子游戏。随着时间的推移，如果他们拥有这些制品的源程序(代码)，就可以开始尝试修改模型、程序，从而进入第二阶段，并随着对所修改内容的理解，修改的内容会越来越多，也会越来越复杂。例如，学生可能最初想要改变角色的颜色或其他纯视觉属性。之后，学生可能希望通过开发新代码或修改一些逻辑来改变角色的行为。这种修改需要理解程序、问题、问题的模型，以及其中所包含的抽象和自动化。通过一系列的修改和迭代改进，理解和开发新的技能，将别人的知识和技能内化为自己的知识和技能，并创造出新的知识。随着学生在技能和信心方面的增长，可以鼓励他们理清已有制品设计思路，重新设计自己的计算项目，解决他们选择的问题。第三阶段是创造阶段，学生独立而完整地设计整个项目，设计、编码、调试和迭代，在整个过程中，抽象、自动化和分解等计算思维关键技术都充分发挥作用。

在这一过程中，每一阶段都要保持一定水平的挑战以支持能力增长，同时要避免学生出现焦虑。学生可以通过一系列项目反复巩固这种能力。随着学生的技能和能力的提高，学生逐渐迎接更有难度的设计挑战，这种通过逐渐增加挑战难度的方式使曾经能引起焦虑的活动变得富有成就感。相反，如果挑战无法满足日益增长的技能需求，学生就会感到很无聊。虽然我们主张使用这三阶段来促进计算思维，但在使用、修改和创造之间并没有清晰的界限，学生可能会在使用、修改和创造之间反复切换，这取决于问题的难度和学生已有的知识与技能水平。

5.2.7　基于 5E 模型的学习

“探索计算机科学”课程采用基于 5E 模型的学习，5E 指尽力理解(Engage)、探索(Explore)、解释(Explain)、精化(Elaborate)、评价(Evaluate)，但其具体内容和 Ballone(2004)所提出的 5E 模型中的描述有所不同。

在尽力理解阶段，教师主要激发学生学习的兴趣和好奇心，提出问题，激发学生对所讲概念的兴趣。学生也应自问自答一些问题，例如，为什么会这样？我已经知道了些什么？我怎样才能解决这个问题？

在探索阶段，教师鼓励学生在没有教师直接指导的情况下进行学习，在必要时提出探究性问题以引导学生进行调查，为学生留出时间解决问题，做学生的顾问。学生要在学习活动过程中创造性地思考、测试预测和假设，形成新的预测和假设，观察、记录并验证自己的想法。

在解释阶段，教师鼓励学生将自己以往的经验作为解释概念的基础，用自己的语言解释概念、定义和给出理由。学生要向其他学生解释他们的想法、可能的解决方案或答案，批判性地听取其他同学的解释，质疑其他同学的解释，倾听并试图理解教师的解释。

在精化阶段，教师提示学生在新的上下文中使用以前学习过的词汇、定义和解释，鼓励学生在新的场景中运用这些概念和技能。学生自己要主动在新的类似情况下应用概念、定义和技能。利用学过的内容提出问题、给出解决方案、做出决策、设计实验，并从证据中得出合理的结论。

在评价阶段，教师评估学生的知识和技能，允许学生评估自己及所在小组的知识和技能，问一些开放性问题，例如，你对这个问题了解多少？你应该怎么回答这个问题？你为什么认为……？学生之间要彼此检查对方的理解，能通过观察、证据和以前学习到的解释回答开放性问题，表现出对概念或技能的理解或了解，评价自己的进步。

5.3　计算思维的实践工具

计算思维实践已经成为计算机科学学习的重要组件，这是业内共识。目前，计算思维实践工具可以分为不插电活动、模拟软件、教育机器人、编程工具、游戏等类别，且编程工具是应用最广泛的实践工具。

5.3.1　不插电活动

不插电(Unplugged)活动被定义为可以在不使用计算机或电子设备的情况下进行的计算思维学习活动。由于不需要计算机，因此也避免了计算机设备本身带来的危险和复杂性。不插电活动是小学计算思维实践的主要形式，不仅具体而且生动，具有游戏性。

新西兰坎特伯雷大学计算机科学教育研究小组开展的 CS Unplugged 活动是一个免费的学习活动，通过使用卡片、字符串、蜡笔、大量运行的游戏和迷题(Puzzle)教授计算机科学，通过二进制数、算法和数据压缩等概念向学生介绍计算思维，使学生不必了解其用计算机实现时的计算机技术细节，也不需要编程。CS Unplugged 活动适合所有年龄段(从小学生到老人)，也适用于不同国家和文化背景。不插电活动已经在世界各地开展了 20 多年，在教室、科学中心、家庭、公园中都可开展这些活动。该研究小组提供了相应的活动书籍 *CS Unplugged*。该书中介绍了 16 项活动，这些活动能够帮助学习者学习数据表示、分解、模式概化与抽象、算法思维等计算思维要素。

Code.org 的 CS Fundamentals 课程也提供了不插电活动，4 岁的儿童也可学习，是一种注重思维培养的活动，并通过无指令游戏(Game with No Instructions)、制作怪物等具体活动讲述分解、模式识别、抽象、算法等计算思维要素。这些活动只需要铅笔、纸张等工具即可解决问题。

5.3.2　模拟软件

周以真认为模拟是一种典型的计算思维，ISTE 也将模拟作为要掌握的计算思维核心要素之一。为了说明模拟在计算思维和计算机科学中的重要作用，2009 年，“计算思维的本质与范畴研讨会”也列举了许多模拟工具及应用。很多中小学课程也基于学科问题和应用，利用模拟和仿真软件进行了探究学习，了解事物的内部规律。

模拟软件成为计算思维学习的重要载体，它用一组数学公式建模现象、结构和过程。在本质上它是一个程序，允许用户通过模拟观察操作，而无须实际执行该操作。模拟软件广泛用于设备设计，以便最终产品尽可能地接近设计规格且不需要昂贵的工艺修改。具有实时响应的模拟方式经常用于游戏，但它也具有重要的工业应用。例如，飞行员、核电厂操作员或化工厂操作员等在进行某些不正确操作时，会代价高昂，则将实际控制面板的模拟与实时响应的仿真相关联，从而提供宝贵的培训体验，而无须害怕造成灾难性后果。

先进的计算机程序可以模拟电力系统、天气状况、电子电路、化学反应、反馈控制系统、原子反应等，甚至复杂的生物过程。理论上，任何可以简化为数学数据和方程的现象都可以在计算机上模拟。因为大多数自然现象都受到几乎无限因素的影响，所以模拟可能很困难。开发有用模拟的技巧之一是确定哪些是影响模拟目标的最重要因素。除了模拟流程以了解它们在不同条件下的行为，模拟还用于测试新理论。

模拟软件能帮助 K12 学生理解科学模型，更好地了解事物的原理，同时对将来开发模拟软件也很有帮助。目前，利用模拟软件理解科学理论模型已经应用于在 K12 的计算思维和 STEM 学习中，部分实例如表 5-2 所示。

表 5-2　模拟在教学中的应用实例举例

软件名称	模拟情境与功能	来自的课程或项目
StarLogo TNG	疾病传播	GUTS 项目
CTSiM	过山车(高级运动学)；汽车加速(力学)；火箭发射(高级力学)；碰撞球(动量)；粒子扩散(扩散和动态平衡)；鱼缸中的鱼类和水生植物(宏观生态学)；鱼类中的细菌(微观生态学)等	“利用模拟与建模的计算思维”(Computational Thinking using Simulation and Modeling, CTSiM)项目
AgentSheets/AgentCubes	游戏制作	Scalable Game Design
Pencilecode	音乐仿真 模拟 DNA 转录成信使 RNA	Google 课程

5.3.3　教育机器人

教育机器人是以教育为目的而开发的机器人，其主要目标是为机器人的设计、分析、应用和操作提供一套教育资源和平台，通过设计、组装、编程、运行机器人，激发学生学习兴趣，以促进学生在机器人方面的知识、技能和态度的发展。这里所说的机器人范围广泛，包括铰接式机器人、移动机器人或任意规模的自动驾驶车辆。教育机器人的另一个目标是应用在计算机编程、人工智能或工程设计等教学中，以提供有触感和学生感兴趣的学习实践，从而促进教学。在一些初中和高中，机器人已成为一种流行的教育工具，用来激发学生对编程、人工智能和机器人学的兴趣。一些大学开设的计算机科学课程也开始包括机器人编程。

目前，教育机器人也是创客教育、STEM/STEAM 教育的教学工具主体。随着计算思维受到广泛研究与关注，教育机器人由于能充分利用具身认知理论，并更容易使学习情境化，因此也成为计算思维教育的一种重要学习工具，对促进儿童的计算思维发展有重要作用，同时以机器人为核心的人工智能技术符合 21 世纪的发展方向。下面是一些国内常用的和论文中采用的教育机器人。

乐高机器人 Lego Mindstorms 套件是可编程主机、电动马达、一组模块化传感器、Lego Technic 系列零件(齿轮、轮轴、横梁、插销等)的统称，利用这些软件和硬件可以创建可定制的、可编程的机器人。Lego

Mindstorms 套件源于 1986 年丹麦乐高公司和美国麻省理工学院的媒体实验室(Media Lab)合作的一项可编程式积木产品计划，针对 12 岁以上的青少年或成人，Lego Mindstorms 套件在商业上出售并用作教育工具。最新的版本是 2013 年上市的 Lego Mindstorms EV3。Lego Mindstorms 套件起源于益智玩具中可编程传感器模具(Programmable Sensor Blocks)，许多语言都能对其进行编程，Computer Clubhouses 是专注于 Lego Mindstorms 套件编程的网站。

Bee-Bot 是一种蜜蜂形状的机器人，专为 3 岁以上的儿童设计，适用于学龄前和小学阶段。这款小机器人可以记住多达 40 条指令，带有前进/后退、左转/右转的控制装置，可以在地板上前、后、左、右移动，从而教儿童控制、方向、算法、排序、估计和基本编程，培养儿童对排序、计算思维以及坐标、距离和位置等数学概念的理解。例如，通过想象 Bee-Bot 的最佳行走路线，帮助儿童发展空间意识。

TangibleK 机器人项目利用商业上可用的机器人搭建工具包和 CHERP 语言来控制机器人的行为。CHERP 是一种触感和图形化相混合的计算机编程语言，允许儿童创建程序来控制他们的机器人。CHERP 的设计避免了文本编程语言在技术和语法相关方面的挑战。此外，混合界面允许儿童选择最符合他们的身体能力、社会吸引力、手部活动能力等偏好的界面。

除了上述机器人，文献中还介绍了 Lego® WeDo® 2.0 Robotics Kits、Humanoid Robotics、Sumo Robot 等用于计算思维教育的机器人。

5.3.4　编程工具

编程可以使计算思维概念具体化，为学习其强大的思想奠定理解基础。另外，编程一直是计算机科学教育的重点内容。无论是《CSTA K12 计算机科学标准》(2011 修订版)、《K12 计算机科学框架》、《AP 计算机科学原理框架》，还是英国的计算课程标准 *Computing—Programmes of Study for Key Stages 1-4*，都将编程作为教育的重点。但在《AP 计算机科学原理框架》中，并未指定课程应具体选择哪一门编程语言，重点是教授计算思维。其课程目标是扩大参与，支持创建令学生感兴趣的计算制品。鼓励教师选择最适合他们课堂的编程语言，并为学生提供成功参与课程内容的机会。所选编程语言应包含课程框架和动手实践任务中指定的功能。仅用于培养计算思维的编程语言通常只包含变量、表达式、条件、循环、列表、函数和过程等概念。目前，在文献和各种组织进行的实践中出现了多种编程语言，可分为玩具型编程语言和实用型编程语言。

1. 玩具型编程语言

玩具型编程语言主要用于基础教育阶段，其主要用于中小学的教学和学习中。其中 Scratch 是当前最流行的儿童编程语言。倡导并为儿童开发专属编程环境的开创性工作是由西蒙·派珀特首先开展的，他在 20 世纪 60 年代就开发了最早的儿童编程语言 Logo。其中的一些关键设计特征在现代儿童编程语言中仍然在使用。他的“乌龟机器人”既是物理的也是虚拟的，用于控制它的 Logo 命令(如向前、向右)与身体行为是一致的，并且它的运动能在地板或屏幕上提供视觉反馈。Logo 最初是基于文本的，第一个基于拖放命令块的界面是在 1996 年推出的 LogoBlocks 编程环境引入的，它是 Lego Mindstorms 套件的早期原型。西蒙·佩顿·琼斯(Simon Peyton Jones)在对这项研究的采访中指出，学习者不仅要能够编写程序，还要能够阅读程序。但是，学习一门新的编程语言并利用其编写程序并不是一件容易的事。

目前的积木式编程环境(如 Alice 和 Scratch)都不要求学生使用文本语言进行编码，从而允许新手专注于创建、实验和计算语义的表达，培养学生的计算思维。在义务教育中引入计算思维的学习工具还有 Kodu、Greenfoot、AgentSheets、AgentCubes 等积木式编程环境，以及机器人工具箱(如 Lego Mindstorms 套件)、电子纺织品(如 Lilypad)和手持式计算机(如 BBC micro：bit)等有形工具。在幼儿教育中，玩具机器人(如 Bee-Bot)的编程也得到广泛应用。作为计算思维实践环境的软件编程工具数量仍然在不断增加，但其目标相当清晰，即降低编程的难度，使学生有更多的时间集中于计算思维的理解和学习。具体编程语言介绍如下。

(1) Scratch 是一种积木式可视化编程语言，允许学生构建交互式故事、游戏、动画、音乐与艺术。该产品既可以下载并安装在计算机上，也可以运行在浏览器中，同时具有相应的讨论区和作品样例集合作为学习支撑。

（2）Google App Inventor是一款支持在线软件开发的Android编程环境，它抛弃了复杂的文本式代码编程方式，而是使用积木堆叠的方式来完成Android程序。除此之外，它也支持乐高NXT机器人的编程，还允许学生在移动设备上创建自己的应用程序。

（3）Greenfoot是为教育而开发的、免费的Java集成开发环境，支持Java的全部特性，尤其适合基于可视化组件的编程，可以创建模拟和交互式游戏等二维图形应用程序，适用于所有年龄段的学生，是英国“计算”课程中的推荐环境。

（4）Alice是积木式编程环境，允许学生进行3D建模，创建3D动画，模拟3D世界，适合构建交互式故事或编写简单游戏，能利用其教授编程的基本原则、逻辑和计算思维技能，并能进行面向对象编程。Alice项目为不同年龄段和学科领域使用Alice进行教学提供了补充工具和材料，并能在计算机科学教育中吸引和留住对计算机科学兴趣不足的学生。

（5）Lego Mindstorms NXT集成了乐高积木和传感器编程，以创建机器人并编程。它通过将功能块链接在一起来组装指令。

（6）App Lab是一款用JavaScript创建Web应用程序的编程环境。它允许学生开发程序，能在积木式和文本式编程模式之间切换。

（7）EarSketch是基于浏览器的应用程序，允许学生使用JavaScript或Python创建自己的音乐。

（8）Precessing最初是作为一款画图软件而研发的，目前还用于教授基于电子艺术和视觉设计的编程中。

（9）Snap！是一种Scratch风格的编程语言，允许用户用JavaScript定义新基元。用户可以使用服务器定义的API从互联网读取和写入信息，并制作移动应用程序。

（10）Swift可以在iOS、macOS、tvOS和watchOS上运行。这种环境允许学生创建自己的苹果应用程序，并具有让学生在输入代码时看到更改或添加效果的交互式环境。

2. 实用型编程语言

实用型编程语言是指可以在实际工程和研究中使用的语言。JavaScript、Python、Java、C/C++是在中小学和大学阶段使用的基于文本的语言，具体情况如下。

(1) JavaScript 是一种具有函数优先的轻量级、解释型高级编程语言，常用于在 Web 浏览器中创建交互式效果。该语言是目前中小学教育中使用最广泛的脚本语言。

(2) Python 可读性好，可能对程序员新手有帮助，是中国义务教育中最有前途的编程语言，也称为人工智能编程语言。它同数据科学和机器学习编程工具包具有强大的结合能力，并非常容易找到各种与人工智能功能相关的、基于 Python 的开源代码，因此也是当前人工智能研究者广泛采用的语言。

(3) C/C++语言是最早的、影响最广的、在大学计算机科学专业里普遍讲授的基础语言，也是全国青少年信息学奥林匹克联赛(National Olympiad in Informatics in Provinces，NOIP)官方指定的参赛语言，在中国学校具有很大的用户群体。

(4) Java 语言是纯面向对象的、跨平台编程语言，吸收了 C++语言的优点，很多编程语法与 C 语言类似，而且有 Eclipse、NetBeans 等集成开发环境支持 Java 程序的编写和编译。Java 语言是网络应用开发的流行语言，目前美国的大学先修课程“计算机科学 A”依然在讲授 Java 语言。

5.3.5 游戏

游戏被许多计算思维倡议者认为是一种有效的、黏性高的计算思维学习工具，他们认为玩游戏、设计游戏和游戏编程都能锻炼学生的计算思维能力。在游戏场景下的计算思维能力培养往往也和教育机器人、编程密切相关并结合起来，这样既可以通过游戏设计和编程来培养计算思维，也可以通过玩游戏来培养计算思维，常用工具如表 5-3 所示。

表 5-3　基于游戏的计算思维学习与实践工具举例

游戏使用方式	语言或工具	学习与实践的计算思维内容
设计与开发游戏	Scratch、Kodu Alice	抽象、分解、自动化、模式匹配、模块化
	AgentSheets	编写游戏的计算思维模式
	GameMakerStudio	分解、并行化、抽象和模式泛化

续表

游戏使用方式	语言或工具	学习与实践的计算思维内容
玩游戏	CTArcade 教育游戏平台	问题分解、模式识别、模式归纳和算法思维
	Penguin Go	算法思维、抽象、调试

1. 设计与开发游戏

对未成年人来讲，游戏是非常具有吸引力的活动。美国的计算机科学推广倡议提出了“开发一个游戏，而不是买一款”的口号。因此，很多研究者利用游戏设计与开发来吸引学生学习计算机科学或计算思维。AgentSheets /AgentCubes 是较早用于学习计算思维的游戏开发环境，当前很多流行的积木式编程语言(如 Scratch、Kodu、Alice、Greenfoot) 均把游戏开发作为一个主要功能，且都具有培养计算思维的功能。AgentSheets/AgentCubes 由美国科罗拉多大学博尔德分校计算机科学系的可扩展游戏设计团队和 AgentSheets 公司共同开发，可以让学生创建自己的、基于代理的游戏和模拟，并通过用户友好的拖放界面在 Web 上发布。交互式模拟帮助学生掌握新思想、测试理论、探索科学领域的复杂过程；构建游戏帮助学生学习计算机科学概念、逻辑和算法思维。游戏的设计和开发实践作为一种培养编码和计算思维的教育形式而存在，将对计算思维和编程入门有积极影响。

2. 玩游戏

能够促进计算思维的电子游戏通常为玩家提供一个激励性的环境，让他们构建解决问题的程序。与基于设计的环境相比，此类游戏将通过不同的游戏机制促进更有意义的学习并提供更丰富的学习支持。然而，利用电子游戏培养计算思维技能的研究非常有限。虽然目前已经开发了许多电子游戏来教授编程，如 Codes Spell、CodeCombat 和 MiniColon，但这些游戏使用的是基于文本的编程语言，要求玩家对语法的细节给予相当的关注，增加了玩家的认知负担，因此产生了一些通过拖曳命令块到程序区的方法，如 LightBot、RoboBuilder、games at Code.org、Blockly games、Run Marco。从研究者的相关报告来看，这些类型的游戏确实能培养儿童对编程和计算机科学的态度以及计算思维的某些组成部分，如对条件逻辑和调试产生了积极影响。虽然它们与计算思维技能的结合是不完整的，对于儿童来说，将它们作为计算思维的初步或入门学习工具对儿童来说的确是有吸引力的。

在玩游戏培养计算思维活动中，不需要编程的游戏工具有 CTArcade 游戏平台、Penguin Go、RaBit EscApe、Pandemic、Crabs & Turtles 等。例如，CTArcade 是一款基于 Web 的教育游戏环境。在 CTArcade 中，首先孩子们要通过与代表自己的角色玩井字(Tic Tac Toe)游戏，而这些角色对游戏策略知之甚少。在玩游戏时，孩子会将自己的游戏玩法概念化为抽象的算法规则，角色会遵循这些规则。然后，被编程了的角色将加入锦标赛并与其他角色比赛。孩子可以回顾结果，用四种视觉化方法识别未能正确匹配的模式，并以迭代的方式对他们的策略进行改进。当孩子们玩游戏时，他们自然会遇到需要计算思维技能的情况。这样，这些技能在自然环境中得到了迅速应用，孩子们并没有本能地将他们的游戏玩法概念化为抽象逻辑。另外，可视化编程环境有助于减少编程的技术障碍。CTArcade 的目的是帮助孩子内化计算思维技能，同时通过一个框架模型从他们的日常游戏中抽取游戏规则和策略。

一些学者也将利用机器人学习计算思维的活动归于游戏类，将许多不插电活动也归于游戏类，将游戏设计与机器人开发、不插电活动相结合能增加计算思维的可理解性。但从计算思维的本质来看，游戏开发与编程结合将成为利用游戏方法学习计算思维的优质手段，更接近计算机科学专业的训练方式。

5.3.6 数字化讲故事

数字化讲故事作为讲故事的一种形式，成为儿童编程软件中受欢迎的一种功能。有研究表明，讲故事是女孩擅长的一种活动，对克服学生和成人的学习困难有巨大贡献。当前，比较优秀的、容易学习的讲故事软件有 Scratch、Looking Glass and Story-telling、Storytelling Alice(SA)等，每个故事可以通过几个命令的重复模式来实现。儿童学习人物对话叙事的同时，可以学习一些编程。编程不是主要的学习目的，而是一种以有趣方式展示故事的工具。当儿童需要克服困难完成故事时，会将更多的精力用于设计，而不是编写代码。显然，这种活动并不被看作编程任务，而是被看作引入一种新工具来产生那些本来以其他方式生产的东西，如颜色、纸、衣服、镜子等材料。故事的舞台背景可以重用，并容易改编以适应不同的演出。以这种方式，教师和学生可以创作表演情节，为一个新故事创作图纸、引入人物和角色、创作故事板(Storyboard)，讨论什么是最适合计算机完成的，并尝试一些解决方案，最后给出决策。

5.4　计算思维的学习实践活动

计算思维的提出源于计算机科学，但是周以真教授认为，计算思维是跨学科的。研究计算思维的学者受此启发，出现了各种各样的计算思维学习实践活动，如基于计算机编程的计算思维学习活动、基于教育机器人的计算思维学习活动、基于游戏的计算思维学习活动、基于模拟的计算思维学习活动、计算思维的跨学科学习活动等。

5.4.1　基于计算机编程的计算思维学习活动

基于计算机编程的计算思维学习活动是当前中小学最主要的计算思维实践活动。针对计算思维的编程活动更强调问题的解决，而非关注编程语言自身的学习。目前，结合教育机器人、Arduino、游戏开发的编程被认为是编程活动中最有吸引力的活动形式。在 Scratch 编程环境中，能实现的有交互式故事、游戏、动画等形式的程序。精心设计编程活动可以学习计算思维的所有方面。下面按要素列举一些通过编程活动可以学习计算思维的例子。

(1) 问题分解：将问题解决方案分解成模块关系图、将用户需求用数据流图或用户案例图表征出来都是问题分解的重要形式。

(2) 抽象：使用变量、函数、类、模板类、包来抽象程序，使程序能够复用，使用权限来实现信息隐藏。

(3) 算法：设计问题的分步解决方案，再利用图形化的编程环境、机器人操纵或文本编程语言等对解决方案进行描述。

(4) 模拟：在图形化编程环境中，模仿设计歌厅、火箭发射、追击问题、图书管理系统等情形。

(5) 自动化：利用程序，实现可由机器自动执行的计算。

(6) 并行化：几个程序同时或并发来协作完成 1 个任务，Scratch 中几个角色的脚本在同一时间内运行等。

(7) 数据收集：从 Web 站点或数据库中读取数据；从文本中抽取信息；利用传感器收集数据，利用摄像头、录音设备收集数据等。

(8) 数据分析：利用各种数据分析软件对数据进行探索性分析从而初步理解数据；使用图形化编程环境创建模型来寻找数据中蕴含的规律和模式，并进行评价与验证等。

(9) 数据表示：使用不同的数据结构，建立静态图表、动态图表、交互式图表等，从而实现可视化效果。

编程语言及其功能是多样的，还可利用各种类库、第三方插件来辅助编程，降低编程的实现难度。K12 阶段更多是面向计算思维学习的编程，编程简单灵活、能发展深层次计算思维是教师选择编程工具更看中的方面。

编程的一个流行应用领域是创建数字游戏。积木式可视化语言可以很容易上手，也可以变得相当复杂。为控制多个对象，编程语言包括并发和事件处理的原语。积木式编程环境也可用来创建动画故事，用户将使用游戏创作的方法来分解场景和角色动作。游戏创作、机器人编程和数字化讲故事这些活动是针对不同教育水平提出的，具有不同的复杂性。例如，对于机器人编程而言，学习者对需要机器人执行的动作进行分割，发现在不同情况下可以重复使用的类似动作，并抽象成函数，从而使类似代码不需要重新编写就能直接使用。在这种情况下，学习者可对计算思维中的抽象和分解概念一起进行实践。

5.4.2　不插电形式的计算思维学习活动

虽然可以使用软件和硬件讲解计算思维，但技术不是必需的。CS Unplugged、CS4FN、Informatik erLeben、Abenteuer 等项目都设计了儿童喜欢的计算思维活动，无须使用计算机就可以实现计算思维相关的教育目标。这些活动吸引了大量的教育工作者，不存在技术接口问题，容易相互结合。例如，Curzon (2013) 就将 CS Unplugged 活动和 CS4FN 活动整合起来学习计算思维。

CS Unplugged 是新西兰坎特伯雷大学计算机科学教育研究组的一个

项目，由蒂姆·贝尔(Tim Bell)教授发起，通过使用卡片、线、蜡笔和其他一些常用物件来做游戏和解决谜题以教授计算思维，其工具简单，而且学生能参与其中，这使其成为全球有影响力的计算机科学/计算思维活动。CS Unplugged 提供了大约 24 个讲解计算机科学概念的活动，涵盖信息论、搜索和排序算法、图最小生成树和图着色、密码学与计算机体系结构等问题。其中的许多活动都可在 Scratch 或其他简单编程环境中实现。下面是新西兰坎特伯雷大学计算机科学教育研究组开发的两个活动。

(1) 信息论。这项活动帮助参与者理解如何表示给定文本的信息量，了解如何表示1000页电话号码簿包含的信息量比1000页空白纸表示的信息量大。活动建议参与者应在 10 岁及以上。它的第一个练习主要讨论信息是什么。在此之后，通过案例来讨论信息的概念。例如，我们很容易猜到一个同学是走路来学校的，但很难猜到一个同学是坐直升飞机来学校的。如果是更困难的问题，则需要更多的信息。例如，两个人一组做个猜数的游戏，一个人默想 1～100 的一个数，另一个人猜，则采用折半查找的思想便是猜数者能以平均最快的速度猜到的方式。

(2) 图像表示。在此活动中，参与者使用数字了解图纸、照片以及其它图片的计算机内部表示，并演示如何实现。活动建议参与者在 7 岁及以上。活动开始于传真机用途的讨论，了解传真机是将纸面上的内容扫码成图像而传递给对方的。接着讨论当计算机只能用数字表示信息时，如何存储图片。之后使用投影仪展示计算机屏幕被分割成像素网格，使用黑色和白色填充相应单元格形成一个小写字母“a”，使用数字来表示每个黑色单元格在每一行中的所在位置。然后，要求参与者根据所在行的数字将相应的单元格填充成黑色，从而画一幅画；最后再设计出自己的图片，并将这幅图片用数字表示。

运动知觉型活动不需要使用纸和笔，参与时只要集中精力及时移动即可。这类活动比 CS Unplugged 活动更广泛，但仅有少数 CS Unplugged 活动可以改编成运动知觉型活动。例如，对于排序算法，可以通过参与者持有数字，再使用规则来比较他们持有的数字并进行位置交换，最终实现有序序列。运动知觉型活动深受孩子的喜爱。

Rodriguez 等(2016)在中学课堂中使用 CS Unplugged 活动材料教授了有限状态自动机、二进制数、密码学、错误检测、最小生成树和搜索等主题。Taub 等(2012)在课堂上或在课外俱乐部开展 CS Unplugged 活动，每周 2 小时，涵盖的主题包括二进制数、搜索算法、错误检测和排序算法等。CS Unplugged 活动在许多其他课程中也有所使用，很多文献也将其称为计算思维教学方法。CS Unplugged 活动是中小学开展计算思维教育的有力工具。

5.4.3 基于教育机器人的计算思维学习活动

机器人适合所有年龄段的教育，在教育中的主要应用场景有机器人的设计与开发教育、空间想象、编程与计算思维、模拟问题情境与问题解决过程，而本书侧重编程与计算思维以及模拟问题情境与问题解决过程方面。

这类活动主要可分为三种。

第一种是不插电机器人编程。当谈到不插电机器人时，其基本理念是帮助机器人以清晰、准确、特定顺序的指令完成一个给定的任务。这也可以通过个人模仿机器人来完成。例如，教师或学生扮演机器人，要求其他学生发出一组命令集来让机器人执行给定的任务。这种活动也非常适合让父母参与孩子的学习。例如，通过安排父母-子女讲习班，孩子使用一组简单的指令让父母绕过障碍物。这种不插电编程的另一个版本是舞蹈节目，学生彼此编程来跳对方指定的舞蹈。实际上，只需要一点想象力，我们就能设计出大量的不插电活动。

第二种是通过真实机器人机身上的或遥控器的物理操作按钮来编程，既可以跨学科进行问题描述和过程模拟，成为活动的道具，加深对问题的理解，又可以帮助学生理解计算思维。近些年，可以选择用来学习的物理机器人的种类不断上升。现在已有很多机器人可以用于儿童早期的计算思维教育，如 Bee-Bot 和 Play-I，年龄更大一点的孩子适合用乐高机器人(如乐高 Mindstorms)。面向儿童的低成本机器人还促使了众包平台 Kickstarter 的产生，已经为几个相关项目提供了资助。

第三种是采用文本式或积木式程序来操纵机器人，解决问题。这种方法比物理按钮编程方式更灵活，能更充分利用机器人自身的底层功能和编程语言固有的能力。下面介绍利用机器人实现计算思维教育的一些案例。

1. Bee-Bot 教育实例

Bee-Bot 是一个形状像只大蜜蜂的迷你机器人，通常在幼儿园大班、小学 1～2 年级教育中使用。通过 Bee-Bot 背上的物理按钮编程。它有 6 个按钮：移动按钮(2 个，可以向前或向后移动 15 厘米)、转动按钮(2 个，向左或向右转 90°)、启动按钮(执行程序，即按顺序执行被按下的按钮命令)和删除按钮(清除以前的命令)。下面描述适合 5～6 岁儿童、包含计算思维概念的基于 Bee-Bot 的一些活动。

(1) 探索什么是编程？当孩子们第一次拿到 Bee-Bot 时，在认知上可能并未在按钮及其对应的 Bee-Bot 运动方式之间建立连接，这时他们可能会随意地按下按钮，因为他们只是想知道按下每个按钮会发生什么。通过尝试让孩子们意识到：如果他们想要让 Bee-Bot 达到一个特定的位置，就需要按照某种给定的顺序按下按钮。为使孩子们更容易理解，可以在纸上画出 15cm×15cm 的方格矩阵，其内部的方格为 1cm×1cm。这样，一个方格的边长相当于 Bee-Bot 的一步。将 Bee-Bot 放于一个方格内，然后让孩子们规划路径到达某一位置。不同的孩子可能有不同的规划，让他们在纸上画出来，确定哪一命令顺序可以实现这条路径之后，用 Bee-Bot 执行。如果 Bee-Bot 不能到达指定位置，孩子们将更正命令序列，并让 Bee-Bot 最终到达指定位置。这项活动可以帮助孩子们学习编程和调试。

(2) 推断 Bee-Bot 移动的距离并比较。这一活动可以有很多变化，比如，让一个孩子的 Bee-Bot 比另一个孩子的 Bee-Bot 走得远一点，或移动 2 倍。无论解决什么样的具体问题，让孩子们都只使用前进按钮移动 Bee-Bot，然后在地板上贴一块胶带，标记走过的路径，并记录前进按钮的按下次数，并将每次按下情况记录在胶带上。这样，就可以练习在课程中基于一位数字的算术，非正式介绍比例的概念。

(3) 几何形状推理。一旦孩子们知道如何通过编程让 Bee-Bot 按给定的路径移动，就可以探索下面的问题。

①让 Bee-Bot 返回起点。

②让 Bee-Bot 在地板上绘制一个矩形或其他形状。

当孩子们能通过机器人编程解决上述这两个问题时，就可以通过实验学习角和其他几何概念。例如，当用 Bee-Bot 在地板上绘制矩形时，孩子们就可能发现它回到了起始位置，同时也会发现一个矩形的内角和为360°。孩子们也可能会发现 Bee-Bot 不能画三角形。对于活动①，孩子们将发现可能有几个解决方案，教师所给的问题可能是不规范的问题，需要加些限制条件。同时也会发现这些路径可能有不同的特点，如哪条路径最短。但在教师要求探索的问题中没有列出这些可能的特点。

(4)学习算术运算。7 岁及以上的孩子可以用它来学习测量和计数。开始时，可以在没有量度参考的情况下，通过编程让 Bee-Bot 从一个位置移动到另一个位置。此活动的目标是让孩子们确定 Bee-Bot 每一步移动的距离。教师可以首先通过如下方式介绍量度和测量概念：让孩子探究一下，如果让 Bee-Bot 走过一定的距离，需要按多少次按钮？如何告诉 Bee-Bot 走多远？如何度量 Bee-Bot 走过的距离？在介绍测量工具之后，再引入加法和乘法的学习。加法可以通过走一步加一步的方式理解，乘法通过步数乘以次数的方式理解。此外，还可以让孩子在方格纸上进行路径绘制、路径规划和计算，甚至引入和帮助孩子理解笛卡儿坐标系。

2. 乐高机器人教育实例

美国蒙大拿大学开设了 CS0 课程来教授计算思维，最初用于帮助那些以计算机科学或工程学为主修专业、在数学方面并不擅长的学生，最后对所有学生开放。该课程侧重解决问题和提升关键技能，教师使用讲座和实验室教授课程，在实验室中使用 Lego Mindstorms NXT 来解释课堂上教授的概念。使用机器人教授的主题包括算法、数据和变量、迭代和排序。这个课程给出的例子是设计一个自卫机器人，如果人太靠近则该机器人会进行攻击，如果人退回到某个区域则该机器人也会退回。此案例中使用了循环、条件结构以及算法开发，提高了学生的分析能力。

Atmatzidou 和 Demetriadis(2016)使用机器人技术教授计算思维并观察活动对学生计算思维技能的影响。他们强调算法、抽象、分解、模块化和算术运算，让学生编写程序并使用 Lego Mindstorms 套件运行程序。研究发现，通过培训，学生计算思维技能显著提高，针对不同年龄学生(初中～15 岁与高职～18 岁)却培养出了相同水平的计算思维技能。同时也发现，男孩和女孩能够达到相同的计算思维技能水平，但女孩一般需要更长的时间才能达到相同的技能水平。

在RCX和NXT乐高机器人学习中，Demo等(2008)提出了“具身编程”(Concrete Programming)概念。具身编程描述了教室里的学习活动，即学生将沿着路径移动以决定发送哪些命令给机器人。此外，也可以让学生在看过这些机器人移动之后，根据机器人设备本身提供的暗示，思考并设计一些指令让机器人来完成。常用命令序列以子序列形式构成，这些子序列已经通过简单检查验证，确定机器人能按照预期的方式移动。机器人也能用来发现一般解决方案。用乐高机器人执行一些活动之后，学生就会发现如果使用静态输入命令，一个程序总是绘制相同的几何形状和数字；如果机器人由传感器控制，将绘制出不同形状和数字。

3. Sumo Robot机器人实例

在设计工程师互联网社区项目(Internet Community of Design Engineers，ICODE)中，中学生完成了各种基于微控制器的设计，从简单的可编程闪光灯，到音乐记忆游戏，再到可以参赛的自主控制Sumo Robot机器人。在此过程中，学生将学习到抽象、自动化、分析等计算思维概念。当学生思考如何设计机器人以对现实世界中可能遇到的情况作出反应时，将考虑机器人如何感知世界，以及如何将这些刺激抽象为控制程序中使用的数值或真假值。学生的程序由嵌入式计算设备执行时将发生自动化。学生在确定机器人是否按照预期运行时将发生分析。

以上仅仅介绍了已经用于计算思维教育的机器人。这种基于教育机器人的高年级活动往往涉及组装机器人，再通过编程来操纵机器人。教育机器人技术是用于学习计算思维的重要方式。通过机器人和其他物理设备进行嵌入代码设计和编程能很好地促进计算思维的学习。在学习中，学生将思考如何基于传感器和执行器，利用机器人代理同周围世界进行交互，并通过编程将这些过程连接起来以实现预期结果。整个过程用到抽象、分解、算法、模式识别等多种计算思维要素。

5.4.4　基于游戏的计算思维学习活动

在K12许多学科中，游戏都被认为是有吸引力的教学工具，合理运用游戏将具有很好的教学效果。一些计算思维研究者发现，利用游戏设计和开发来培养计算思维是有价值的。Lee等(2011)认为，游戏设计和开发是计算思维发生的第三大领域。也有学者通过实证认为，玩游戏也能培养计算思维。下面介绍一些学者利用游戏开展计算思维教学的实践活动案例。

1. iGame 课后项目

在 Lee 等(2011)开展的 iGame 课后项目中，学生通过使用 SA 环境来设计、编程和测试电脑游戏以学习计算思维，允许学生创建自己的抽象，这是游戏设计开发的代表。SA 是一种允许创建 3D 动画的编程环境，因此可以用来快速准确地测试学生是否掌握了高度复杂的抽象。为了创建他们的游戏，学生建立一组场景，每个场景包含角色，每个角色都有行为。学生从一系列角色属性和行为中进行选择以适合他们创建的虚拟世界。学生可以定义新的方法来表示 SA 中还没有的行为。这些方法可以结合现有的行为，并通过角色属性的修改来实现。在 iGame 课后项目中，许多学生创建的方法都是顺序命令的简单组合，但通常需要理解条件、迭代以及顺序和并行执行等概念。例如，在乌龟迷宫游戏中，一名学生使用一系列并行移动和发声来编排人物舞蹈。

游戏通常需要角色具有多个相似的造型才能做一个完整的动作。学生可以“放大”他们的抽象，创建包含这些角色造型的列表数据结构。然后他们可以通过遍历列表数据结构的特殊指令来使用这些角色造型。例如，在僵尸入侵游戏(Zombie Invasion Game)中，通过编程让一组僵尸等待，然后开始同时移动。当学生点击一个僵尸时，通过编程使其消失。然而，参与 iGame 课后项目的大多数学生选择重复使用他们理解的命令，而不是学习使用列表。

参与 iGame 课后项目的学生要分析和判断他们自己所使用的抽象是否正确和是否有效。正确性分析侧重是否制作了他们想要的游戏，即游戏是否能按照他们想要的方式来玩；本打算设计有趣的游戏，要分析实际上是否是有趣的。效率分析则涉及创建最简单的代码来实现所需的行为。在测试和调试游戏的过程中，学生经常需要外部激励来使他们关注效率，同伴测试将是很好的办法，同伴将根据自己的感觉来判断游戏的可玩性，并对效率和有趣性进行抽象的分析与判断，从而帮助学生改进游戏。

2. RaBit EscApe 游戏

RaBit EscApe 是一款针对 6～10 岁儿童的棋盘游戏(Apostolellis et al., 2014)。该游戏避免使用任何电子媒介，如计算机或传感器，以试图应用于低年龄段儿童。该游戏由 14 种形状的、约 1.7 厘米厚的木块组成，可称为棋子。每个棋子都配有小磁铁，这些磁铁位于棋子的不同侧面，并且可以根据极性相互吸引或排斥。通过将两个棋子放在一起，儿童可以创建一个块，通常是正方形、矩形或六边形。磁铁放置在棋子侧面的中间或靠近侧面的一个角上，以形成各种路径。14 种形状结合不同的磁铁位置和极性组合，将能形成 29 种独特的棋子组合块。棋盘具有不同的难度级别，这取决于棋子组合和块形成是否具有多种可能性。

游戏的目标是在预定义的路径上放置棋子并帮助兔子逃离凶猛的猿。因此，游戏名称为 RabBit EscApe，它满足 ISTE 定义的 K12 教育中计算思维操作性定义的大部分特征(Apostolellis et al., 2014)。考虑到游戏机制和支持的活动，玩这个游戏后学生将具备以下技能。①按逻辑组织和分析数据。主要体现在：利用磁铁组合棋子，这些组合的依据是棋子的属性和路径的形式；模式识别在此过程中非常重要，用于识别哪些棋子组合适合形成所需要的路径，同时可以吸引相邻的棋子或排斥猿。②通过算法思维自动化解决方案。棋盘结构要求学生能设计某种策略以正确利用棋子的磁铁位置和极性匹配。为达到这个目的，需要提出相应方案，以便当在棋盘上规划出路径时，从剩余的棋子中找出合适的棋子放在一起。③识别、分析和实施可能的解决方案，目标是实现最有效的步骤和资源组合。在所有游戏设置中，尤其是合作性和竞争性，学生需要通过分析路径的形状来正确识别棋子的组合，然后模拟可能的解决方案，以便以最少的棋子有效地在棋盘上搭建出最短的路径。

此外，该游戏还可以锻炼所有的计算思维品格和态度。①处理复杂性的信心：整个游戏是很复杂的，如果没有处理复杂性的操作策略，会使游戏中的任务过于具有挑战性。RabBit EscApe 游戏将以脚手架的方式来处理复杂性，并通过连续迭代和尝试来建立自信。②坚持处理棘手的问题：学生要克服面临的挫折并坚持寻找解决方案。例如，如果两个小组以一个错误的位置开始游戏，需要坚持重新开始并正确选择整个路径。③处理开放式问题的能力：在开发开放式问题的解决方案中，要求学生必须对游戏机制和棋子属性有很好的理解，并且能够在最小化约束下寻找新路径。④与他人沟通并合作以实现共同目标或解决方案的能力：所有游戏模式都旨在鼓励或要求某种形式的合作或竞争。这要求学生将他们的心理模型外化并纠正任何误解。即使在竞赛活动中，学生也必须通过与对手的谈判来表达他们的意图，并以此作为实现目标的手段。Apostolellis 等（2014）让两组各 3 个 8～10 岁的学生参加比赛，研究发现，脚手架在解决复杂性问题中是必要的，利用实物游戏进行计算思维教学是可行的。

5.4.5　基于模拟的计算思维学习活动

建模和仿真是计算思维的主要实践领域，人们试图利用计算思维为要研究和解决的问题开发模型、模拟或仿真。在 K12 阶段，学生通常使用模拟仿真软件，以参数调整的方式理解现实世界的规律，完成相应课程内容的实验，实现计算思维的跨学科实践。下面介绍关于模拟的两个案例。

(1) 对一粒种子的成长过程进行观察，从而引出各种计算思维活动。①收集植物大小的数据、外部环境（温度、光照、浇水情况等）数据，然后将这些数据表示成适当的图表。②建立与时间和外部环境相关的植物生长模型，并实现交互式模拟，这可以在 Scratch 中以游戏的形式实现。③运用科学的方法，基于模拟行为的观察，改进模型。这样建构模型与模拟将有助于学生对自然现象的理解。

(2) 在 GUTS 中，学生积极利用计算思维设计并实现局部相关性模型，再使用模型来运行模拟和仿真。学生使用抽象过程将问题简化到可以使用 StarLogo TNG（一种基于代理的建模工具）在计算机上进行实现。建模环境对模型预设的限制是代理数量的上限和环境大小的限制。基于这两个限制，学生设计并创建模型，利用其回答现实世界关心的问题。例如，作为 GUTS 项目流行病学单元的一部分，学生想知道学校布局、学生人数、学生移动情况、最初感染的学生人数、疾病是否会传播到整个学校、疾病的毒力等。将这个问题和情景映射到基于代理的模型上，代理是学生的抽象或简化表示，并且代理的数量与学校的学生人数相匹配。代理的移动行为是从一个课堂移动到另一个课堂的抽象。在创建学校建筑的三维虚拟模型之前，学生要对学校进行设计，例如，考虑学校的通道和门的位置与数量。

之后，学生模拟疾病传播蔓延的特点：学生之间产生疾病传播的接触频率，以及最初感染的学生人数。为了使该模型成为交互友好的实验测试平台，该系统通过滑块控件来控制各变量。其中，一个滑块控制最初感染的代理数，另一个滑块控制疾病的毒力。在此仿真中，自动化以多种方式使用。该程序通过逐条执行或以循环方式进行自动仿真，并在每个时间点上更新每个代理的状态、位置和颜色(用不同颜色来代表生病或健康)。在实验中，受感染的代理个体初始位置是随机的，因此实验的结果也是概率化的，而不是确定的。自动化能用于多次执行实验，使用相同的参数设置来获得实验结果的概率。在某些情况下，学生可以通过对模型生成的数据和学校收集的真实数据进行比较，来分析他们的模型、假设和抽象，这种分析可能会导致学生重新考虑哪些因素应包含在模型内，并重新设计模型，开始新一轮探索。

从以上分析可以看出，模拟、仿真和建模是利用计算机进行科学研究的有力工具，在K12和大学都有用武之地，可以在学习的不同阶段采用不同的应用形式和复杂程度水平，这也是计算思维能够跨学科的根源之一。

5.4.6　计算思维的跨学科学习活动

发明计算机的目的就在于要利用其解决各学科中的计算问题。周以真更是断言，计算思维是跨学科的，可以利用其他学科来学习计算思维，这为计算思维提供了更一般化的认识基础，提供了更高层次的抽象。ISTE提出的核心概念与技术也能在多学科中找到应用点。因此，计算思维的跨学科学习也得到了许多学者的支持，在文献中也能找到许多跨学科学习计算思维的案例。

GUTS项目使用数字化故事、计算机建模和模拟、数据探索三种计算活动，将计算思维整合到K8多门课程中：①在语言艺术和历史课中使用Scratch来实现数字化故事，此案例中，学生使用抽象来简化故事，并使其可移植到计算媒体上，在将故事的发展过程用程序指令描述时使用自动化这一计算思维核心要素；②使用StarLogo实施科学课程中的计算科学调查，此案例中，学生使用模式、算法、仿真等计算思维要素；③使用iSENSE软件进行数据收集和分析，以了解时间、速度和距离的内涵，此案例中，学生主要使用数据收集、数据分析和数据可视化这三个计算思维要素。

美国范德堡大学软件集成系统研究所的 CTSiM 项目将计算思维融入中学的科学学习中。整个项目包括 2 个入门活动(单面多边形和螺旋模式)，以及 7 个主要建模活动(表 5-2)。这些建模活动是与课堂教师和教学科学专业人员合作完成的。该项目通过要求学生使用问题中指定的计算原语和场景特定原语构建基于场景的算法来评估计算思维技能。

Daily 等(2014)提出了一种通过 Alice 编程让虚拟环境中的 3D 人物跳舞来教授计算思维的方法。在该课程中，学生(5～6 年级)每周会面，学习舞蹈的基础知识(身体、空间、时间、能量)、舞蹈编排和 Alice 编程。在制作舞蹈节目时，学生使用 DoTogether、Wait、Loop 等计算概念使 3D 人物在屏幕上移动或移动身体某个部位。最后通过对参与者的访谈发现：5～6 年级学生能够通过思考如何构建命令序列以达到预期的效果，并使用模块化来制作较简短的舞蹈，再将多个较简短的舞蹈串在一起；一些学生使用了测试和调试技术；这些学生的计算观念也发生了变化，舞蹈学习和编程学习可以相互促进。

计算思维的跨学科学习依然是当前研究的重点，这不仅体现了计算思维在不同学科中的价值，而且体现了多学科下的思维模式。多学科融合是未来的发展方向，STEAM/STEM 课程、创客课程也不断涌现，将计算思维融入其中可以解决课表爆满的问题，也培养了学生的计算思维能力。

5.5　小　结

计算思维是内在的思维形式，如何教与学将成为能否掌握计算思维的关键。目前，计算思维领域产生了许多教授计算思维的工具，包括编程、不插电活动、教育机器人、游戏开发与设计、跨学科学习等主流形式，并通过灵活有趣的活动设计来让学生产生计算思维学习的兴趣。儿童编程、游戏设计、教育机器人等学习方式都处于计算思维学习的初级阶段，学习一段时间后，应能掌握计算思维的一般过程和方法，高级技能需要不断加深对算法知识、数据挖掘、机器学习、跨学科的算法(如模拟退火、遗传算法、神经网络)的理解与实践，并产生计算机科学家般的高级计算思维意识，这才能算是真正掌握了计算思维。

第6章　计算思维评价

和学校中教授的任何基本技能(如阅读、写作、算术)一样，计算思维也需要有方法来评价和测试。如果没有评价计算思维的方法，那么教育者、研究人员、学生和管理层就很难说出特定的教学方法、项目、课程等是否有效，也无法确定学生是否掌握了计算思维。但计算思维定义和范畴的争议性造成了计算思维评价的困难，使得计算思维的评价内容、评价方法和手段出现了百家争鸣的局面。本章将首先介绍计算思维评价及其一般框架，然后介绍计算思维评价工具、计算思维评价的视角、计算思维的评价标准与内容，最后介绍计算思维评价的一些典型具体案例。

6.1　计算思维学习评价概述

在过去的十年里，计算思维引起了全球教育界的极大兴趣，成为很多国家级相关课程的教育核心。但如何评价计算思维仍然是个难题。那么，进行计算思维评价，到底应该评价什么呢？这取决于对计算思维是什么的认识。目前，大多数研究者认为，计算思维是一种技能而不是一组特定的知识。但是，评价计算思维的绝大多数方法使用基于计算思维的概念知识体系，并把它们作为学习和评价计算思维的基点。然而，这只是测试了计算思维学习者学习到的知识，而不是他们的能力、意识或学习品质。这很可能造成学习者的卷面测试成绩非常好，但依然不能很好地利用计算思维解决问题。

掌握领域知识并不等价于领域中的技能表现，这种认识不是新的。早在1958年初，哲学家迈克尔·波兰尼(Michael Polanyi)就讨论了显性知识和隐性知识的区别，并说明了技能无法简单地直接学会，讲授之后还需要大量的训练和实践。隐性知识的常见例子有外科手术、做饭、开车、诊断疾病等。许多心理技能也是属于这一类的，如学习外语、做数学题，以及计算机领域中的编程等。每一个技能都是隐性知识的一种表现，人们只有通过参与和实践才能学会它，而且实践的长短往往会体现出不同的技能水平。为了测试技能，体育系、音乐系、戏剧系和语言系在对学生进行评价时，经常需要现场测试、当面审查，如音乐系要求当场演奏、戏剧系要求当场试角色等。为了准确测试研究生的能力，当前都包含面试环节，一些大学的计算机科学专业甚至让考生在计算机上通过编程解决问题，一些公司和单位也不再信任成绩单和证书，而是在其基础上组织面试，有时需要当面解决问题，有时需要面试者描述自己做过的实际项目，并回答项目相关的一些问题，以测试是否具有真实的计算思维技能。如果不能解决使面试官感兴趣的各种问题以展示能力，面试者将不被录用。从文献中发现，评价计算思维的方式方法也是多种多样的。尽管计算思维评价是困难的，但计算思维的评价和普通的评价在组成要素方面是没有区别的，仅存在具体内容方面的差异。因此，计算思维评价将涉及评价目的、评价方法、评价主体、评价过程、评价内容与评价量表、评价的数据来源、测量与评价工具等要素，如表 6-1 所示。

表 6-1 计算思维评价的总体分析

评价框架要素	具体内容
评价目的	诊断；评价计算思维的掌握情况；计算思维能力测量
评价方法	按人类参与程度划分为人工评价、自动评价； 按评价载体划分为测试题评价、表现性评价、量表评价
评价主体	教师、雇主、自我、同伴、机器
评价过程	顺序评价、迭代式评价
评价内容与评价量表	计算思维定义、操作性定义、计算思维要素、计算概念的理解与使用、计算思维进度表、计算思维能力评价量表等
评价的数据来源	程序及其表现、设计脚本、访谈、面试、观察、问卷、试卷、视频(或音频)介绍
测量与评价工具	评价量表、人的模糊测量、软件工具、各种活动、机器的精准计算

计算思维评价的目的主要有三个：①诊断，诊断并发现在计算思维教与学中存在的问题，从而改善教与学；②评价计算思维的掌握情况，确定在课程学习、教学、工具使用之后是否掌握了计算思维；③计算思维能力测量，这在选拔性考试和面试中经常使用，使用方式为他评。当需要粗略了解某一群体的计算思维能力时，也可采用计算思维量表。

评价方法可依据人类参与程度分为自动评价和人工评价。自动评价是由机器按事先指定规则进行打分或指出问题，例如，Dr. Scratch 是一款典型的在线自动评价工具，它利用一些可由机器进行量化的指标评价计算思维技能。而多数评价是需要人来参与评价过程的，即人工评价。评价方法也可根据评价载体分为测试题评价、表现性评价、量表评价。测试题评价通常指的是卷面形式的知识测试；表现性评价是指通过作品及其基础上的面试、提问或自我陈述等方式的评价；量表评价主要以问卷的形式，通过问卷回答结果来评价。由于学习工具在计算思维学习中起着重要的作用，本章后续按照学习工具对评价方法进行介绍和描述。

计算思维评价主体可有教师、雇主、机器、自我、同伴五种。从目前来看，教师是常见的评价主体；雇主的评价是奖惩性评价，确定被评价者能否被录用或得到奖惩等；机器主要进行自动评价，目前主要用于计算思维能力测试，了解计算思维能力的一般状况；同伴互评在计算思维评价中应用得很少。

从评价过程来看，计算思维评价分为顺序评价和迭代式评价。迭代式评价相对于顺序评价而言，具有循环往复的发现问题和改进过程，通常是一种诊断性评价。顺序评价则只需要一次完整的、体现所有评价要素的评价过程。

从评价内容与评价量表来看，主要包括计算思维的定义、操作性定义、计算思维要素、计算概念的理解和使用、计算思维进度表，以及计算思维能力评价量表等。其中的一些评价标准是很模糊的，如使用一些开放性的问题，这时主要通过人的主观感觉来判断是否掌握了计算思维。

从评价的数据来源来看，主要包括编写的程序以及编程过程中的表现、数字制品的设计脚本、访谈回答内容、面试回答内容、开展计算思维活动与当场测试中的观察、问卷结果、测试结果、围绕制品介绍其所体现计算思维的视频(或音频)等。

从测量与评价工具来看，目前的计算思维评价工具包括测试、问卷，以及基于制品的代码分析、面试、访谈、制作过程的自我讲解和呈现；还有基于游戏开发、甚至基于玩游戏的观察和问题设置等。从目前来看，计算思维的测量与评价工具是发展的，而且是多种多样的。

从以上分析可以看出，计算思维评价的各方面十分复杂，也是不断演进的话题。

6.2　计算思维评价工具

在计算思维评价中，出现了多种多样的评价工具，主要形式如下。

(1) 作品代码分析。利用作品代码分析的评价多数是由机器算法来自动实现的，其方法是利用包含的代码模式来判断代码中体现的计算思维要素。最著名的自动代码分析工具是 Dr. Scratch，主要检查语句中是否存在某种关键词。另一个自动代码分析工具是计算思维的实时评估（Real Time Evaluation and Assessment of Computational Thinking，REACT）系统，也提供网络学习功能，它可以帮助教师实时监控并显示学生正在使用的计算思维模式以及模式使用的正确性。

(2) 测试。测试主要用于测量计算思维相关知识的掌握情况，但是在算法和编程考试中，也通常要求写出相应的算法和过程，这时，利用计算思维解决问题的过程可以通过卷面解答过程表现出来，在某种程度上也能反映出被试者的计算思维能力。因此，如果采用测试的方式进行评价，要尽量考察利用计算思维解决问题的能力，而不是相应的计算思维知识。在考试中，客观题解答还存在偶然性，知识型问题很难测出能力，而基于问题解决的主观题更能体现出计算思维能力，因此在测试中尽量减少客观题、背诵型知识问题，增加利用计算思维才能解决的主观题，这种测试就更容易测出计算思维能力水平。

(3) 作品与自我陈述。计算思维不是知识，而是一种技能，仅仅通过试卷很难测出被试者的真实能力。因此，在很多计算机相关职位招聘时，往往需要职位申请人陈述自己制作过的作品，并阐述其中使用的技术，以及在项目实施中遇到的技术问题。面试官再结合陈述情况，进一步提出问题，以测试职位申请人的计算思维技能。现行的“AP 计算机科学原理”课程考试要求在线提交相应的数字制品，对数字制品的独特性进行介绍，并录制成视频。

(4) 访谈与面试。访谈和面试的主体通常是专家或教师。访谈通常是一种发展性评价，其目的是了解学习者在学习计算思维中的表现、遇到的问题，以帮助发现并解决计算思维教与学中存在的问题。面试则往往具有选拔性。面试官往往会向被面试者提出问题，以期待对方回答，从而发现其计算思维能力。这在计算机科学领域的职位申请中是必不可少的一个环节。

(5)观察。观察是一种方便而有用的过程性评价工具，如观察学生的计算思维学习过程、活动过程，并进行记录和分析，从而发现学生是否掌握了计算思维、在哪些环节可能存在问题，再通过交流，可以更好地理解学生学习计算思维时遇到的问题，了解学生计算思维能力水平。但这种观察无法长期进行，可能造成一定的评价偏差，因此要观察关键环节。同时，观察也是发现学生问题的手段。

(6)电子档案袋。电子档案袋主要用于存放学生在学习发展过程中制作出的作品，让电子档案袋成为帮助学生学习计算思维的工具而不是负担。为实现电子作品的分析，研究者们开发了 Dr. Scratch 等工具，结合教师的分析，将能得到更具有意义的分析、学习建议和评价结果。

(7)问卷。通过主观感觉回答问卷设定的问题，综合打分后确定自己在计算思维方面的能力水平。计算思维量表(Computational Thinking Scales，CTS)设计了创造力、算法思维、合作能力、批判性思维、问题解决五个维度(Korkmaz et al.，2017)，从计算思维的知识、技能、态度方面展开调查，由 29 个项目组成，采用五点李克特量表，已经用于土耳其学生的计算思维能力评价中。结果表明，该量表是一种有效、可靠的测量工具，可以测量学生的计算思维能力。

仅使用上述评价工具中的一种可能会导致无法准确评价计算思维技能。从这个意义上说，Brennan 和 Resnick(2012)曾经指出，单看学生创建的项目不能准确评估学生的计算能力，需要多种评估手段。Grover 等(2014)也认为，为全面了解学生的计算思维，必须系统地将不同类型的评价工具组合起来。

6.3　计算思维评价的视角

计算思维评价的困难恰恰在于其定义存在诸多争议，导致不同的学者对其解释也不同，特别是计算思维的跨学科特性使计算思维的课程、教学更加多元化，评价也往往与课程和教学内容相关，因此，评价方法和评价方式多元。表 6-2 总结了现有计算思维的评价视角和评价内容，以及计算思维的学习方式。不难发现，现有的计算思维评价方法往往也和计算思维的学习方式密切相关，并未表现出计算思维的超知识性和迁移性。

表 6-2　计算思维评价视角、评价内容和学习方式

序号	评价视角	评价内容	学习方式
1	游戏设计与开发	代码中是否存在 CTP 模式； 问题解决中是否存在 CTP 模式； 是否完成编程任务	游戏编程
2	玩游戏	玩家在游戏中的行为表现	无须学习
3	软件制品	自动分析各种代码块的存在； 基于计算制品的访谈法； 设计场景法	编程开发
4	不插电活动	开放式问题	不插电课程
5	测试	测试题	直接测试或教学
6	多种方法综合	知识测试+实践	课程学习

6.3.1　基于游戏设计与开发的计算思维评价

美国科罗拉多大学博尔德分校可扩展游戏设计（Scalable Game Design，SGD）小组基于游戏编程来评价学生的计算思维技能。Basawapatna 等（2011）提出了基于计算思维模式（Computational Thinking Pattern，CTP）的评价方法，CTP 也称抽象编程模式，包括生成、吸收、碰撞、运输、推、拉、扩散、爬山等。在基于 CTP 的评价中，首先将要评价的游戏程序代码与同一编程语言编写的计算思维模式规范进行比较，提取出游戏程序中存在的 CTP，以检查 CTP 是否被使用，并利用计算思维模式图（CTPG）以可视化的形式来描述一个游戏程序使用的所有计算思维模式。然而，在游戏设计教学中，这些 CTP 在多大程度能够学习到并有用呢？为此他们开发了计算思维模式测验，并将其应用于游戏设计夏季学院的测试中。CTP 测验共 8 个问题，前 7 个问题是学生观看视频，之后描述其中使用的 CTP 模式，并要求他们确认使用了哪种 CTP。最后一个问题是用文字描述捕食者/猎物模拟，并且要求参与者使用所有 CTP。其研究结果表明，参加游戏设计夏季学院的学生能够在 1～2 周内跨情境理解和识别计算思维模式。

Koh 等(2014)在 Basawapatna 等(2011)的工作基础上，开发了一个网络学习工具 REACT，帮助教师实时监控 6 年级学生掌握了哪些高级概念，以及了解学生在实时编码时正在努力解决的问题，从而进行形成性评价。该系统可以显示学生正在使用的 CTP，也可以显示学生没有使用过的 CTP，以及所使用模式的正确性。REACT 提供各种可视化工具，已经集成到 SGD 团队开发的 AgentSheets 和 AgentCubes 软件中。Koh 等对 4 位教师参与教学和指导的 134 个学生项目进行了系统测试，其实时的形成性评估使教师能够快速定位需要帮助的学生和任务，每个参与的教师都计划使用它。

Werner 等(2012)基于游戏编程课，提出了一种通过游戏编程来评价中学计算思维的方法。该方法通过迎接三项在 Alice 3D 游戏环境的挑战来测试学生(10～14 岁)的计算思维学习，并考察家庭教育、母语、高中成绩等因素与学生计算思维成绩的关系。评价的主要计算思维内容是算法思维、抽象和建模的有效使用，学习和测试都依赖 Alice 这一编程环境。在每个学期内利用“使用-修改-创造”学习模式，并使用 Alice 学习计算思维 20 小时。在学期结束时，要求学生在 30 分钟内利用 Alice 完成叙事场景下的三个任务，并以此评价学生的计算思维掌握情况。为了让学生表现良好，必须让学生理解该程序背后的故事叙述框架，并理解能创建该框架的现有程序指令。该测试的研究结果表明，这样的评价环境对学生来说是激励性的、有趣的，是有发展前景的。

6.3.2　基于玩游戏的计算思维评价

Rowe 等(2017)利用玩 Zoombinis 游戏帮助小学高年级和中学生隐式学习计算思维，并进行评价。Zoombinis 是用于学习计算思维的一套获奖热门游戏，它由 12 个益智小游戏构成，每个小游戏有 4 关，为 8 岁及以上的玩家提供脚手架，帮助他们实现问题解决方案。Zoombinis 的目标是让玩家通过 12 个越来越复杂的谜题，安全地将 400 个 Zoombinis 角色从 Zoombinis 岛上的邪恶怪物中解救出来，并安全送到 Zoombinis 村。

通过玩家在游戏中的行为表现来评测系统化测试、问题分解、模式识别、抽象等计算思维要素，从而评价计算思维技能掌握情况。为利用此种方法评价计算思维，Rowe 等已经开发了相应的人工标注视频数据系统，下一步将人工标注视频数据与游戏日志数据结合，自动识别游戏中出现的计算思维技能。

6.3.3　基于软件制品的计算思维评价

基于软件制品的计算思维评价主要指需要被评对象制作软件制品，通过制作者在制作过程中的表现、制品代码、对制品的感受等相关内容进行评价。基于制品代码的评价主要是指基于分析程序代码的计算思维自动评价。Dr. Scratch 就是一款典型的自动代码分析工具，它对 Scratch 程序进行自动分析，检测学生作品中是否存在特定的基元(如条件语句)，从而进一步评价学生使用抽象与问题分解、同步、并行、流程控制、用户交互和数据表示等计算概念的能力。除了向教育工作者和学习者提供自动反馈，Dr. Scratch 将为 Scratch 项目中使用计算思维的情况进行自动打分(Moreno-León and Robles，2015)。

Brennan 和 Resnick(2012)则通过研究小学生利用 Scratch 开发的软件来分析他们的计算思维发展状况，并提供了一个计算思维评价框架，其中包含三种评价计算思维的方法：项目组合分析法、基于计算制品的访谈法和设计场景法。项目组合分析法使用 Scrape 工具来分析 Scratch 程序中各种代码块的存在和频率。虽然这种技术很好，但它并没有捕获程序中的设计模式和算法结构，因为这需要对代码块模式进行更加定性的分析。基于计算制品的访谈法则基于对受访者选定项目的问答来评价，这有助于更好地理解设计模式和程序开发过程。设计场景法向学生展示一组具有低、中、高复杂度的三个项目，学生选择一个项目，然后完成如下四项任务：①解释所选项目的功能；②描述如何扩展它；③修复一个 bug；④为已有项目添加一个功能。Portelance 和 Bers(2015)将同行视频访谈技术作为 Brennan 和 Resnick(2012)评价技术的补充，将其用于 62 名小学生的评价中，访谈纳入评价过程，也作为学生向其他同学展示自己作品的机会。

Seiter 和 Foreman(2013)为理解和评价小学阶段(1～6 年级)的计算思维，提出了 PECT 模型。该模型将学生作品中含有的抽象编码设计模式映射到计算思维概念，从而形成模型所需要的可测量证据。PECT 模型由三个部分组成：证据变量、设计模式变量和计算思维概念。PECT 模型中的计算思维概念来源于 CSTA 所提出的计算思维要素，但仅仅采用它的一个子集，包括步骤与算法、问题分解、并行与同步、抽象、数据表示。这是理解学生整体计算思维水平的一种手段。设计模式变量是一组基于 Scratch 普通编码模式的上下文常用结构，包括动画外观、动画移动、交谈、碰撞、保持分数、用户交互(User Interaction)等。证据变量用于测量特定计算类别的复杂程度，是一组具体的、按等级排列的 Scratch 代码特性，如外观、声音、移动、变量、顺序与循环、布尔表达式、运算符、条件、协调、用户界面事件、并行、初始化位置、初始化外观。这些变量作为学生作品的直接可测变量，与特定的编码设计模式相对应。这些变量用于测量编码策略或模式实现的复杂度。它们的排名取决于相关证据变量的得分以及对每个项目的定性分析，是用作确定学生理解相关计算思维概念程度的主要方法。每个评测点有 Basic、Developing、Proficent 三个等级。为测试该模型，在 Scratch 网站的“Teacher Galleries”中，从 1～6 年级每年级中选 25 个，共选择 150 个项目进行评价。实践证明，PECT 模型能识别小学各年级学生之间的计算思维差异，是研究和理解计算思维发展的有效模型。

Denner 等(2012)开发了一种编码方案，这种编码方案的目标是识别出中学女生编写的程序多大程度对应计算机科学编程概念，由编程、代码组织和文档化、可用性设计三个顶层类别构成，每个顶层类别的下属子类别则与编程环境相关，编程包括并行性、随机数的使用、变量测试、全局变量使用、字符变量使用、角色变量类型、基于条件的角色交互、条件或事件、门的功能等 9 个子类别；代码组织和文档化包括无关规则、角色名、变量名、规则名称、使用的规则注释、规则分组、规则框(Rule Boxes)共 7 个子类别；可用性设计包括并入主题、角色形象变化、角色外观类型、舞台场景合理安排、具有多个舞台场景、游戏说明清晰、目标明确、功能性共 8 个子类别。参与评价的游戏均按此编码体系编码，通过评价反映编程概念出现的程度。研究结果表明，参与了中等程度复杂编程活动的学生创造了中等水平的可用性游戏，但代码组织和文档化水平较低。阿曼达·威尔逊(Amanda Wilson)等调整编码方案，分析了 4～7 年级学生开发的 29 个 Scratch 程序的编程熟练层次。其结果表明，用户交互、循环和条件是最常用的编程概念，随机数是最不常用的概念，通过计算机游戏编程能培养编程、组织和管理代码、可用性设计这三种计算思维能力。

6.3.4　基于不插电活动的计算思维评价

Rodriguez 等(2017)基于一个综合性的项目对所教授中学生的计算思维进行评价，采用与项目相关但略有差异的开放问题作为评价手段，使学生不至于猜到答案。此研究将期末项目(Final Project)设计成两个版本。这两个项目被设计成同构的，即测试的概念相同，但问题不同、测试方式类似。这样，学生就不会因为对第一个项目的描述或情境过于熟悉，以至于在完成第二个项目时直接将第一个项目问题的解决方案直接搬过来。此外，每个项目下的问题都是相互独立的。问题正交性允许学生可以不按题号顺序解答问题。每个项目都有自己的故事或主题，第一个项目(宠物)的主题是确定哪个动物进入了饼干罐。第二个项目(Carney)以嘉年华为主题，让学生利用各种未连接的问题线索来破嘉年华员工的谋杀案。每个项目都包含字符编码、二分搜索、最小生成树、有限状态机、二进制数等 5 个主题，每个主题都包含相应的开放问题，以及相应的量表量规，每个开放问题分别测试了数据表示、算法思维、抽象等计算思维技能。

有关利用不插电活动评价计算思维的报道很少，但在小学阶段利用其评价计算思维是有意义的。

6.3.5　基于测试的计算思维评价

Román-González 等(2016)基于 Buffum 等 2015 年开发的《中学计算机科学知识评价验证实用指南》提出了计算思维测试(Computational Thinking Test，CTT)，该测试基于以下原则。

(1)目的：测量计算思维在受试者中的发展水平。

(2)测量内容的操作性定义：测量计算思维涉及的基本概念，如基本序列(Sequences)、循环、迭代、条件、函数和变量，使用编程语言的逻辑语法来构思和解决问题。

(3)测试也可用于的目标人群：主要用于 12～14 岁的西班牙学生(7～8 年级)，也能用于西班牙低年级(5～6 年级)和高年级(9～10 年级)学生。

(4)工具类型：具有 4 个选项的单选测试题。

(5)预计完成题数和时间：28 道题；45 分钟。

CTT 中的每道题都将根据以下五个维度进行设计。

（1）计算概念。每道题解决以下七个计算概念中的一个或多个：基本方向和序列（4 道题）；循环次数（4 道题）；Loops-repeat until 语句（4 道题）；If 语句（4 道题）；If/else 语句（4 道题）；While 语句（4 道题）；函数（4 道题）。这些计算概念与一些计算思维框架（Brennan and Resnick，2012）以及 7～8 年级的《CSTA K12 计算机科学标准》（2011 修订版）相一致。

（2）测试题所用的情境。整个测试使用以下两个情境："迷宫"（23 道题）或"画布"（5 道题）。这两个情境在热门的编程学习网站（如 Code.org）中很常见。

（3）测试题的备选项风格。可视箭头（8 道题）或可视块（20 道题）两种。这两种方式在 Code.org 等热门学习编程网站中也很常见。

（4）是否存在概念的嵌套使用。其中 19 道题考核了计算概念的嵌套使用、9 道题没有考核。

（5）需要测试的认知方面。测试题应至少属于以下 3 种认知任务中的一种：①序列化，学生必须按顺序陈述一组命令（14 道题）；②填空，学生必须将一组给定命令序列补充完整（9 道题）；③调试，学生必须调试一组错误的指令（5 道题）。该维度与计算思维框架中的"计算实践"一致（Brennan and Resnick，2012）。

CTT 最初设计 40 道选择题。通过 20 位专家的判断，最终版选出了 28 道题。该测试符合《国际心理和教育测试标准》（*Standards for Educational and Psychological Testing*），也与一些初高中正在开展的其他测试（如基本编程能力测试）一致。

Barth-Cohen 等（2017）利用 Humanoid Robotics 课程教授 5 年级小学生计算思维，评价时基于 CSTA 提出的计算思维操作性定义，提出了一个由 5 个组件构成的计算思维框架——SDARE。其中，S 指使用机器可识别语法构思问题和解决方案；D 指组织和分析数据；A 指通过算法概念化生成一系列有序步骤构成的解决方案；R 指通过模型和公式等多种外部手段表示问题和解决方案；E 指生成、修改和评估解决方案，以实现最有效的步骤和资源组合。

利用此框架，开发了一个包含 23 道测试题的评价工具，这些测试题被分成 6 类。其中选择题 15 道，开放题 8 道。这些问题来自日常和机器人编程两个场景。日常场景采用洗衣服等包含计算思维技能的日常活动，机器人编程场景要求学生使用预先定义的命令和语法来展示他们的计算思维能力，以编程机器人或机械臂来完成某些任务。选择题回答正确则得1分，回答错误则得0分。对于开放题，开发了一组编码规则。首先确定每道测试题所包含的计算思维组件及其预期表现，然后为每道测试题所体现的每个计算思维组件构建一个三级评分：符合预期表现得2分；部分符合预期表现得1分；不符合预期表现得0分。该评价方法已应用于一所小学5年级人形机器人课程的前/后测试中，结果表明，该评价工具具有良好的心理测量特性，能揭示学生在计算思维方面的学习挑战和成长。

Bebras任务是Bebras国际比赛背景下的一系列活动。Bebras国际比赛2003年成立于立陶宛，旨在从计算思维的视角促进世界各地中小学生学习计算机科学。每年，Bebras国际比赛都会推出一套Bebras任务，这些任务的目标是通过计算思维迁移解决与现实生活相关的问题。这些Bebras任务独立于任何特定的软件或硬件，并且可以在没有任何编程经验的情况下完成。基于这些特征，Bebras任务很可能演化为未来计算机科学领域针对计算思维的PISA（国际学生评价计划）测试。

Gouws等（2013）提出了计算思维能力测试，并将参与该测试的学生成绩与他们的班级成绩进行了比较，目的是调查计算思维在计算机科学入门课程中所起的作用，并创建学生的计算思维能力画像，了解计算机科学入门课程的成绩与计算思维能力之间是否存在联系。为了开发这个测试，首先设定了如下约束。

（1）测试不应依赖任何现有的编程知识，而应测试与计算思维相关的技能。

（2）测试应适合大学新生，并且不要吓到他们或让他们对自己的能力持否定态度。

（3）应在合理长度的单一会话中进行测试。

（4）问题应从具有真正计算机科学“味道”的可靠来源获得。

然后，从“计算机奥林匹克人才搜索”论文中选择了一些问题作为题库，这些问题用来进行能力倾向测试，不需要任何编程语言或范式的具体知识。之后，将这些问题分为6个计算思维类别：流程和转换、模型和抽象、模式和算法、工具和资源、推理和逻辑、评价和改进。在测试时从题库中选择了25个问题，每个类别中包含6～11个问题（一些问题属于多个类别)，然后以笔试形式在CS101课程中对83名大学新生进行第一阶段的测试，以便在开始学习之前初步评价他们拥有的原始技能。第二阶段的测试是在进行一学期的计算机科学教学后，在第三学期对同一组学生重新进行测试。结果发现，计算思维在第一阶段和第二阶段测试中变化很大(4%对88%)，并且计算思维通过率显著低于课程通过率(55.4%对85.5%)。从而可以看出，这门课程非常需要提高计算思维技能。通过对课堂和计算思维测试之间依赖性检验发现，在计算思维评价中表现良好的学生在课堂测试中的合格率更高。

6.3.6 基于多种方法综合的计算思维评价

多种方法综合评价被认为能够更准确地评价计算思维，可以结合多种评价工具和多种评价主体、多种评价方式综合完成。

Grover等(2014)基于6周的中学课程“高级计算思维基础”教授计算思维，并采用形成性评价和总结性评价了解计算思维的掌握情况，旨在探索和评价美国中学计算概念学习的不同机制。对于形成性评价，基于选择题的测验贯穿整个课程，旨在给学习者提供鼓励性的反馈和解释。许多测验包括一些代码片段，这些代码是问题的基础。其评价目的是帮助学习者熟悉代码跟踪，并能够在代码片断或伪代码中理解算法。通常问题都附有正确答案和解释。一些形成性评价还包括将许多程序块按正确的顺序排列出来。总结性评价使用Scratch编程，将任务分解、序列、循环和条件语句作为算法思维的基础构建块，便于重复使用考试中的问题。该研究采用以色列国家考试中的第2、4、5、7、8和9题，其他题因研究开始之前没有获得其详细信息而未采用。除了这6道题，还设计一些如下类型的问题：①测试学生对算法、变量、初始化、条件、布尔变量和循环等关键计算术语的理解；②测试学生对用伪代码编写的算法的理解；③使用包含ratch代码片段的问题，测试学生是否能够识别出其中的核心结构；④评估代码跟踪和调试技巧，这些问题所使用的代码片段包含更高级的循环和条件逻辑。

现行的“AP计算机科学原理”课程不仅要以试题形式进行考试，还要完成动手实践任务(Performance Task)，并提交相应的视频，介绍自己制作的制品，从而证明自己的计算思维能力。

虽然很多论文并没有严格提及计算思维，但从计算思维、计算机科学、编程三者的关系中可以看出其属于计算思维的研究范畴。例如，戴安娜·富兰克林(Diana Franklin)等提出了一种将计算思维评价集成到Scratch课程设计中的模型。该模型评价事件驱动编程、初始化、同步和动画的掌握程度四个方面。在对中学生进行的小型试点测试中显示出积极的结果。科琳·刘易斯(Colleen Lewis)比较了6年级学生在使用Scratch和Logo两种可视化编程语言进行编程后，在态度和学习成果方面的差异，发现Scratch使学生对条件语句有更好的理解，而Logo则更容易培养学生在编程能力方面的信心。伊丽莎白·卡扎科夫(Elizabeth Kazakoff)和玛丽娜·贝尔(Marina Bers)讨论了机器人课程对幼儿园儿童步骤化思维能力的影响，首先向儿童介绍了基于CHERP的机器人编程，然后使用图片故事排序任务进行机器人教学前后的评价。该研究表明，儿童可以学会对机器人进行编程以完成一系列完整的任务，同时提高他们在排序评价中的得分。

综上所述，大多数计算思维评价策略涉及分析学生开发的计算制品(如游戏或模型)。作为计算思维能力的指示器，这种评价主要考查制品的目标完成情况、制作过程中的表现、基于制品的面试问答情况。计算思维概念和实践的评价对全面有效地将计算思维整合到教育中至关重要(Grover et al.，2014)，主要有三种策略：①分析计算制品代码以了解计算思维概念使用情况，这往往通过机器自动实现；②要求学生修改现有程序的代码，以达到特定的目标；③故障排除、调试现有程序，这也能用于评估学生在计算机编程和基于计算机的问题解决方面的熟练程度。然而，基于计算思维概念和结构的评价研究范围及其向其他知识领域迁移仍然相当有限。还有一些采用传统选择题和开放式问题的方法。CSTA研究总结了美国高中计算机科学课程所采用的学习评价。同样，英国CAS启动了“量子”(Quantum)项目，免费提供在线评价系统，帮助计算教师检查中小学生对计算思维的理解并支持他们的进步。

目前，评价是计算思维教育研究的重要方面，但评价方法和工具仅涵盖计算思维的一些离散方面。计算思维评价研究尚处于起步阶段，需要进一步研究与发展。

6.4　计算思维的评价标准与内容

计算思维的评价体系和指标首先应具有明确的目标性，起到指引性作用，告诉教师的教学方向、学生的学习方向，其次要起到选拔的作用。评价要以促进学生发展为主要目的，则通常用于课堂、学生学习的过程的诊断以发现存在的问题；如果要用于选拔，则要有明确的量化指标使其更有说服力。应针对评价的一般规律，形成计算思维的评价指标体系和量规，并使这一评价标准体现以下功能。

(1)评价功能：指标体系首要功能，能实现学生的自我评价、同学评价和教师评价。

(2)解释功能：解释学生的计算思维学习状况。

(3)诊断功能：诊断学生学习计算思维中存在的问题。

(4)指引功能：指引计算思维的教学方向和学生的学习方向。

计算思维学习的评价标准要完成以下定位。

(1)理论基础可靠。计算思维评价标准的建立首先要基于对 CT 概念和范畴的正确理解，以及对计算思维的具体表现或构成要素的清晰描述；其次要以学习心理学、管理学为基础。

(2)评价标准具体、可操作。计算思维的定义和范畴目前还具有争议，因此，具体的计算思维表征和评价内容还处于百家争鸣的局面。但要想对计算思维进行评价，就必须对计算思维表现进行具体化，易于识别，并容易给出分值或定性评价值，达到可操作层面。

计算思维的发展过程中有许多官方评价标准，比较著名的有《K12计算机科学框架》和《AP 计算机科学原理框架》中的计算思维评价标准、英国《计算课程标准》和《ISTE 学生标准》(*ISTE Standards for Students*)中的计算思维标准、英国《计算思维教师指导手册》中的课堂可观察标准，下面仅介绍后两个。

6.4.1　《ISTE 学生标准》中的计算思维标准

《ISTE 学生标准》明确提出学生应具有的计算思维能力，总体上来讲，应具备开发、运用理解和解决问题的策略，从而利用技术方法开发和测试解决方案，具体表现如下。

第 1 条标准要求学生在探索和寻找解决方案时，给出更容易进行技术处理(数据分析、模型抽象和设计算法)的问题定义，也就是说，从技术视角定义问题。

第 2 条标准是收集数据或识别相关数据集，使用数字工具对其进行分析，以促进问题解决和决策的方式表征数据。

第 3 条标准是将问题分解，提取关键信息，并开发描述性模型以了解复杂系统或促进解决问题。

第 4 条标准是了解自动化的工作原理，并使用算法思维开发一系列步骤来创建和测试自动化解决方案。

整个标准从问题定义、数据应用、问题分解、抽象、算法思维与自动化等方面描述了学生应具备的能力。紧扣 ISTE 和 CSTA 联合提出的操作性定义与核心要素。第 1 条标准中明确提出寻找适合计算机处理的问题定义是最为关键的，是其他三条标准得以很好实现的前提。第 2 条标准指明了对数据处理的要求，包括收集收据、识别数据，利用工具对数据进行分析、模式发现，以利用模型解决问题。后两条标准则从系统的角度强调分解问题、建立模型、设计算法，开发程序和设计测试方案，从而明确了计算思维的完成路径和最终学习目标。

6.4.2　《计算思维教师指导手册》中的课堂可观察标准

《计算思维教师指导手册》描述了课堂上可观察的计算思维。对于计算思维的核心概念，在课堂中都可以表现为独特的学习者行为，可以有效地应用于课堂中。下面主要从算法思维、分解、模式识别、抽象、评估 5 个要素方面描述可以在课堂上观察到的计算思维能力特质。

通过算法思维的学习和实践，学生应能够：构思达到预期效果的指令；正确编写顺序语句构成的指令块；正确使用算术和逻辑运算指令；编写存储、移动和操作数据的指令序列；书写选择语句指令；书写循环/迭代指令；分组并命名一组完成特定任务的指令集，从而创建新的函数(也称为子程序、过程和方法)；编写递归程序指令；编写不同代理同时执行的指令集，体现并发或并行思维；编写一组类似数据库查询语言的声明性规则；使用恰当的符号编码上述内容；创建算法来测试假设；创建算法以给出基于经验的解决方案(启发式)；创建算法性的现实世界流程描述，以更好地理解计算建模；在考虑人的能力、限制和期待的基础上设计算法解决方案。

通过分解的学习和实践，学生应能够：将计算制品分解成组成部件，使其更易于处理；将问题分解为以相同方式解决的、相同问题的简单版本(递归和分而治之策略)。

通过模式识别的学习和实践，学生将能够：识别计算制品的模式和共同点；调整整体或部分解决方案，使其适用于相似的问题；将想法和解决方案从一个问题域迁移到另一个问题域。

通过抽象的学习和实践，学生将能够：通过删除不必要的细节来减少复杂性；选择一种计算制品的表示方法，以便以有用的方式进行操作；隐藏计算制品的复杂性(隐藏功能复杂性)；隐藏数据复杂性，例如，使用包含典型数据结构实现的类库；识别抽象之间的关系；当开发解决方案时忽略没用的信息。

通过评估的学习和实践，学生将能够：评估计算制品是否符合目的；评估计算制品是否正确；设计和运行测试计划并解释结果；评估计算制品的性能是否足够好；比较完成相同任务的不同计算制品的性能；在相互冲突的需求间作出权衡；评估计算制品是否容易使用；评估计算制品在使用时是否给予积极的正面体验；逐条执行算法/代码，以确定每一步做了什么；使用严谨的论证证明算法有效；使用严谨的论证来检查计算制品的可用性或性能；使用观察方法来评估计算制品的可用性；评估一个产品是否满足一般性能标准。

6.5　计算思维评价的应用与实践案例

通过文献调研，再查看世界各国计算机科学课程中的计算思维评价标准，发现目前尚无统一的计算思维评价标准。计算思维的评价标准出现百花齐放的局面。下面是从论文和项目中找出的一些描述清晰的、对一般计算思维评价具有指导意义和代表性的案例。

6.5.1　基于制品访谈的评价

Brennan 和 Resnick(2012)通过访谈 Scratch 的编程用户，了解他们对

计算思维的掌握情况。在一年的时间里，共采访了 31 名 Scratch 的编程用户，这些用户的特点是：年龄为 8～17 岁，来自北美洲、欧洲和亚洲等地区，编程经历为 1 个月～4 年，技术和美学成熟度涉及从新手到专家，其中 40%是女性。这些被访人绝大多数是通过随机抽样选出的，其余的人则是在 Scratch 社区作出邀请并得到回应之后才被选中的。访谈时长为 60～120 分钟。访谈包括四个主要部分。

(1) 背景。①Scratch 介绍：你是怎么知道 Scratch 的？什么是 Scratch？②目前的实践：你将 Scratch 用在了哪些场景中？你用它具体做了什么？其他人帮助过你吗？你帮助过别人吗？

(2) 项目创建。①项目框架：你是怎样想到要做这个项目的？②项目流程：在项目启动前，你做了哪些准备？当项目无法进行下去时，你会怎么办呢？

(3) 在线社区。①在线社区入门：你会利用网上社区干什么？什么是 Scratch 在线社区？②其他人/其他项目：你如何找到你感兴趣的人和项目？你是如何与其他编程者互动的？

(4) 展望未来。①Scratch：你认为 Scratch 还有哪些不足？你会保留什么，添加什么，改变什么？②技术：你喜欢做哪些与技术相关的事情？③超越技术：你喜欢做哪些与非技术相关的事情？

在上面的四部分中，项目创建对于评价计算思维的概念和实践是最重要的。在这部分访谈中，要求受访者选择两个他们感兴趣的项目。对于每个项目，首先，询问项目的历史和动机；其次，运行该项目，看看它是如何工作的；再次，讨论开发项目的过程：他们是如何开始的？项目在开发过程中是如何演变的？为了制作项目他们需要知道哪些知识？他们在整个开发过程中遇到了什么问题？他们是如何处理这些问题的？在结束项目讨论之后，对项目进行反思。例如，对于整个项目最引以为豪的是什么？通过项目想要改变什么？通过这种方法，与 Scratch 的使用者进行详细讨论，了解项目中特定的编程元素以及形成丰富的开发实践描述。

6.5.2 基于设计场景的评价

Brennan 和 Resnick (2012) 所提出的基于设计场景的评价是基于某一已有场景的交流和继续开发。她们首先开发了复杂度逐渐增加的三套

Scratch 项目。每套项目又包含采用相同概念和实践的两个项目，但是这两个项目有着不同的美学，体现不同的兴趣。在连续的三次访谈中，向学生展示设计场景(这些场景是由其他人设计并建成了项目)，然后要求学生从每套中选择一个项目：①解释所选项目实现的功能；②描述如何扩展它；③修正错误；④将几个项目的代码混合在一起形成一个新项目，或为项目添加新功能。这四项活动来源于 Scratch 编程者和教育工作者研讨会上尝试过的几个独立活动(演讲、评论、调试、挑战和混合)。

6.5.3　基于代码分析的自动评价

Dr. Scratch 是一款免费的开源 Web 应用程序，其功能是以自动方式分析 Scratch 编程项目中存在的计算思维概念，在此基础上进行形成性评价，并提供反馈意见，中学生可以用它来改善编程和计算思维技能。Dr. Scratch 所使用的评价量表如表 6-3 所示，由 7 个计算思维概念维度组成，每个维度分为 0～3 四个等级，每个等级对应的分数分别为 0～3。每个 Scratch 项目的最终计算思维能力分数为 0～21。评价过程是：对每一个计算思维概念维度，依据能力层次标准，通过检查分析 Scratch 项目的源代码进行静态评价，最后把所有的计算思维概念维度得分加起来就是最终计算思维能力分数。

表 6-3　Dr. Scratch 中使用的评价量表

计算思维概念	能力层次		
	Basic (1 分)	Medium (2 分)	Proficient (3 分)
抽象与问题分解	使用多于 1 条语句的脚本	使用自定义块	使用克隆体
逻辑思维	使用 If 语句	使用 If else 语句	使用逻辑运算
同步	使用等待语句	使用消息广播、终止所有、终止程序等语句	使用等待直到、当背景发生变化、广播并等待等语句
并行	两个以上脚本有绿旗功能	两个以上脚本有键盘按下或点击角色的功能	两个以上脚本有接收消息、图像/声音输入、背景变化的功能
流程控制	使用块序列	使用 Repeat、Forever 语句	使用 Repeat Until 语句
用户交互	使用绿旗功能	使用键盘、鼠标、请求并等待等功能	使用网络摄像头和输入声音功能
数据表示	使用对象属性的修改功能	使用变量	使用列表

6.5.4　移动计算思维的评价量规

基于 App Inventor 项目的设计与开发，Sherman 和 Martin(2015)提出了“移动计算思维”(MCT)评价量规，包含 14 种属性，并将这 14 种属性分为普通 CT 概念(6 个)和 MCT 概念(8 个)两类，其中普通 CT 概念包括命名(Naming)、程序抽象(Procedural Abstraction)、变量(Variables)、循环(Loops)、条件语句(Conditionals)、列表(Lists)；MCT 概念包括屏幕界面(Screen Interface)、活动(Events)、组件抽象(Component Abstraction)、数据持久性(Data Persistence)、数据共享(Data Sharing)、公共 Web 服务(Public Web Services)、加速计(Accelerometer)、定向传感器和位置感知(Orientation Sensors & Location Awareness)。对于其中的每个概念，评分范围为 2～4 分，并用其测试了自 18 名学生的 45 个应用程序。

6.5.5　计算思维能力自我评价量表

Korkmaz 等(2017)利用计算思维量表评测计算思维能力，他们将计算思维定义为使用计算机解决生活中的问题应拥有的必要知识、技能和态度。他们将计算思维的量表划分为创造力、算法思维、合作能力、批判性思维、问题解决 5 个维度(表 6-4)，并通过探索性因素分析得出 29 个具体评价内容，每一个具体评价内容都使用五点李克特量表作为量规。研究结果表明，该量表是一种有效、可靠的测量工具，可以测量学生的计算思维能力。但是在计算机科学领域，这些能力是计算机科学家应具备的必要条件，而不是充分条件，而且很多没有学习过计算机科学相关内容的人也具备这些能力。将其作为评价是否具有学习计算机科学的能力基础是有一定作用的，但评价是否具有像计算机科学家一样思考的能力还是值得商榷的。

表 6-4　计算思维能力自我评价量表

评价维度	具体评价内容
创造力	1.我喜欢那些对自己的决定很有把握的人。 2.我喜欢现实和中立的人。 3.我相信如果有足够的时间和努力，我可以解决所面临的大多数问题。 4.我相信当遇到新情况时，我能解决可能出现的问题。 5.我相信我能在需要时做规划，并将其用于问题解决中。

续表

评价维度	具体评价内容
创造力	6.做梦使我最重要的计划曝光。 7.当问题接近解决时，我相信我的直觉以及是“正确”还是“错误”的感觉。 8.当遇到一个问题时，我不会去思考下一个问题，而是思考当前这个问题
算法思维	9.我可以快速建立起问题解决的方程式。 10.我认为我对数学学习特别感兴趣。 11.我认为我能在数学符号和概念的帮助下更好地学习。 12.我相信我能很快地理解数字之间的关系。 13.我可以用数学的方法来表达我在日常生活中遇到的问题解决方法。 14.我能把口头表达的数学问题数字化
合作能力	15.我喜欢和我的朋友一起体验合作学习。 16.在合作学习中，我认为之所以我会更成功，是因为我在一个团队中。 17.我相信合作学习能让我对学习的知识有更深入的理解。 18.我喜欢在合作学习中和朋友一起解决与小组项目有关的问题
批判性思维	19.我擅长为复杂问题解决制定计划。 20.尝试解决复杂的问题是有趣的。 21.我愿意学习具有挑战性的内容。 22.我很自豪能非常准确地思考。 23.在比较已有的选择和做决定时，我能使用系统的方法
问题解决	24.在解决问题时，我遇到了应在哪以及如何使用像 X、Y 这样变量的问题。 25.我不能逐步地按我的计划解决问题。 26.我在考虑一个问题的可能解决方法时，无法提出很多候选方案。 27.我在演示一个问题的解决方法时遇到了问题。 28.我不能在合作学习环境中具有自己的思想。 29.在合作学习中，我和同学一起努力学习，这让我很疲倦

6.5.6　证据为中心的计算思维评价

“计算思维的原则性评价”(Principled Assessment of Computational Thinking，PACT)是 NSF 资助的 Computing Education for the 21st Century (CE21)特别项目，项目承担单位是 SRI 国际(美国一家独立的非营利研究机构)。该项目为高中“探索计算机科学”(ECS)课程设计、开发计算思维评价体系，并验证计算思维的评价结果。这项工作的合作伙伴是 ECS

的开发者和教师，以及计算机科学、计算机科学教育和评价的相关人员。第 1 年，SRI 国际使用证据为中心的设计来完善现有的计算思维实践评估框架和设计模式，设计和开发 ECS 评价任务和评分标准，召集专家组审议评价任务与设计文档的对应关系；进行试点和量表评分。第 2 年，SRI 国际利用试点成果设计和制定最终任务，建立课程单元的形式模板和总结性评价，召集第二专家小组审查课程单元和总结性评价表；让教师现场测试课程单元、总结性评价表格和评分标准。试点测试和现场测试都包括对学生的认知访谈，以告知并评价设计中所使用的各种定义。SRI 国际将使用现场测试的评价分数、反应过程和其他有效性证据来进行课程单元的心理评估和总结性评价。

ECS 课程已经在美国各高中教授。通过与 ECS 教师共同设计形成性和总结性评价资源，从而确保资源对教师有用。高质量的计算思维评价工具和资源降低了采用和使用 ECS 课程以及其他计算机科学课程的障碍，为报告学生学习进展的可操作证据铺平道路，同时为计算机科学新教师提供可访问的、适应性资源来评价他们的学生在计算思维方面的知识和技能，从而支持 CS10K 项目。

SRI 国际和教育考试服务机构(ETS)依据以证据为中心的设计(ECD)评价模式结构(领域分析、领域建模、概念评价框架、评价实施和评价交付)来研究计算思维的原则性评价。ECD 评价回答了如下问题：应评价哪些技能？学生表现如何揭示这些技能？ECD 通过确定该领域的焦点知识、技能和属性来解答这些问题。这些问题能将计算思维实践映射到特定的课程单元和潜在的计算制品中，通过打分确定证据，证明学生是否达到学习目标。最后，该项目结合 ESC 课程开展了基于 ECD 的计算思维评价。

6.6　小　　结

本章介绍了计算思维的相关评价研究。计算思维评价有游戏设计与开发、玩游戏、软件制品、不插电活动、测试、多种方法综合等多种评价视角，评价工具有作品代码分析、测试、作品与自我陈述、访谈与面试、观察、电子档案袋、问卷等多种。但计算思维测试与评价的研究工作尚处于起步阶段。本书之所以认为计算思维处于起步阶段，不是因为研究的人太少，而是因为评价的内容和方式太多而很难形成比较统一的原则或活动，目前也未找到比较公认的评价内容、评价手段和评价方式，评价研究之间也不具有可比性。例如，虽然有很多评价依赖创作的制品，但由于采用不同的制作工具，有的简单、有的复杂，缺乏比较性；不同的评价使用不同的评价标准；面试往往基于开放的问题，不同的考官做出的评价可能存在差异。

有些学者认为，学会了初步运用抽象、分解等计算思维核心要素就掌握了计算思维；有些学者认为，初步掌握了一些计算概念(如循环、条件语句、变量)就算掌握了计算思维，但仅掌握了这些内容就宣布学会了计算思维肯定是有争议的。还有学者认为，解决了计算问题或制作了数字制品就下结论被评价者掌握了计算思维，也存在争议，例如，利用 Scrach 开发了制品，并报告其中利用了分解、模式识别、模拟等要素，但是这些人可能长时间无法学会利用 Java 或 Python 等编程语言开发制品；能解决一个简单的迭代算法问题，但是无法解决一道复杂的动态规划问题，这样的学习者能说明掌握了计算思维吗？

从以上分析可以看出，计算思维难以评价。这是因为计算思维定义的模糊性，造成计算思维评价标准和评价内容的争议。而从已有学科评价来看，计算思维评价应以领域为基础，通过计算知识、计算任务、计算项目相结合来评定被评价者是否胜任某项任务或工作，而不是评价是否掌握了某种思维，这是信息技术公司通常采用的评价方法。还有，仅仅通过几节课或一个学期的学习就宣布学生掌握了计算思维也是令人质疑的。在学校内，要结合学生实际情况，像数学等其他学科一样，分级学习计算知识，并进行计算实践，才能让学生逐步具备计算思维能力，而且不会受到质疑。

第 7 章　计算思维的教师专业发展

计算思维是 21 世纪合格公民应具备的核心技能。为通过教学途径让广大公民掌握这项技能，需要教师具有计算思维的专业知识和技能，并拥有教授计算思维的资质。但当前的在职教师是在信息技术教育的背景下完成学业的，如今让其跨学科教授计算思维，显得有些不现实。为让在职教师拥有计算思维能力，必然要开展在职教师培训。

如果对师范生不及时进行计算思维教育，则仍然会走当前在职教师的老路。在师范生(职前教师)教育中，有必要将计算思维列为单独课程，或融入已有课程，从而为培养具有计算思维的教师做准备。因此，相关组织和部门设立计算思维的教师培训项目，启动教师专业发展研究，开发相关的培训课程和资源，开展计算思维的培训活动。将计算机科学教育或学科教育培训结合起来，才能培养出跨学科教授计算思维的教师。

7.1　在职教师专业发展

无论是国内还是国外，目前的在职教师是在信息技术教育的背景下接受教育的，如今让他们直接教授从来没有接触过的计算思维，这是困难的，甚至是不可能的，这就要求他们必须重新进行学习，开展相关的教师教育。为满足这一需要，国家及各个层面都开展了相关的在职教师专业发展的培训。

7.1.1　计算思维的教师培训项目

计算思维作为 21 世纪核心技能，本节将介绍以计算思维培养为目标的教师培训项目。文献查找发现，很少有以计算思维为主题的培训项目，基本上都包含在计算机科学或 STEM 相关的教师培训中，下面介绍相关的一些主要项目。

(1) CS10K 项目。2010 年，美国 NSF 启动由简・库尼(Jan Cuny)倡导

的 CS10K 计划，其目标是到 2015 年将为 1 万所新高中培养 1 万名合格的计算机科学教师。此项目以“探索计算机科学”和“AP 计算机科学原理”两门高中课程为主要抓手，鼓励 K12 和高等教育机构、政府、行业、专业和非营利组织之间开展广泛合作，将计算机科学部署到更多的中小学中去。这两门课已经在美国高中广泛开展，目前已经进入第二阶段：计算机科学全民计划阶段，大力推动“计算机科学周”活动。

最成功的美国课程和专业发展项目是“探索计算机科学”项目，由美国 NSF 资助。该项目的任务是在洛杉矶统一学区(Los Angeles Unified School District)提供更多的计算机科学学习机会，扩大非裔美国人、拉美裔美国人和女学生的参与。该项目与大学和 K12 研究人员进行了合作，现在有多个国家级的合作伙伴，如 Taste of Computing。这套课程基于项目和探究的教学模式，旨在培养批判性思维、问题解决能力和创造力。由于很多教师可能并不习惯该项目使用的教学法，该项目通过暑期学校和每学年都举办的讲习班为这些教师提供指导。

(2)“MyCS”(Middle Year Computer Science)项目是由美国哈维玛德学院的研究人员为初中和高中低年级学生设计的在线计算机科学课程。在 2010 年项目开展之后，定期举办暑期培训班。相应的 MOOC 课程已于 2015 年 1 月开通，将使更多的教师受益。

(3) Taste of Computing 是美国 NSF 资助的项目，由美国德保罗大学的研究者主持，其目的是改善整个芝加哥公立学校系统的计算机科学教育。该项目进行了计算机科学课程的开发，该课程将作为三年“职业生涯与技术教育 InfoTech 计划”(Career and Technology Education InfoTech Program)的入门课程；该项目还提供教师培训课程，包括一周的夏季讲习班和在平时开展的一系列专业发展微型讲习班。参与学习的教师将获得三学期的大学学分，这些学分可代替专业发展所需学分。

(4) Barefoot 项目开始于 2014 年，也称为 Barefoot Computing，由英国教育部资助，其初衷是帮助英国的小学教师为讲好“计算”课程的计算机科学部分做准备，为新手和经验丰富的教师提供支持、建议和指导。在英国计算机学会(British Computer Society，BCS)和 CAS 的持续支持下，为实现上述目标，Barefoot 项目将提供一系列服务。

①示例教学活动。一个计算实践教师团队为小学教师开发了计算机科

学范例资源，这些范例将说明如何通过计算机科学教学而使语文、数学和科学等学科的学习得到改善和提高。这些高质量的跨课程活动将有助于小学教师以具体主动的方式讲授计算课程，增强课程的感染力。

②可以自学的概念。小学教师将利用这些资源来改善自己的学科知识和理解力，使自己成为优秀的计算机教师。在小学生的理解能力范围内提供清晰的定义、例子和进展，这些资源将帮助教师加深对计算思维和计算机科学主题的理解。

③免费的 Barefoot 研讨会。其目的是让资源和研讨会覆盖整个英国，使教师都能获得这些资源。这些免费的 CPD 会议由志愿者专家负责，并向教师介绍 Barefoot 计算资源。教师可以举办 Barefoot 研讨会来帮助自己的学校，并从大量的资源和支持中受益。

该项目在 CAS 计算机科学卓越教学网的支持下，为教师建立了 Barefoot Computing 从业者社区。该社区为英国所有小学教师提供免费的研讨会、课程计划和教师笔记资源，为新手和经验丰富的教师提供支持、建议和指导。教师可以在该社区中分享教学想法，与更广泛的计算社区接触，开发和传播教学实践，成为当地的草根社区。Barefoot 已经使 28000 多名教师和 100 多万名学生受益。Barefoot 资源的下载量已经超过 10 万次，使教师拥有了成为优秀计算机教师的信心。

(5) CAS Tenderfoot CPD 项目。由谷歌教育(Google Education)集团资助的 CAS Tenderfoot CPD 是一项持续专业发展计划，涵盖计算机科学的基本概念，为英国中学教师教授计算课程(KS3)奠定基础。为让教师深入到学校课程的计算机科学学科知识和教学法中，设计了 7 个单元的 CPD 材料，将为 KS3 教师理解编程、从简单到更复杂的算法和数据结构，以及了解有限状态机等奠定基础，体现 KS3 计算机科学的广度和深度，为教授 GCSE 及其后续课程做准备。该材料还讲述了研究的专业价值及其对持续专业实践的影响，提到了计算机科学教学中的 BCS 证书问题。

该项目所提供材料的每个单元都由全职教师、CAS 成员罗格·戴维斯(Roger Davies)撰写，并在编写中听取了其他中学教师和学者的意见。这些材料对所有人免费，其中许多材料来源于 CAS 社区网站。每个单元都包含试学、测试和同行评议三部分，都提供了精美的指南和相应的视频。

(6) T4T 项目。意大利都灵大学的 Teacher for Teacher(T4T)项目涉及

所有教育层次的教师，他们与大学研究人员一起开发面向中小学课堂的计算思维活动。首先由一些教学经验丰富的教师建议一套活动，之后基于这些建议的活动形成教案，并在课堂上使用这些教案。基于以上过程，研究人员和教师调整计算思维活动，并逐步改善。然后，在下一学年大学举办的实际操作研讨会上，通过评估和修订的活动将其分发给其他教师。Teacher for Teacher 这个名字来自模型的共享本质，教师向分享经验的教师学习，并在下一学年可能继续合作。T4T 项目自从 2011 年以来每年都举行，并在一定程度上得到了谷歌的支持。

T4T 项目也考虑了教师的不同技术背景，一些教师几乎没有接触过计算机科学，而一些教师已经有了很多经验，愿意分享他们的经验和想法，并设计新的活动类型。没有接触过计算机科学的教师可以学习 Bee-Bot 和 Scratch 编程，而想参与更高级活动的教师将使用开放数据与学生一起做项目。

7.1.2　计算思维的教师培训活动

为在职教师培训计算思维已经成为在职教师专业发展的焦点。参加研讨班与培训是相关文献里面介绍最多的内容之一。多数文献都报告了培训内容、培训时长、活动形式、效果与分析等。已经证明教师研讨会是促进计算机科学和计算思维教学的一种受欢迎的方式，目前在文献中可以查到很多在职教师培训项目。

2006 年，卡内基·梅隆大学举办了一个夏季研讨会——Computer Science for High School（CS4HS），首次尝试教授计算思维，研讨会包括如下主题。

(1) 计算思维应作为中小学的科目。

(2) 在教室中开展 CS Unplugged（包括演示）活动。

(3) 计算机科学的职业发展机遇。

(4) 如何向没有先前知识的学生讲授计算原理。

在第二天的小组会议上，重点讨论了学生对计算机科学的兴趣下降情况、计算机科学专业学生的就业前景和计算生物学等问题，也讨论了 DNA 字符串和匹配算法。从研讨会前后的调查结果来看，教师认为研讨会的所有部分都是有用的，其中评分最高的是实践部分。在研讨会之前，大多数教师都认为计算机科学与解决问题或编程有关。而在研讨会之后，参与培训的教师认为计算机科学与解决问题以及发展生活各方面的计算思维技能有关。

Ahamed 等(2010)介绍了一场为高中科学教师举办的为期三天的研讨会，目的是强调“自然科学、数学和计算机科学之间的深层联系”，其具体内容如下。

(1)计算思维：介绍抽象、算法等主题，并解读周以真的计算思维的文章。

(2)模拟：向教师介绍模拟的概念和案例。

(3)概率：使用 VPython 构建模拟以及讨论不同领域中概率的相关性。

(4)VPython 和 Python：教授教师如何使用这些工具。

(5)数学：使用 CS Unplugged 活动体验加密。

(6)物理学：斜面、牛顿第二定律、重力等。

(7)生物学：孟德尔遗传学。

(8)化学：药物设计中的虚拟筛选。

(9)计算科学工作：提高对计算工作岗位的认识。

(10)课程计划：让教师制定课程计划并展示。

研讨会之后，参与者对计算思维及其领域的重要性有所了解，也在计算思维教学和计算工具的使用方面有所改进。

Wolz 等(2011)概述了他们开展的交互式新闻学暑期学校和课后计划。该计划是为中学生和中学教师设计的，通过使用 Scratch 动画、文本和视频来开发新闻故事，培养他们的计算思维能力和兴趣。根据论文提供的数据，该项目改变了教师和学生对编程的认识，他们在暑期学校的 Scratch 编程部分获得了很大的乐趣，也开始对自己的计算思维能力充满信心。

Morreale 和 Joiner(2011)开展了一系列夏季研讨会，其目的是改变教育者和学生对计算机科学的看法。其中，一个为期一天的研讨会的主题包括计算概念与 Alice、科学与数学的建模工具、3D 可视化、CS Unplugged：没有计算机的计算、简单的 Java 模拟等。该研讨会受到好评并被认为是成功的，因为他们改变了教师对计算机科学的看法，愿意推荐学生从事计算机科学或信息技术职业的教师人数增加了 27%，愿意推荐学生参加另一场研讨会的教师人数也增加了 30%。在另一个为期一周的研讨会上，有教师参加的学校参加的学生更多。使用的工具包括 Easy JavaSim 和 POV-Ray，其活动包括基于 Shodor 的 Easy Java Simulations、Bouncing Ball 和 Harmonic Oscillation。通过调查发现，研讨会开展的效果令人鼓舞，因为学生意识到计算机科学的内容比他们想象的要多，并且它可以很有趣，也很有用。教师的看法也发生了变化，教师回应说应该将其纳入课程，同时通过教师推荐，愿意将计算机科学或信息技术作为其职业生涯的学生人数增加了 50%。

Jenkins 等(2012)为将计算思维融入美国亚拉巴马州高中数学课堂，为数学教育领导者举办了一场使用抽象、概括和推断来解决问题的研讨会，然后让他们使用 Python 创建迷你程序来解决问题。结果表明，这是教师在数学课程中使用编程的有效方法，教师将其视为教授数学推理的新工具，也渴望更多地了解编程以及如何将其集成到他们的课程中。

Pokorny 和 White(2012)概述了他们举办的 CS4HS，在研讨会上介绍了《CSTA K12 计算机科学标准》(2011 修订版)，提供了 CS Unplugged 活动、计算机硬件和 Scratch 编程的实践课程，还为参与者组织会议以制定将计算思维纳入学校课程的行动计划。在研讨会前，参与者对计算机科学概念一点都不懂，但通过该研讨会，教师反馈他们对计算机科学和计算思维有了更好的认识，以及知道如何将其纳入他们所教的科目和学校。参与者对研讨会的满意度很高，大多数人表示会参加未来的活动，并向同事推荐。在研讨会结束五个月后，分发了第二份问卷，以了解它对教师的影响。有些人将 Scratch 和 Excel 编程结合起来，并与学生讨论计算机科学职业生涯；还有些人谈到了困难，包括缺少信息技术部门的支持以及缺少时间来完善课程计划和开发资料等。

Cortina 等(2012)展示了“通过教师教育推进计算和技术兴趣与创新”(Advancing Computing and Technology Interest and innoVAtion through Teacher Education，ACTIVATE)项目。他们邀请教师参加夏季研讨会，向他们展示如何将计算概念融入现有的 STEM 课程。在为期一周的研讨会上，教师接受了为期四天的编程和计算概念教学。在最后一天，教师用 Alice、Python 或 Java 设计了一个应用程序，并在他们目前教授的课程主题下解释这些概念。这场研讨会很受欢迎，后续调查和访谈表明，超过 90%的教师计划在新课程或现有课程中使用研讨会材料。

Curzon 等(2014)通过四场研讨会，采用不插电方法向教师介绍计算思维和编程概念。每场研讨会的简要说明如下。

(1)计算思维。这场研讨会包括四项活动，分成两个半场。上半场由两项活动组成。第一项活动是帮助闭锁综合征患者写下他想说的话，其中一个人扮演助手，一个人扮演患者。患者只能通过眨眼来沟通。助手通读字母表中的字母，当患者听到他们应选的字母时，他们会眨眼，这使助手能写下患者想拼出的单词。然后，从算法的视角分析和改进这个活动，使患者和助手之间的信息传达更快更有效。第二项活动是通过玩游戏学习分而治之的算法。下半场由基于算法的魔术技巧和最终活动组成，展示如何将其应用于穿孔卡的二进制编码。

(2)算法思维。这场研讨会包含三项活动。第一项活动是在一张纸上玩 X 和 O 的井字游戏；第二项活动是魔术；第三项活动是纸牌风格的谜题游戏。

(3)不插电编程。这场研讨会也包含三项活动。第一项活动是参与者通过语音对机器人面部进行编程使其看上去像人一样；第二项活动是使用盒子和彩色纸进行变量与赋值学习；第三项活动是编写一个简单的包含 If 语句的程序，并由参与者给出命令或表达式。

(4)人性化。这场研讨会强调在使用计算思维时需要了解人。该研讨会首先使用纸牌魔术“4 张王牌”让参与者理解算法思维必须考虑到人的局限性；然后使用卡片教授医疗设备设计以让参与者理解参与设计可以防止设备使用中出现错误；最后播放旨在教授用户测试的视频。

Yadav 等(2014)将计算思维引入教师培训，进行了为期一周的培训。首先，向参与者讲授计算思维概念，如问题识别和分解、算法和调试。有些教师没有计算机科学背景，所以使用日常例子教授这些概念。然后，说明如何在教育环境中应用计算思维，例子包括角色扮演和模拟。通过调查发现，参与培训的教师认为计算思维是一种解决问题的方法，而未参与培训的教师倾向于认为计算思维是使用计算机的思想。同时也发现，参与培训的教师对计算的态度并未发生显著变化。

Falkner 等(2015)讨论了他们开发的 MOOC，以支持中小学教师在澳大利亚实施新开发的计算课程。该课程独立于工具将计算概念教授给教师，包括如下单元：引言、数据模式、数据表示、数字系统、信息系统、算法和编程、可视化编程。其中，每个单元都包含两个完整的例子，说明如何实现 K6 课程中的学习目标。通过数据分析发现，该课程可以帮助教师树立信心并提高他们对计算思维和数字技术的理解；提供计算思维概念和编程语句的日常范例与跨课程联系可以帮助教师更好地适应新课程。

从以上相关研究可以看出，计算思维是新生事物，绝大多数教师没有接触或学习过计算思维。要想让教师在学校开展计算思维教育，就必须在开展计算思维教育之前开展面向计算思维的教师培训，其首要方法就是提高教师对 CT 的认识。研讨会是当前最受欢迎的形式，计算思维实践也是不可或缺的环节。

7.2　职前教师培养

职前教师培训课程是培养未来教师拥有计算思维能力的系统化手段，使他们能在未来课程中融入计算思维。依据职前教师整体规划的特点，培养其计算思维能力有以下方式。

第一种方式是开发独立课程或证书课程，让职前教师理解计算思维的理念和能力范围，并利用计算工具培养计算思维能力。鉴于教师教育课程的严格顺序，教师教育者需要通过现有的计算课程让职前教师接触计算思维。Yadav 等(2017)认为，应将“教育技术导论”改造成教授计算思维的课程，教授计算思维一般概念，让教师探索计算思维核心思想。在教师教育项目中利用现有的“现代教育技术”课程或计算机类通识课(如“大学计算机基础”“计算机文化”)去介绍计算思维也是绝佳的机会。这些课程让职前教师以计算的方式进行思维，把计算思维作为一种通用的技能和能力，不一定依赖计算机或其他教育技术。围绕核心计算思维概念与能力，重新设计这些课程将有利于职前教师在自己的未来工作中教授计算思维。

第二种方式是将计算思维融入现有课程，实现跨学科教授计算思维。Yadav 等(2011)在“学习与动机”课程中融入计算思维模块，向小学和中学教育专业学生教授计算思维，介绍计算思维和抽象、分解等五个概念的定义，然后将重点放在计算思维的日常应用中，还通过动觉审美活动展示算法教学，以及使用汉诺塔讲解递归。调查表明，该课程有效地提高了职前教师对计算思维的认识，并通过解决问题能将其更好地融入未来的教学中。

Yadav 等(2014)在“教育心理学导论”课程中融入计算思维模块，开展了一周的教学，考察了计算思维对职前教师的影响和对将计算思维嵌入他们未来课程的态度。研究结果表明，职前教师的计算思维学习整合到现有的教师教育课程是可能的，可以利用日常生活及学科的具体实例来培养职前教师的计算思维。例如，通过找到从 *A* 点到 *B* 点的路线来讲解算法的概念、算法效率(从 *A* 点到 *B* 点的最好方式)、抽象(如何有效地表示任何方向)和自动化(如何设计像谷歌地图那样的系统)；通过如下的例子讲解并行处理思想：有三个队列在排队购买电影票，两个朋友购买电影票的最快方式是什么。

鉴于职前教师在自身学科背景下接触计算思维的重要性，计算思维应在不同的学科中使用不同案例，并融入他们的日常课堂活动。具体学科领域的方法课程也是职前教师探索计算思维思想的主要场所。例如，在英语教学方法课中，教师教育者通过要求职前教师写一份详细的食物配方，学习将算法嵌入写作活动。同样，在社会研究方法课程中，教师教育者通过让职前教师收集和分析人口统计并识别趋势，来学习数据分析和模式识别，数据分析工具可以像 Piktochart 那样简单，能让职前教师通过信息图表来表征数据和信息；也可以采用像 Google Chart 这种更先进的工具，这样，职前教师可以使用可定制的交互式图表来动态表示数据。在科学方法课程中，职前教师可以通过计算模型以证明科学思想和现象的方式来学习计算思维，并讲授给他们未来的学生。

为将计算思维融入小学语文学习中，职前教师可以探讨如何将抽象应用到散文或诗歌的分析中。他们也可以识别描述情感的词，并用数据分析和数据表征来建立学习计划。同样，职前教师可以探讨将计算思维嵌入中学的“语言艺术”课程计划中，让学生收集和整合来自多个源的数据/信息去可视化表征共同主题。小学和中学的职前科学教师可以探讨将数据收集、分析和表征融入学生收集数据、识别和表示模式的任何活动中。社会研究职前教师可以探讨如何利用大数据集(如人口普查数据)使学生探索和识别模式，并讨论增加个人数据访问带来的影响。

第三种方式是职前教师独自学习相关 MOOC 和在线学习资料。目前开放的网络平台(如 Code.org、中国大学慕课)有很多有关计算思维的课程，教师教育者也可以将第一、二种方式中的课程开发成在线形式，助力职前教师专业发展。

虽然上面提到了三种培养职前教师计算思维的方法，但三种方式并不互相排斥。在设计专门计算思维课程的同时，也可以将计算思维融入职前教师已有课程，还可以将上述课程做成在线课程，提供在线教师专业发展与培训支持，作为职前教师学习的补充。在专门计算思维课程中获得计算思维的一般概念知识和通用实践，在方法课程中获得的特定学科计算思维实践，帮助职前教师将计算思维和他们将在课堂中讲授的内容联系起来。在这种方式中，课程教学内容知识和技术教学内容知识的建构将为职前教师计算思维知识发展提供支持。为将计算思维集成到任何课程，使教师和学生能接触计算机科学家才使用的概念和实践，教师教育学院、教育学院与计算机科学学院应加强合作。教师教育学院对 K12 课程和教育政策有全面细致的理解，以确保当前计算思维融入 K12 的努力是成功的。教育学院更了解教育理论、学习心理学、教育心理学以及教学设计和开发。计算机科学学院更了解计算思维和计算机科学的本质与知识，美国计算研究协会 2016 年度报告强调，计算机科学学院有必要与其他学科(如教师教育、教育心理学、学习科学)建立交叉连接，共同开发课程和联合教学。学校应允许教师同时在教育和计算机科学两个学院任职，共同开发和研究计算思维教学项目。这将使计算机科学家和教师教育者合作开发使用计算机和不使用计算机的活动，使职前教师能接触计算思维及其实现。

7.3　计算思维教师培训课程与资源案例

提供在线社区、在线课程，配合研讨会和相关培训教材，是对教师进行计算思维培训的有效手段。

7.3.1　在线课程

在线课程是正在兴起的一种新型教育模式，理应成为计算思维培养的一种重要形式。认识到教师在计算思维课程与实践中的重要性，美国国家科学教师协会开发并在其网站上分享了计算思维工具和资源给当前或未来的教师。谷歌在计算思维探索网站提供了 130 多个与国际教育标准一致的教案和示例程序，收集了利用计算思维概念解决现实世界问题的案例视频，还提供了一门计算思维教师在线课程。

自 2014 年以来，澳大利亚阿德莱德大学的计算机科学教育课题组与谷歌合作，开发了澳大利亚的“数字技术”(Digital Technologies)在线课程，在中小学开始教授计算并明确与澳大利亚课程捆绑。这些资源为教师教育者将计算思维的思想融入具体课程提供了起点，职前教师将在他们的未来课堂继续讲授这些课程。

当前的 MOOC 网站(如中国大学慕课)聚集了许多计算机科学和计算思维相关的课程视频，专业教师可以利用其弥补相应计算知识的不足，进行独立自主的学习，开展专业发展计划。许多开设的计算机科学课程都提供了与其相配套的教师培训在线课程。

7.3.2 英国的计算快速入门系列教程

英国的计算快速入门(QuickStart Computing)系列教程由英国教育部和微软共同资助开发，旨在为 2014 年 9 月推出的中小学计算课程提供免费支持，为所有开展计算教育的教师提供资源、必要的学科知识，为规划、教学和评估所有学生进步提供框架和指导。整个系列教程共三卷。

第一卷是《计算快速入门：小学课程的 CPD 工具包》(*QuickStart Computing: A CPD Toolkit for the Primary Curriculum*)。这是一本为小学教师准备的继续教育手册。这本手册分为三个部分。

(1)计算知识以及经过验证的课堂活动建议。

(2)规划、教学和评估计算课程的建议。

(3)为开展“计算”课程的教师提供继续教育指导。

第二卷是《计算快速入门：中学课程的 CPD 工具包》(*QuickStart Computing: A CPD Toolkit for the Secondary Curriculum*)。这是为中学教师准备的继续教育工具箱，包括开发一门课程所需的工具，帮助中学教师找出教授以计算思维为基础的、具有创造性和创新性的“计算”课程的方法，但不教授学习特定的计算技能。例如，不会教授如何用 Python 编程。它有助于中学教师从旧课程过渡到新课程，制定高质量的工作计划从而教授高质量的计算课程，并决定如何评估、记录和报告计算的进展，以及如何规划 CPD 课程等。

第三卷是 *Subject Knowledge Covering the Transition from Primary to*

Secondary。它大致遵循第一卷的结构，并将主题知识范围扩展到 KS3 计算课程。它还作为《计算快速入门：中学课程的 CPD 工具包》的配套书籍，解决了规划、教学和评估计算等课堂问题。整本手册的知识内容包括计算思维、编程、系统、计算机网络、安全与负责任使用等主题。

从以上分析看出，第一卷和第二卷分别侧重小学和中学，第三卷涵盖从小学到中学的过渡，重点关注中学教师所需的必修课知识。这个辅助工具包分析了计算课程的研究方案，解释了关键概念，为教师提供有效的 CPD，并介绍了可用于制定工作计划和考虑学生进步的工具，以确保以计算思维为基础的创新性课程顺利开展。

7.3.3　谷歌计算思维教师课程

美国的谷歌公司在计算思维推动中起到了非常重要的作用。它不仅一直支持 CS4HS，还开发了免费的"计算思维教师"(Computational Thinking for Educators)在线课程，其课程目标是帮助教师学习计算思维，讲述它与计算机科学的不同之处，以及如何将其融入各学科领域，使教师能更好地理解如何在课堂上强化计算思维。通过这门课程的学习，教师能提高计算思维的认识，探索将计算思维整合到自己所教授的学科，对计算思维整合活动进行实验，并制定将计算思维整合到自己所授课程中的计划。该课程不仅适合计算机科学教师，还适合人文、数学等学科教师。该课程介绍了计算思维的基本要素。

(1) 分解：把数据、过程或问题分解成更小的、易于管理或解决的部分。

(2) 模式识别：观察数据的模式、趋势和规律。

(3) 抽象：识别模式形成背后的一般原理。

(4) 算法开发：为解决某一类问题撰写一系列详细的指令。

课程分为 5 个单元，每个单元的重点分别是：①介绍计算思维，包括什么是计算思维、它在哪里发生、你为什么要关心它、如何应用等。②探索算法，寻找教师自身所在学科领域中的算法示例。说说为什么算法是强大的工具，算法可以用来做什么，并找出对算法实现有用的技术。③寻找模式，探索各种主题中的模式示例，并通过模式识别形成一套独有的、探究问题的流程。④开发算法，将计算过程应用于给定问题，并弄清楚算法如何表达过程或规则。⑤项目实践，应用计算思维，撰写一份将计算思维应用到你的学科中的计划，陈述如何将计算思维整合到你的日常工作和课堂教学中。

每个单元包含适合 4 类教师的混合课程与活动，覆盖人文学科、数学、科学和计算机（信息技术）。课程包含大量的案例（如旅行规划、经典的汉诺塔问题），在实例模拟、程序与练习中学习计算思维的核心要素。

7.3.4 CAS 的《计算思维教师指导手册》

2014 年 9 月，英国开始实施新的计算国家课程。新课程的核心是计算思维及其对 21 世纪学习者所起的作用。因此，计算思维成为教师的常用词汇。2015 年，英国 CAS 发布了《计算思维教师指导手册》。该手册在已有计算思维定义的基础上给出了 CAS 的定义，提出了计算思维的概念框架，重新定义了计算思维包含的核心概念（逻辑推理、抽象、评估、算法思维、分解和概化）、实现计算思维的方法（探究、制造、调试、坚持和合作），以及计算思维相关的技术（反思、编码、设计、分析、应用）。

该手册旨在帮助师生共同理解计算思维的教学，让教师交流、理解和教授与计算思维相关的重要概念、方法和技术，有助于帮助教师确定在计算思维课程中的哪些蕴含计算思维，以及如何将其引入课堂。

该手册也有效补充了 2013 年 11 月（小学）和 2014 年 6 月（中学）发布的两项 CAS 指南，以支持实施新的国家课程，也整合了 CAS Barefoot 和 CAS 《计算快速入门》中的计算思维描述，从而统一英国的计算思维理解，促进计算思维的推广。

7.4 计算思维教师专业发展代表性案例

计算思维作为教师专业发展学习内容很少独立发生，更多的是集成在计算机科学教育等主题中。下面以英国计算教师专业发展、美国 CS10K 教师专业发展、CS4HS 教师培养项目为例分别描述。

7.4.1 英国计算教师专业发展

英国的义务教育中有 50 多万名教师。在中学，新的“计算”课程由现有的 14000 名信息与通信技术教师讲授，这对于他们来说是巨大挑战。

在小学，大约有 20 万名教师，每个教师教授一个班级的所有科目，因此每位小学教师必须也能教授“计算”课程。

英国的教师培训由 CAS 负责。CAS 是一个由英国教育部提供财政支持的基层组织。CAS 建立了 NoE，NoE 选拔和培养了 Master Teacher，这些 Master Teacher 是有经验的且对课程充满激情的一线教师，并有支持他人的热情、精力和愿望。Master Teacher 在主任教师(Head Teacher)的支持下，每周利用一个下午对其所在地区的其他教师进行培训。CAS 开发了一些学习资料，但主要由 Master Teacher 决定如何进行培训。目前，NoE 有 350 名活跃的 Master Teacher。自 2015 年 9 月起，CAS 建立了 10 个大学区域中心，许多计算机科学系或教育学院与其所在区域的 CAS Master Teacher 合作，促进和支持相关的教师参与 CPD 活动。这为教师实施“计算”课程的教学提供支持和培训。与此同时，CAS 提供了继续职业发展资料(计算快速入门系列教程和计算思维工具箱)供教师学习，并提供了在线课程。

7.4.2　美国 CS10K 教师专业发展

美国的 K12 计算机科学教师专业发展受到美国 NSF 资助，其目标是要为 10000 所新高中培养 10000 名计算机科学教师，因此称为 CS10K 计划。整个项目从 2010 年启动，历时 5 年。“探索计算机科学”和“AP 计算机科学原理”是 CS10K 计划资助的两门高中课程，是实现这一举措的基础。这两门课程在美国的开展不断扩大，目标是覆盖 10000 所新高中。

CS10K 社区的目标是配合此计划，使其成为 K12 计算机科学的网上虚拟家园，希望 2015 年为美国高中提供 10000 名计算机科学新教师。CS10K 社区目前已经更名为 CS for All Teachers。其中的小学和中学小组分别为 preK5 和 6～8 年级教师提供论坛，讨论实施计算机科学教学的创新方法；“探索计算机科学”和“AP 计算机科学原理”开发组继续为高中教师服务，分享关于如何让更多的学生参与到计算机科学学习中。

7.4.3　CS4HS 教师培养项目

为了应对本科计算机科学招生报名数量在美国下降的趋势，2006 年，卡内基·梅隆大学开展了高中计算机科学 CS4HS 研讨会。这次研讨会为高中教师提供了课程资料和信息，让他们向学生展示计算机科学的应用与广度，让学生对计算产生兴趣。2007 年，在谷歌的支持下，研讨会又有加利福尼亚大学洛杉矶分校和华盛顿大学加入。2009 年，谷歌正式推出 CS4HS 作为年度计划，为大学和非营利组织提供资金，资助计算机科学教师开展为期多日的研讨会。CS4HS 项目规定，感兴趣的组织均可向项目组提交申请，项目组根据现行审批标准进行审查。2014 年的审批标准包括：申请人必须隶属于大学、技术学院、社区学院或官方的非营利组织；研讨会必须具有明确的计算机科学主题，既可以是面对面模式的传统计划，也可以通过在线形式提供新课程。在整个计划中，CS4HS 支持全球高中和初中计算机科学与计算思维课程，通过谷歌教育集团的资助，许多大学已经为中学计算机科学教师举办了 2～3 天的研讨会。有关计算思维研讨会举例如下。

2012 年 8 月 8～11 日，由 MIT 媒体实验室与谷歌的 CS4HS 计划合作组织了题为“创意计算：培养课堂中的计算思维和计算创造力”的 K12 教师夏季讲习班。该讲习班介绍了 MIT 媒体实验室开发的 Scratch，教授教师如何让学生更轻松地创建交互式故事、游戏、动画和模拟。当学生创建和分享 Scratch 项目时，他们将学习创造性地思考、系统地推理和协同工作，在此过程中帮助学生开发他们的计算思维和计算创作能力。

2017 年 6 月 5 日～7 月 14 日，北爱荷华大学开展了“用 Scratch 介绍编程”课程。该课程适用于教授 3～12 年级的所有学科教师。参与者将学习如何使用 Scratch 进行交互式艺术、动画故事讲述和游戏的开发。该课程将通过在线教材(包括教学视频、实践指导活动和编程作业)进行授课。在课程开设期间通过电子邮件和在线视频聊天提供课程辅导，以帮助开展活动并回答问题。课程由 6 个教学模块组成，需要 20～25 小时才能完成。

7.5　小　　结

计算思维的教师培训是计算思维教育能否在中小学开展的关键。在义务教育中引入计算思维需要给予政策支持，并采取合理的措施来培养教师。美国 NSF 通过资助 CSK10 计划来培训计算机科学中学教师。英国 CAS 提出了一种创新方法来支持新的“计算”课程，经验丰富的教师成为 CAS 的 Master Teacher，这些 Master Teacher 在六个月内接受为期 5～

10天的培训课程，然后负责指导当地社区约40名教师。意大利通过混合培训、研讨班、在线培训和梯级培训等形式培训教师。法国通过由法国信息学院(SIF)领导、法国国家计算机科学与应用数学研究所(INRIA)管理的Class'Code教师培训项目来对教师进行计算思维的专业培训。

文献中讨论的教师培训主要集中在教学方面而不是技术技能方面。其中提到的大多数培训似乎是为所有教师设计的，有时专门针对STEM教师。其中提出的教学方法包括数字化讲故事、解决问题，重点放在计算模型和模拟的演绎与归纳教学法上。通常情况下，培训活动是专门设计的，以便教师更轻松地将他们的新技能迁移到教学中。尽管已有多门计算思维MOOC，但面对面教师培训仍然是重要的。在对在职教师的调查中发现，面对面培训活动配上相应的在线社区，在解决教师的问题方面特别有效。

在职前教师的培训中有四种方法值得学习。第一种方法是Partner4CS职业发展模式，不仅包括暑期学院，还包括后续的课堂支持和在线支持。第二种方法是在为职前教师开设的教育心理学课程中，整合计算思维到解决问题和批判性思维模块。第三种方法包含一系列职前发展干预措施，以帮助教师将计算思维和编程作为教学工具在其学科领域(如音乐、语言艺术、数学和科学)使用。第四种方法中，被培训的教师通过编写伪代码来解决问题，并将该伪代码翻译成某一种程序语言代码。我们需要多角度的方法来培养教师，这是因为目前在计算思维的教师培训中面临许多问题。第一，高中教师专业化。现在很多高中开设了计算机科学课程作为必修课，没有专业化教师则无法完成教育目标。第二，目前教师教育者关于计算思维的大部分努力仅针对计算机科学教师，小学教师也需要一系列计算思维能力。目前许多国家的高中都有计算机科学专业教师，但是在初中和小学却很少。在小学，有必要在教师教育的课程中挤出一些时间，让计算机科学专家讲授基本的计算思维概念和进行一些必要的计算思维实践，而不仅是进行一些软件工具的应用学习。在线课程在一些方面是有争议的，但MOOC是教师专业发展的可能手段，教师不仅不需要离开工作岗位，而且在只要有网络的情况下就可以依据自己的自身情况随时随地地学习。这样在职专业教师可以利用业余时间进行进修学习，配合相应的学习制度，就能够使他们成功地具有讲授计算思维的资质。

第 8 章　计算思维教育的全球化推动

2006 年，周以真在 *Communications of the ACM* 上发表视角观点“计算思维”之后，周以真组织了 2 次计算思维的本质与范畴研讨会，计算思维成为 K12 计算机科学教育推动的重点。计算思维融入美国国家层面的课程改革不断进行，形成声势浩大的推广之势，成立了各种各样的推动组织、联盟和社区，开展了各种培训、活动和竞赛。目前，STEM/STEAM 教育、编程教育、计算机科学教育、机器人教育中都有计算思维的强大身影。

8.1　推动计算思维的政府机构与项目

在美国的影响下，英国、法国等发达国家开始研究计算思维，并进行相应的课程改革，使计算思维融入 K12 课程中。美国、英国、法国等国都曾对过去的 K12 计算机科学相关课程进行检修，发表了相应的报告(表 8-1)，这标志着国家层面已经开始重视计算思维和计算机科学教育。

表 8-1　推动计算思维进入中小学的调查报告

国家	报告名称	发表年份
美国	运行于空洞之上：在数字时代 K12 并未教授计算机科学	2010
英国	关闭或重新启动？计算在英国学校中的前进之路	2012
法国	计算机科学教学——迫在眉睫	2013
欧盟	信息学教育：欧洲不能错过这艘船	2013
中国	《普通高中信息技术课程标准》实施情况调研结果与启示	2014

许多组织参与了计算思维的推广，并设置了相应的项目和活动。首先推动计算思维的重要机构是美国 NSF。2008 年秋，美国 NSF 资助了在亚特兰大召开的 21 世纪精通计算思维研讨会，许多计算机科学家和教育工

作者参加并讨论计算机科学教育的未来。2008 年，美国 NSF 计算机和信息科学与工程部让 NRC 筹备两个研讨会，会议目标是探讨计算思维的本质及其认知和教育意义。第一次研讨会于 2009 年 2 月 19～20 日在华盛顿特区召开，重点讨论计算思维的本质。2010 年 2 月 4～5 日在华盛顿特区举行的第二次研讨会重点讨论了计算思维的教育方面。2010 年，美国 NSF 发布了一个与计算思维相关的连续资助计划 Computing Education for the 21st Century，其目标是促进学习计算的学生多元化，增加愿意从事计算相关行业学生的数量。2012 年的项目指南更明确地提出了 3 个主要资助方向：教育研究、CS10K 计划和扩大参与。美国 NSF 也资助了很多明确研究计算思维的项目，如 Leveraging Thought Leadership for Computational Thinking in the PK-12 Curriculum、The Full Development Implementation Research Study of a Computational Thinking Game for Upper Elementary and Middle School Learners（2015～2019）、Computational Thinking and Physical Computing in Physical Education（2020～2023）等。

美国 CSTA 成立于 2004 年，是支持和促进计算机科学和其他计算学科教学的会员组织。CSTA 以教师为中心，提供 K12 计算机科学课程标准和样例教学材料，也提供了一套计算思维教师资源（与 ISTE 联合开发），包括 K12 教育的计算思维操作性定义、计算思维要素及其学习进度表、九个计算思维学习经验和初、高中计算思维学习案例等。CSTA 还开发了一个计算思维领导力工具箱，是对计算思维教师资源的补充，包括教授计算思维的案例文档，为 K12 机构创建系统性学习资源实施战略指导。CSTA 为美国 K12 计算机科学教师提供了重要支持。

美国 ISTE 是服务于教育者的全球性非营利组织，已经为学生、教师和管理员开发了标准，2009 年曾经与 CSTA 合作开发了计算思维工具包，2016 年出版了计算思维的学生标准、教师标准，之后进行了多次修订。

美国卡内基·梅隆大学在匹兹建立了一个计算思维中心。该中心的科研活动主要采用面向问题的探索（PROBlem-oriented Explorations，PROBE）方式。这些活动将新的计算概念应用到问题解决中，从而展示计算思维的价值；也要避免使用狭隘的问题，寻求一个广泛适用的问题解决方案，如探索最佳肾移植逻辑、如何制造不会滋生耐药病毒的药物等。

英国 BCS 下属的计算学院（Academy of Computing）是一个学习型社

团组织，使命是促进计算知识的创造、研究和应用，造福于社会，推动计算作为一门学科。这个任务是特许信息技术学院(Chartered Institute for IT)皇家宪章的核心组成部分。计算学院致力于发展和支持一个开放、包容的社区，汇集学者、研究人员和专业人士，为确保计算知识在这些领域得到培育而提供一个平台，推动计算科学的成功。为此，2009 年 BCS、微软、谷歌以及英特尔等成立了 CAS，并成为 BCS 下属的计算学院的关键部分。CAS 是一个基层组织，会员有 17000 多人，包括中小学教师、大学教师、考官、工业和职业代表。CAS 的会员资格是免费的，对计算机教育感兴趣的任何人均可加盟。CAS 的主要工作内容包括：①为教师提供教学材料、培训、当地学习中心、交流机会；②作为计算机教师的主体协会；③与其他机构合作设计计算课程和资格考试；④在国家政策层面推广计算机教育。英国大量的有关计算课程改革纲要和学习资料均由其发布。

8.2 基于课程与标准的计算思维推动

计算思维是否融入课程标准将成为一个国家对其重视程度的主要标志。随着计算机科学技术的普及，美国、英国为首的部分发达国家已经对传统计算机科学相关课程进行改革，使其包含计算思维技术；一些国家一直在开展计算机科学教育，正在检查和推动计算思维；相当一部分国家正在进行课程改革，计划将计算思维及其相关概念纳入义务教育。虽然各国课程的名称、所使用的术语以及所采用的理论依据和策略有很大的差异，但是计算思维融入课程的趋势清晰可见。基于计算思维的融入状况，将这些国家分为三类。

8.2.1 已经将计算思维融入课程的国家

美国是最先努力开展计算思维教育的国家。2003 年，ACM 课程委员会 K12 工作组发布《K12 计算机科学示范课程》（第 2 版），其中初步提到了计算思维。2011 年，CSTA Standards Task Force 发布了《K12 计算机科学标准》(2011 修订版)，明确将计算思维作为其中的知识维度，首次提出将计算思维融入 K12 课程的具体方法。2016 年，《K12 计算机科学框架》明确将 K12 计算机科学框架分为核心概念和核心实践，认为计算思维必须通过实践才能最终形成。

2011 年，英国国家课程“计算”将计算思维定位为其核心，并把“计算”课程分为 3 个大的阶段。英国成为欧洲计算思维教育的先行者，是第一个要求在中小学(从 2014 年 9 月起)讲授计算思维和编码的欧洲国家。“计算”课程声称：“高质量的计算教育将使学生能够运用计算思维和创造力来理解和改变世界。”英国的开创性努力不仅针对计算，而且涉及计算思维概念的重新定义，发布了计算思维教师继续教育课程，大大推动了计算思维融入义务教育的进程。

许多国家为使计算机科学教育不落后于美英，依据本国的实际情况，对现有的课程进行迅速调整。

2013 年 7 月 8 日，法国颁布了《重塑共和国教育法》，这为 2015 年的改革提供了大量依据。2015 年 9 月，法国高级课程委员会为幼儿园、小学和中学设计了新课程，明确地包括程序设计，利用图形化、游戏化的软件揭示算法概念，并于 2016 年 9 月正式启动改革。在这种情况下，新的共同核心《知识、技能和文化的共同基础》为所有法国学生完成义务教育奠定了考核基础。在该文件的基础上，第 2、3 和 4 期计划正式推出中小学数字素养课程，并将算法和编程作为课程的一部分，明确把计算思维作为 K12 计算课程的核心。

2014 年，芬兰发布了新的《小学和初中国家核心课程标准》。该标准为算法思维和编程提供了相关指导方针与学习目标，还要求发展解决现实生活问题的能力。从 2016 年秋季开始，在 1 年级的数学和音乐课中将了解算法思维和编程作为必修内容，3 年级开始使用图形化编程软件创建代码，并开始应用到所有科目中。

爱尔兰教育与技能部制定了“学校数字化战略”，为今后五年将信息与通信技术纳入学校的教学、学习和评价提供了一个基本原理与政府行动计划。该战略要求为学生提供更广泛的数字素养定义，计划在爱尔兰小学和初中课程中讲授编码和编程，使每个学习者都有机会学习计算思维、逻辑、批判思维和战略思维等技能以解决问题。爱尔兰计算机学会(ICS)开发了两个计算课程模块：数字媒体和计算思维，于 2012 年 9 月～2013 年 5 月在 45 所爱尔兰学校进行试点。在试点成功的基础上，课程又增加了多媒体讲故事和微处理器模块，将免费提供给学校。

澳大利亚于 2015 年推出新的“技术”(Technologies)课程。该课程将“数字技术”作为一个整体科目，成为 K10 的必修课。在课程中，学生操纵计算机的能力与计算思维所需要的具体知识和技能同样重要。另一个科目“设计与技术”则利用设计思维和技术，为真实的需求设计解决方案。这两个科目都为学生提供了开发设计创造性解决方案的机会，从而发展学生的系统思维、设计思维和计算思维等一系列思维技能，学习如何管理项目，并考虑未来如何使用现在创建的解决方案。该课程主要集中在问题解决和算法上。

2015 年 9 月，瑞典政府给瑞典学校系统布置了一项任务，即提出一项国家信息与通信技术战略，从而加强数字能力和编程。修订中小学教育课程也成为这项工作的一部分。政府明确要求，课程应：①加强学生的数字化能力；②在义务教育阶段引入程序设计。2017 年 3 月，瑞典政府发布了修订后的课程标准，明确提出要培养以编程为特色的数字能力。新课程从 2018 年秋季开始。

2016 年 7 月，新西兰教育部长宣布，从 2018 年起数字技术将全面纳入新西兰课程。数字技术将作为现有 1～13 年级国家课程“技术”的一部分，包括六个主题：算法、数据表示、数字应用、数字设备和基础设施、人类和计算机、编程。

韩国软件教育计划的重点是通过软件发展计算思维、编码技能和创造性表达，并体现在小学、中学和大学各级教育中。小学和初中将面临翻天覆地的变化。从 2018 年开始，这些新课程是必修课。小学教师教授所有科目，并没有单独的信息技术/计算机科学教师。因此，开展小学教师培训将成为这项政策能否成功的关键。

波兰将信息学(在欧洲许多国家，计算机科学也称为信息学)作为学校课程已有 30 多年。波兰于 2008 年在小学 1～3 年级和中学引入信息学，2012 年在小学 4～6 年级和高中推出信息学，2016 年 6 月开始设置独立的信息学课程，2016 年 9 月开始测试，2017 年 9 月开始在所有义务教育阶段授课，这门新课程包括算法思维和编码，并在计算机科学的大旗下重新定位。新课程的主要目标是激励学生应用计算思维，并在各学科中解决问题。

意大利《国家数字学校计划》设定了改善教育数字供给的国家政府议程。该文件明确提到计算思维，将学生从用户转变为技术的生产者，把编程作为训练小学生计算和逻辑思维的一种重要方式，并提出在此过程中采用机器人活动的建议。

在丹麦，计算思维在 K9 中并不是独立科目，在小学和初中整合到了各学科中，主要包括信息技术和媒体技术，以及相应的解决问题和逻辑思维等技能，并不包含所有的计算思维关键特征。目前，10～12 年级将信息学作为一门必修课。

在葡萄牙，计算思维是 ICT 课程(7～8 年级必修课)和信息学课程(10～12 年级选修课)的一部分。2015～2016 年，教育部启动了“第一轮基础教育阶段编程入门”小学试点项目。该项目旨在促进与计算思维、数字素养相关的能力发展，共有 3～4 年级 27800 名学生和约 670 名教师参与，侧重两个主题：计算思维和编程语言。

克罗地亚课程改革开始于 2015 年 2 月。在新的国家课程中，信息学成为各级义务教育(以前在 5～8 年级)的选修课，以及高中两年的必修课。信息学新课程建立在克罗地亚悠久的计算机科学传统之上，分为四大主题：计算思维和编程、信息和数字技术、数字素养和通信以及数字社会。

2016 年 9 月，一个评估中小学教育技术作用的特别专家组向挪威理事会做了汇报。该报告建议对课程进行改革，将“技术和编程”作为必修课，其中包含计算思维。目前，挪威教育和培训局已开始修订整个中小学教育和培训课程，将 143 所初中作为试点，将“编程入门”作为选修课。2019 年开始在高中试点，修订后的课程于 2020 年正式实施。

上述国家为尽早培养学生的计算思维，让他们拥有 21 世纪的核心技能，已经修改原有课程标准，将计算思维融入其中，并开始课程实践。这些课程改革可能受到社会挑战、就业市场需求的推动或者先进国家的影响，促进了国家义务教育的计算思维及相关概念的教学。全面改革方法产生了一个不间断的学习连续体，将计算思维核心概念和技能的发展教授给所有学生。这些改革并不局限于更新课程，还涉及改变教学、学习和评估实践。从总体上看，这些课程都更强调具体的计算思维概念和技能，培养学生的算法思维和编程能力。

8.2.2 一直在开展计算机科学教育的国家

许多国家在第一轮开展计算机科学教育时就坚定地在 K12 阶段一直实施计算机科学教育，教授计算机科学和编程，这可以看作一直在隐式地教授计算思维，但未明确将计算思维作为教育目标，而引入计算思维则仅需要对原有课程重新审视。

在立陶宛，计算机科学称为信息学。2005 年，初中(5～10 年级)的所有课程都进行了修订，将“信息学”更名为“信息技术”，并且是必修的，主要讲授信息技术，包括 6 个知识领域：信息、数字技术、算法和编程、虚拟交流、安全、道德和法律原则。学生在 5 或 6 年级开始学习信息学的基本知识，接触第一门信息技术课，部分学生开始学习 Logo 或 Scratch。9～10 年级介绍信息学学科的基本构成，作为高中所有学生信息学教育的起点，包含：算法的概念，代码的书写方式；编程语言，编译器；算法的准备，编码并运行程序；程序和用户之间的交互；数据的输入和输出，打印格式；算法的主要语句(条件和循环)；最简单的算法及其实现等主题。在高中阶段(11～12 年级)，信息技术是一门选修课，分为基础课程和高级课程，其中高级课程包括数字出版、数据库设计和管理、编程等主题。

以色列在计算机科学教育方面有着悠久的传统，将计算机科学视为一个独立的学科。高中课程包括计算机科学基础 1、计算机科学基础 2、范式、数据结构、理论 5 个单元，计算机科学基础 1 单元和计算机科学基础 2 单元将介绍算法的概念以及如何在编程语言(最初是 Pascal，现在是 Java)中应用它们；范式单元将介绍解决问题算法的不同视角；数据结构单元将专注于数据结构，并作为基础单元的补充；理论单元将向学生介绍本学科的理论方面，并为学生提供包括计算模型在内的备选方案。选择前三个单元的学生通常是对计算机科学这一职业不太感兴趣的学生，而全部选择的学生希望将计算机科学作为一种职业。近年来，以色列为中学(7～9 年级)开设了新计算机科学课程，并在 2016～2017 年启动了小学(4～6 年级)的计算机科学课程。

2012 年，匈牙利的国家核心课程将算法思维作为一种中小学信息技术能力。信息学是 6～12 年级的必修课，目的是教授逻辑思维、算法思维、解决问题。2016 年 10 月，匈牙利政府通过了《数字教育战略》，并提出了将计算思维/编程融入学校教育这一具体目标，还建议从 3 年级开始，将包括编码/程序设计的信息学作为一个独立科目。

在奥地利，中学信息学课程包括建模和抽象等与计算思维有关的概念，并以解决问题为中心，希望学生理解理论基础，知道机器、算法和程序的基本原理。

在斯洛伐克，信息学是目前义务教育阶段的必修课。它在 1985 年列入高中课程，2005 年列入初中课程，2008 年列入小学课程。程序设计一直是这个学科的重要组成部分之一。

虽然这些国家一直在 K12 阶段开展计算机科学教育，但这些国家的计算机科学教育主要集中在高中。这些国家的主要趋势是把计算机科学向下扩展到初中和小学，而且重新检视现有的课程是否以培养计算思维为目标，将培养目标从计算机科学教育转到计算思维教育上来。

8.2.3　计划将计算思维引入课程的国家

计算思维融入中小学已经成为大势所趋，一些国家的教育系统虽然反应较慢，但随着世界潮流的发展，这些国家正在积极准备，试图在未来几年将计算思维纳入国家课程。

新加坡在 2015 年启动了“智慧国家”计划，呼吁儿童从小就接触编程，并付诸行动，其目标是成为一个智慧国家(Smart Nation)。2017 年，教育部推出了一门新课程“计算”。新的教学大纲要求学生发展计算思维和编程技能，创造解决问题的技术解决方案。2017 年，在 12 所中学 3 个年级开始试点，取代现行的 Computer Studies 课程。新课程将着重讲授编程、算法、数据管理和计算机体系结构。目前，“计算”课程在新加坡仍然是选修课，是否开设将由各学校自行决定。

日本正在将计算思维和编程纳入中小学的必修课，并将其视为第四次工业革命所需的关键技能。2016 年，日本的文部科学省宣布，计算机编程于 2020 年将成为小学的必修课，于 2021 年和 2022 年将分别成为初中和高中必修课。

加拿大不列颠哥伦比亚省 2016～2017 学年推出官方重新设计的小学和初中教育课程(K9)。作为“应用设计、技能和技术”科目的一部分，计算思维被整合到 6～8 年级中，主要内容包括体现计算思维的简单算法、问题和数据的可视表示，编程语言的演化，以及可视化编程。2018 年 6 月，《高中课程(10～12 年级)草案》发布，要求 10～12 年级学生分阶段学习计算机编程技能。

2012 年，荷兰皇家艺术与科学学院(KNAW)发布了一份关于中等教育数字素养的报告，其中包含数字素养和计算机科学的一些建议。其中一个建议是计算思维要在新的数字素养课程和修订的信息学课程中发挥核心作用。目前，荷兰高中开设了“信息学”课程，不过是一门选修课，同时在初中和小学教育中没有对应的课程。荷兰学校拥有相当程度的自治，是否引入编程由学校独立决定。

捷克提出了“到 2020 年的数字教育战略”，认为在学生中开展计算思维教育是应重点干预的 3 个优先目标之一，计算思维将为所有学生的未来生活、职业生涯和理解周围世界提供关键数字能力。中小学教育课程文件于 2017 年底发布；于 2018～2019 学年在选定的学校开始试行，2020 年扩大到全国的所有学校。

在巴西，一些私立学校已经通过计算机课程开展计算思维教育；公立学校则略显落后。最近，计算思维教学被列入巴西国家公共课程基础，但不会为计算思维单独设立课程或模块，而是集成到现有课程中。目前，巴西公立学校还处在如何开展计算思维的探讨阶段。

在 2017 年召开的创新非洲(Innovation Africa)会议上，许多非洲国家的教育部门都在讨论如何让他们的学生为第四次工业革命做好准备，并发展 21 世纪的技能以促进经济发展。许多教育部门正试图通过提供数字内容和设备来解决这一问题。MOBE 公司与微软和其他合作伙伴一起在博茨瓦纳建立了数字设备和内容的试点，以培养这些技能。津巴布韦正在推出一门新课程，其中一个主题是互联网通信技术，包括基本的数字素养，以及数字公民和编码技能。加纳最近的课程改革将重点放在信息与通信技术的整合以及新的学科“计算”上，该学科包括信息与通信技术(操作计算机、文字处理、数据库等)以及互联网技能。尼日利亚对互联网技术及其提供的创业机会有着浓厚的兴趣。南非正在开发从幼儿园至 9 年级的机器人和编码课程，以便创造可持续的工业化并跟上世界的步伐，2020 年在南非五个省的 1000 所学校 7～9 年级展开试点。

世界各国正在积极地将计算思维引入教育。根据本国情况，或受到其他发达国家的影响，没有开展计算思维教育的国家也正在酝酿加入计算思维的教育大军。

8.3　正规教育之外的计算思维推动

除了在学校中以正规课程形式推动计算思维，很多社会组织和项目也正在积极推广计算思维，下面主要从推动现状、推动形式、主要组织和倡议三个角度进行阐述。

8.3.1　推动现状

很多国家的正规教育系统在加紧制定课程标准的同时，也在积极开发课程，并在 K12 中进行试点，在中小学开设课程。有明显迹象表明，美国、英国及其他国家的教育部门正在使用各种方法加紧将计算思维、编程、计算、算法思维、计算机科学和编码整合到正规教育中。同时，在地方、国家和国际多个层次上出现了一系列显著的非正规教育来促进计算思维。这些举措填补了社会计算需求、计算思维技能与教育供给之间的差距，并快速影响到全球。作为非正规教育，计算思维不一定采用正规课程形式和内容，而是倾向于培养参与性的技术文化。

正规教育中强调计算思维，弱化编程。但在非正规教育中，许多倡议主要以编码为导向，并大力宣传编码活动可以帮助学习者提高解决问题的能力和人际交往能力，但是计算思维涵盖了更广泛的技能。因此几乎所有的倡议都在向更广泛的视角和方向转变，希望把计算思维和计算机科学全部纳入课外教育。Code.org 虽然以 Code 进行命名，但其重点是所有的计算机科学，而不仅仅是编码。除了 2004 年的 Bebras 挑战赛和 20 世纪 90 年代的不插电计算机科学，现在进行的大多数举措都是从 2011 年以后实施的。大多数计算思维非正规教育活动都在其官方网站上使用各种术语，多数都会提到计算思维、编码/编程、计算机科学或计算机。

从全球来看，非正规教育的推广力度依然很大，每年参与活动的人数都在不断上升。例如，2019 年，“欧盟编码周”(EU Code Week)举办了 7.2 万个活动，80 个国家参与其中，参加人数达 420 万。2020 年，参与 Bebras 挑战赛的国家达到 67 个，2019 年 11 月～2020 年 4 月，全球参加此活动的人数约298万，参与者主要是学生。2020年，全球有5000万人在Code.org网站上学习，试用了“编码1小时”课程。

大部分的非正规教育活动也通过开发课程资料和组织教师培训以希望渗透到正规教育中。CS Unplugged教材和Code.org课程在全球学校都非常流行。一些民间将推动目标放在某个特定群体上。例如，CoderDojo就把注意力集中在让年轻人参与编程俱乐部上，而CAS专注于支持正在实施“计算”课程的英国教师，Code.org提供了自己的计算机科学原理大学先修课程。

接受公共资金的民间组织也依赖行业合作伙伴的支持。例如，谷歌支持Bebras、Code.org和不插电计算机科学，而微软则支持Code.org、CoderDojo和CAS。

8.3.2 推动形式

在正规教育之外，开展计算思维教育的形式多种多样。许多学生在正规教育之外也能通过一些事件与活动接触计算思维，如俱乐部、竞赛、外联活动，或由个别教师和组织举办的活动。在某些情况下，课后组织(如课后俱乐部)开展课程和活动以补充课堂所学习的内容，下面介绍在世界各地向学生介绍计算思维的一些非正式活动。

1. 俱乐部

编程俱乐部正变成培养计算思维与编程的重要组织和力量。通过俱乐部提供学习资源、教授指导和互助学习。其中，CoderDojo和Code Club在短时间内已经发展到许多国家。两家俱乐部向儿童和青少年免费开放，由志愿者建立、领导和运营。这些俱乐部的主要目标是以友好、激励和无条件的方式向儿童教授编程。Code Club还提供现成的项目资料，已被译成多种语言。

除了这些国际的大型活动，也有一些本地活动。例如，瑞典的非营利组织Kodcentrum的目标是在全国设立一些场所，让孩子在志愿者的帮助下定期来学习编程。中国很多中小学也有课余编码社团。

除了公益团体，公司也推出了类似的举措。例如，2014年初，谷歌实施了Google CS First计划，提供了一套线上公益课程，任何一个国家的教师都可以使用。2014 年 6 月，谷歌推出了 Made with Code 计划，目的是让女孩对编码产生兴趣，缩小信息技术领域中男女从业数量上的差异。Code.org 推出了编码学习网站，提供编码和计算思维学习课程，组织“编码 1 小时”活动，并在美国举办计算机科学周活动，以推广编码。

新兴的创客运动与创客空间形式更集中在“做”的方面，却仍然有很多培养编码和创造性的优秀例子，有助于向学生介绍计算思维相关的技能和概念。

2. 竞赛

竞赛成为计算思维与编程的推动力量，学生希望通过竞赛来展示和验证自己的计算思维能力。目前，国际上有竞技型和推广型两种编程竞赛活动。国际奥林匹克信息学竞赛是竞技型的，针对的是有才华的学生。在国内，NOIP 是一种竞技型编程活动。从 1985 年开始，每年由中国计算机学会统一组织，2019 年由于某种原因暂停 1 次，但在 2020 年得到恢复。主要面向对象为初中、高中或其他中等专业学校学生，竞赛分初赛和复赛两阶段。初赛以笔试形式进行，考察通用和实用的计算机科学知识。复赛为程序设计，须在计算机上调试结果。获奖选手可申请参加高校自主招生和保送生考试，经高校测试，可享受高考降分录取或直接保送录取。

推广型编程竞赛活动也非常多，其比赛目标是激励，向学生介绍和推广计算机科学和计算思维，吸引广大学生，希望学生拥有 21 世纪的核心技能。例如，RoboCup Junior 是一项基于项目的教育活动，其目的是使用机器人向儿童介绍编程。意大利奥林匹克竞赛的主要内容是义务教育中的信息学和算法思维，目的是促进儿童尽早从科学的角度看信息学，特别注重方法论，有助于形式化和解决领域问题。学生以团队的形式参加意大利奥林匹克竞赛，每个团队的成员必须男女都有。意大利奥林匹克竞赛首先开展培训活动并进行结业测试，其后是地区赛和国家层面的竞赛，教师参与到整个意大利奥林匹克竞赛中，不仅能获得所有的解决方案，还能在赛后进行评论，这使得学生能够深入问题涵盖的概念中。

Bebras 挑战赛是全球性推广型编程竞赛活动，2004 年在立陶宛创办，Bebras 挑战赛的主要目标是提高学生对计算机科学和计算思维的认识，整个挑战赛按年龄段分组，通过令人鼓舞的任务来激发学生的兴趣。Bebras

挑战赛每年以当地语言在世界各地举办。在年度讲习班期间，竞赛任务通过合作开发而形成，之后，每个国家选择自己的任务集合，并翻译成当地语言进行竞赛。Bebras 挑战赛的主要任务类型是问题解决，不需要任何以往的知识，每个任务活动均能分类到如下的一个或多个组：信息理解能力；算法思维；计算机系统使用；结构、模式和安排；谜题和游戏；ICT 与社会。所有任务都要有说明，介绍它是如何解决的、它为什么是信息学的一部分，这为教师和学生提供一些额外的信息，用以说明给定任务是怎样与计算思维和计算机科学相关的。因此，教师可以使用以前比赛中的有趣任务和学生一起学习计算思维。另一个类似的、与 Bebras 挑战赛紧密相关的竞赛是 Informatics Kangaroo in Italy，其参赛群体是 6～13 年级的学生。

3. 宣传推广

很多组织都有推广计算思维的计划，其目的是吸引广大家长和学校领导者的注意，向儿童和青少年介绍计算思维，并吸引他们学习计算思维。其中，CS Unplugged 和 CS4FN 是非常有影响力的。此外，大学和私人公司也会安排夏令营或冬令营，以及各种以儿童和其家长为目标群体的活动。2013 年的美国“计算机科学教育周”期间，由 Code.org 举办的“编程 1 小时”活动引起了广泛的关注，并推广到很多国家。2014 年 10 月，欧盟首次开展欧洲编码州（EU Code Week）活动，并持续至今。

为推动计算思维融入教育，很多组织和公司开发课程材料，使得教师更容易、更感兴趣地将计算思维引入课堂，这些组织包括 CSTA、ISTE、Code.org 和谷歌等。

Code.org 成立于 2013 年，为提升计算机科学教育的意识做出了重要的贡献，其成员和志愿者通过开发教学材料，首先将计算机科学融入 K9 课堂。2014 年夏季初，Code.org 为小学提供了三个层次的计算机科学课程。首门课面向的是 4～6 岁的儿童，第二门课面向的是 6+岁的初学者，第三门面向的是更有经验的 6+岁的学生。课程采用在线和自学教程相混合的不插电活动。每个级别由大约 20 个单元组成。Code.org 还有一门专为 K8 准备的计算机科学入门课程，此门课介绍计算机科学和编程的核心概念，共 20 学时，包含大量的程序编写资料、不插电活动、以计算思维为焦点的活动。

《计算机科学乐趣》（*Computer Science for Fun*，CS4FN）是一本面向学

校学生的英国校园科学杂志，在英国免费向订阅的学校发行。它由保罗·柯森(Paul Curzon)、彼得·麦考恩(Peter McOwan)和英国伦敦玛丽皇后大学电子工程与计算机科学学院(EECS)的工作人员在EPSRC(Engineering and Physical Sciences Research Council)的支持下出版。该杂志还得到BCS、微软、ARM和英特尔以及EECS的支持。它每年出版两本免费杂志，并有一个关联的网站。CS4FN认为，计算思维是通过研究计算的本质而获得解决问题所需的各种技能集合。它包括大多数学科都需要发展的一些重要技能，如创造力、解释能力和团队合作，还包含一些非常具体的问题解决技巧，如逻辑思维、算法思维和递归思维，这都是关于人的思维。计算机科学在将所有这些技能融合在一起的方式上是独特的。该杂志给出了计算思维以及逻辑思维、算法思维、科学思维、革新思维(Innovative Thinking)的一些案例，并认为逻辑思维、算法思维、革新思维是计算思维的基本要素。CS4FN还有一个专门为教师提供支持的姐妹网站：伦敦计算教学(https://teachinglondoncomputing.org/)，提供活动列表和其他资源、举办免费的讲习班、提供CPD课程，以帮助教师教授计算机课程。

8.3.3　主要组织和倡议

在非正规教育的计算思维推广中，很多组织已经在跨国家的全球性层面进行推广和组织活动，而且多数与编码相关，这可能是由于编码是一个具体的、与基本认知联系密切的学习活动，利用其能充分理解利用程序表达计算解决方案的方法。本节从全球性、国家层和区域层描述非正规教育的组织和倡议情况。

1. 全球性的组织和倡议

Code.org是2013年建立的一个非营利组织，致力于扩大计算机科学的学习人群，增加妇女和少数族裔人士的参与度。目前，全世界共有2.63亿人尝试过“编码1小时”活动，1100万名学生使用了Code Studio。Code.org还与美国学区合作，将计算机编程课程列入K12学生的核心课程，并提供免费的在线教学和学习材料，包括课程计划、在线教程和教师培训。Code.org课程提供50多种语言版本，并在180多个国家/地区使用。

Code Club 是 2012 年创建的、由志愿者领导的、为 9～13 岁儿童服务的免费课外编码俱乐部，这是一个国际性组织。Code Club 认为所有儿童(不管他们是谁，他们来自哪里)都应该有机会学习编码。Code Club 位于学校、社区中心等各种场所，为儿童提供一个安全、有趣的环境来学习数字技能和编码；为小学教师提供培训，以及易于学习的编码项目，帮助儿童通过制作游戏、动画和网站来学习 Scratch、HTML、CSS 和 Python。2020 年，Code Club 在 160 个国家有超过 13000 个俱乐部，每周大约有 18 万人参加活动。

CoderDojo 是由志愿者领导的、为 7～17 岁青少年设计的免费课后俱乐部，在俱乐部中，青少年、家长、导师一起玩技术和学习编码。截至 2020 年 6 月，其会员来自 110 个国家，共建立 2268 个俱乐部，有 58000 多个青少年注册，有 12000 多个志愿者作为导师参与其中。

Bebras 挑战赛是一个国际性竞赛，其目标是向所有年龄段的学生和教师、公众推广计算机科学和计算思维。Bebras 挑战赛在许多国家组织过易于访问和高度激励的在线挑战。比赛时，1～12 年级每两个年级为一组，每位参与者要在 45 分钟内回答 15 个选择题，重点考查计算和逻辑思维。

CS Unplugged 是一个免费的学习活动，通过游戏和谜题教授计算机科学知识与技能。这一举措使儿童不必先学习编码，就能进入计算机科学领域学习。

Made With Code 是谷歌发起的一项运动，旨在吸引女孩学习编码，希望更多的女孩加入高薪的科技行业。它提供资源、鼓励、视频和活动，激发女孩学习编码的热情。

2. 国家层的组织和倡议

EU Code Week 是一个由志愿者组织的基层运动，志愿者作为 Code Week 大使在本国宣传编码。欧盟专员内莉·克罗斯(Neelie Kroes)于 2013 年发起了这一倡议，2015 年就有超过 15 万人参加活动，举办了 4200 场编码活动，2019 年参加人数达 420 万。该活动通常介绍 Scratch、HTML 等基本知识，并尝试制作一些简单的、有意思的程序，如动画、游戏等，还可进行一些小测试等。

European Coding Initiative 汇集各种各样的利益相关人群，在各级教育上促进编码和计算思维。

Barefoot 项目为英国小学教师提供计算课程培训。它赋予教师信心、知识、技能和资源来教授计算机科学，帮助学生学习计算思维。

CAS 的使命是为英国所有在学校参与计算教育的人提供引领和战略指导，重点关注计算课程中的计算机科学主题。

Programamos 是西班牙的一个非营利组织，其目标是从小促进孩子的计算思维发展。目前已经建成一个社交网络，可以交流编程、编码和计算思维的最佳实践、资源与想法。

Code@SG Movement 由新加坡资讯通信发展管理局(IDA)组织，旨在将编码和计算思维教授给学生，提升新加坡的国家能力，并为“智慧国家”做好准备。新加坡的 Computhink 计划于 2015 年 2 月推出，其任务是为所有年龄段的学生提供计算思维和编程教育。目前，7～16 岁的学生能参加计算机编程课程和度假营。

3. 区域层的组织和倡议

CodeNow 成立于 2011 年，服务对象是高中生，使命是为无法获得计算机编程学习机会的学生提供服务，将高中生转变为编码人员、设计师和产品经理，教他们使用软件解决社区中有意义的问题。目前，已经教授了 2000 多名高中生编写代码。

CSNYC 成立于 2013 年，服务对象为 K12 学生，其使命是确保纽约市公立学校的所有学生都能获得高质量的计算机科学教育，使他们走上大学和事业成功的道路。2015 年，CSNYC 与纽约市合作推出 CS for All，这使得 5000 名教师能够在纽约近 250 所小学、初中和高中教授计算机科学。2016 年，CSNYC 发起了 CS for All 联盟。该联盟将跟踪美国全国 K12 学校编码倡议的影响。CS for All 联盟的服务对象是高中，使命是让 K12 学生学习计算机科学，鼓励 K12 学校开展计算机科学教育。该联盟作为全民计算机科学运动的国家中心，致力于使所有 K12 学生获得计算机科学素养，成为他们校内外教育经历中不可或缺的一部分。该联盟有 400 多名成员，提供了近 200 个学习机会，美国有 39 个州和地区参与该联盟。

编码女孩(Girls Who Code)成立于 2012 年，服务对象是美国 6～12 年级女孩，其使命是为美国未来的女性工程师建立通道，为学生和校友提供学习机会，以增强他们的计算机科学技能和信心，探索编码和编程。编码女孩在美国各州都有开展计划。2017 年底，有 40000 名女孩参与其中。

ScriptEd 成立于 2012 年，服务对象为美国高中生，其目标是在资源匮乏学校培养学生的基本编码技能和专业经验，共同释放潜力并创造技术职业机会，在合作学校中开展为期一年的编程基础和高级课程，由软件开发人员组成的志愿者进行教学。在 2015～2016 学年，ScriptEd 在纽约市的 31 所高中开展活动，为 600 多名学生提供了服务。2017 年，ScriptEd 在旧金山实施了一项试点计划。

8.4 以国家为单位的计算思维推动案例

8.4.1 美国

自 2006 年周以真提出计算思维以来，计算思维受到倡议者的追捧，美国学术界、教育界、商界都积极宣传和推动计算思维。

2003 年，ACM 课程委员会 K12 工作组在《K12 计算机科学示范课程》(第 2 版)中初步提到了计算思维，并认为计算思维需要把重点放在实际问题上，需要抽象、分解、迭代和递归等成熟技术，以及理解人类和机器能力。强调计算思维不仅仅是编程，卡内基·梅隆大学已经把其作为本科课程的一部分。

2008 年，许多计算机科学家和教育工作者参加了美国 NSF 资助的、在亚特兰大召开的 21 世纪精通计算思维研讨会，讨论计算机科学教育的未来。普遍认为学生需要跨学科提升计算技能，在全国范围内开发新的高中课程是使学生获得这些技能的重要步骤。在美国 NSF 的大力支持下，计算机科学教育工作者和大学理事会已经开展了计算机科学原理大学先修课程项目。美国 CSTA 和 ACM 等专业组织在支持课程开发、确定计算机科学在高中课程的位置、推广 CS10K 项目等方面发挥了突出的作用。计算机科学教育社区对此项目的支持使得大学理事会将计算机科学原理课程开发成为新的先修课程。

2008 年，美国 NSF 计算机和信息科学与工程部要求 NRC 筹备两个研讨会，探讨计算思维的本质及其认知和教育意义。第一次研讨会于 2009

年 2 月 19～20 日在华盛顿特区召开，侧重计算思维的范畴和本质以及阐明“服务于每一个人的计算思维”意味着什么。该研讨会旨在收集来自计算机科学家、信息技术专家、学科专家的意见和见解。参会的还有熟悉计算思维教育方面的教育研究人员和认知科学家。研讨会参与者提出的问题包括：计算思维的范畴和本质是什么？它与其他思维方式如数学思维、量化推理、科学思维和精通信息技术有什么不同？什么样的问题需要计算思维？有什么计算思维的例子？如果有的话，计算思维如何随着学科而变化？对于科学家以外的人，计算思维的价值是什么？计算思维工具如何提高美国工人的生产率？信息技术在传授计算思维技能方面的作用是什么？计算思维的哪些部分可以在不使用计算机的情况下教授？是否需要使用计算机编程技能？虽然最初的研讨会议程分组进行讨论，每组仅仅讨论上述问题的子集，但研讨会对所有这些问题都提供了有用的见解，综合各位专家的意见后，形成了会议纪要。

2010 年 2 月 4～5 日在华盛顿特区举行的第二次研讨会重点讨论了计算思维教育方面的问题。第二次研讨会旨在收集教育家在与 K12 教师和学生一起解决计算思维问题时的教学投入和发现。第二次研讨会参会者提出的问题如下。

(1) 在 K12 中改进计算思维教育的相关经验教训和最佳实践有哪些？

(2) 计算思维有哪些例子？如果有的话，这些例子在 K12 的不同年级上会有什么不同？

(3) 开发学科计算思维有哪些风险和经验？计算思维的教学环境是什么样的？

(4) K12 中有没有计算思维概念的学习进度表？有没有关于这个进度的标准？

(5) 为了与不同的教师经验水平(如职前、入职和在职)相适应，计算思维应该有什么样的专业发展过程和课堂支持？在教授计算思维时，有什么工具可以支持教师？

(6) 计算思维教育如何与其他科目联系起来？计算思维应该融入其他科目的课堂教学中吗？

(7) 如何评价计算思维的学习？怎样衡量我们有效地教授了计算思维？

参会者在第一次研讨会报告中澄清了他们对于计算思维的解释，第二次研讨会旨在阐明计算思维教学的不同方法。

2011 年，CSTA Standards Task Force 出版了《K12 计算机科学标准》(2011 修订版)，给出了计算思维的基本定义，认为计算思维是一种可用计算机实现的问题解决方法，它利用抽象、递归和迭代等概念来处理和分析数据，创建真实和虚拟的制品，并把它作为计算机科学课程的六大知识主题之一。同年，CSTA 与 ISTE 合作，开发计算思维的操作性定义，并收录在 2014 年 ISTE 出版的《计算思维领导力工具箱》中，《计算思维领导力工具箱》还包括计算思维的核心概念及其学习进度表、促进计算思维的过程模型以及实施策略。

2012 年，NRC 发布了 *A Framework for K12 Science Education: Practices, Crosscutting Concepts, and Core Ideas*（简称《K12 科学教育框架》），其中明确指出将数学和计算思维作为 K12 科学与工程课程的 8 个主要实践之一。该框架认为，在科学中，数学和计算是表示物理变量及其关系的基本工具，用于构建模拟，统计分析数据，以及识别、表达和应用量化关系等一系列任务中。数学和计算方法能预测物理系统的行为，以及对这些预测进行测试。在工程中，用于描述关系和原理的数学与计算表示是设计的一个组成部分。例如，结构工程师通过基于数学的设计分析来计算是否可以忍受预期的使用压力，以及是否可以在可接受的预算内完成。此外，设计模拟为设计开发及其改进提供了有效的测试台。

2016 年，《ISTE 学生标准》明确指出学生应具有计算思维能力，应能开发、运用理解和解决问题的策略，利用技术方法开发和测试解决方案。2016 年，《K12 计算机科学框架》基于已有的计算思维定义和概念，进一步明确了计算思维实践的具体内容。2017 年，美国大学委员会发布的《AP 计算机科学原理框架》已经相对完善，也包含计算思维实践，并基于此框架开发了多套“AP 计算机科学原理”课程，从而利用大学先修课程的方式传播计算思维，使计算思维的传播效率大大提高。

在整个过程中，各种组织不断涌现，推动计算思维融入 K12 教育中。其中，典型的组织包括 Code.org、CodeHS、CS4HS，各种联盟、项目和社区通过课程、活动、教师培训在推动计算思维方面做出了很大的贡献。Code.org 以编码为核心，推广 K12 计算机科学教育。到 2015 年，Code.org 培训了大约 15000 名计算机科学教师，使大约 60 万名以前无法学习计算机编码的学生接触计算思维，其中大部分是女性或少数民族学生。迄今为止，Code.org 已经为 K12 阶段培养了 72000 多名计算机科学教师，开发了从幼儿园到高中阶段的完整课程，这些课程都充分体现了计算思维。

CodeHS 是一个交互式在线学习平台，为幼儿园到 11 年级的每一个年级都开设了课程，并提供了编程指导，从而培养学生的计算思维和解决问题的能力。

美国另一个推动计算思维的大型活动是“计算机科学教育周”。2014 年 12 月 9 日，为庆祝“计算机科学教育周”正式启动，奥巴马编写了一段简单的计算机代码，号召每个人学习编码。2016 年，美国又发布了计算机科学全民计划，计算思维成为其推动的核心内容。

美国的计算思维发展在多项活动的推进下不断前进，注重教育公平，特别关注计算思维参与比例低的群体，希望他们同样具有获得高薪的机会。计算思维结合计算机科学教育将进一步扩大其在普通人群中的影响力，同时希望为 K12 人群提供丰富的课程资源、网站资源以及参与机会。

8.4.2　英国

随着计算设备的普及，越来越多的英国 K12 学生在日常生活中就能接触计算机和软件，但英国中小学 ICT 课程依然单纯教授应用软件的使用，导致学生兴趣下降、选修人数下降，同时，英国 ICT 课程越来越受到学术界、产业界等方面的质疑与批评。从 2006 年开始，英国信息技术教育研究者就试图在 ICT 课程中加强计算机科学教育。2009 年，BCS、微软、谷歌以及英特尔等成立了 CAS，同年发布了《中小学计算机科学：英国的现状》报告，认为信息技术教育在英国已经过时。2010 年 8 月，英国皇家学会开展了为期 18 个月的“学校计算教学方法”项目，其主要目标是探讨如何在 K12 中教授计算思维。2012 年 1 月，英国皇家学会发布了《关闭或重新启动？计算在美国学校中的前进之路》(*Shut Down or Restart? The Way Forward for Computing in UK Schools*) 报告，正式拉开了课程改革的序幕。2012 年 3 月，英国教育部宣布终止 ICT 课程国家学习计划，学校自行设计课程。同年，CAS 发布了《计算机科学和信息技术的课程框架》。2013 年 2 月，英国教育部公布了《计算学习计划一到四学段》(*Computing Programmes of Study for Key Stages 1-4*)。2013 年 9 月，英国教育部正式公布了《计算课程学习计划草案》，2014 年 9 月开始在英国中学正式实施“计算”课程。

CAS 为“计算”课程已经开发了两本指南：《国家课程中的计算：小学教师指南》和《国家课程中的计算：中学教师指南》。这两本指南主要由基层 K12 教师、信息技术专业人员和大学学者合作开发，讨论了 2014 年 9 月开始在英国中小学实施学习“计算”的新计划，并对“计算”课程的规划、教学和评估提供了支撑。为了确保顺利实施所需的课程，CAS 也将提供相应的资质认证。

计算思维是计算课程的核心，为帮助教师了解学校的计算思维教学，CAS 于 2015 年 8 月发布了《计算思维教师指导手册》。它提出了计算思维的概念框架，描述了教学方法，并提供了评估指南，整合了 Barefoot 和 QuickStart Computing 对计算思维的描述，也支持计算思维在其他课程领域的学习和思考。

为提升“计算”课程教师的教学水平，CAS 还开发了教师继续教育项目，如 Barefoot 和 QuickStart Computing。2015 年，CAS 发布了两个教师指南：《计算快速入门：小学课程的 CPD 工具包》和《计算快速入门：中学课程的 CPD 工具包》，希望缩小学科知识差距。同时结合 NoE 的倡议，使得区域中心和 Master Teacher 的方法更加有效。然而，在中学阶段，教师专业发展方面的学科知识毫无疑问地集中在教授 GCSE 和 A-Level 计算或计算机科学教育的前两个阶段，很少用来帮助教师应对第三阶段课程的挑战。因此，2017 年，CAS 发布了 *Computing: Key Stage 3 Subject Knowledge Covering the Transition from Primary to Secondary*。

英国还有很多组织也参与了计算思维的培养工作，如 Barefoot 社区、CS4FN、CS Inside、Digital Schoolhouse、Teaching London Computing 等，并提供了相应的教师培养计划。

8.4.3　中国

2007 年 11 月，王飞跃院士等将周以真发表在 *Communications of the ACM* 上的视角观点“计算思维”翻译成中文，并发表在《中国计算机学会通讯》上，以扩大计算思维在中国的影响，同期还撰文《计算思维与计算文化》论述了自己的看法，认为计算思维应把基础和核心建立在经验、实证和教育之上，应关注方法、实践和实效，并开始在国内倡导计算思维教育，引起了广泛的社会关注。

2008 年 10 月 31 日～11 月 2 日，我国高等学校计算机教育研究会在桂林召开了一次关于“计算思维与计算机导论”的专题学术研讨会，探讨了科学思维与科学方法在计算机学科教学创新中的作用。来自全国 80 多所高校，包括 70 多位计算机学院院长、主管教学副院长在内的近百名专家出席了会议。根据计算思维领域的研究以及它在科技创新与教育教学中的重要作用，探讨在教学过程中如何以课程为载体讲授面向学科的思维方法，以共同促进国家科学与教育事业的进步。会议收录了计算思维相关的论文 50 余篇，由国家核心刊物《计算机科学》出版其中的优秀会议论文。2008 年 12 月 2 日，暨南大学计算机科学系何明昕副教授做了题为“学习与计算思维”的讲座。

2009 年 7 月 26 日，中国工程院院士、中国科学院计算技术研究所所长李国杰在 NOI2009 开幕式和 NOI25 周年纪念会上的讲话提到，计算思维是运用计算机科学的基础概念去求解问题、设计系统和理解人类的行为，它选择合适的方式去陈述一个问题、建模，并用最有效的方法实现问题求解。有了计算机，我们就能用自己的智慧去解决那些计算时代之前不敢尝试的问题。同年 11 月 9 日，在“中国信息技术已到转变发展模式关键时刻”一文中，李国杰在展望未来信息技术的发展前景时进一步指出：“20 世纪后半叶是以信息技术发明和技术创新为标志的时代，预计 21 世纪上半叶将兴起一场以高性能计算和仿真、网络科学、智能科学、计算思维为特征的信息科学革命，信息科学的突破可能会使 21 世纪下半叶出现一场新的信息技术革命。”2009 年 12 月 27 日，中国计算机学会青年计算机科技论坛哈尔滨分论坛（YOCSE 哈尔滨）与哈尔滨工业大学计算机科学与技术学院青年沙龙共同举办了计算思维专题论坛。哈尔滨工业大学计算机学院副院长王亚东教授做了题为“计算与计算思维”的报告。报告首先从科学技术发展的角度出发，讲述了各种计算思维已经和即将对各门学科产生的影响，然后谈到应该在计算机专业的各门课程中渗透计算思维的设想，最后号召大家总结各类计算思维，以及它们与各门课程、日常生活及其他学科的关系。

2010 年 3 月 8～9 日，中国科学院计算技术研究所召开 2010 年春季战略规划研讨会，常务副所长孙凝晖代表所务会做了中国科学院计算技术研究所“十二五”规划的报告。他在报告中指出，信息社会经历了模拟时代、数字社会后，即将进入泛在社会，并将逐渐演变到人、机、物共生的、无处不在的信息网络世界。中国科学院计算技术研究所要抓住信息技术领域未来 10～15 年的机遇期，巩固已有的良好基础，应对长期存在的多样性挑战，找准“国”字当头的核心使命，在计算思维的定位中寻找方向，努力确立中国科学院计算技术研究所在国家创新体系中的地位。

2010 年 7 月，清华大学、西安交通大学等 9 所高校在西安召开了首届“九校联盟(C9)计算机基础课程研讨会”。会后发表了《九校联盟(C9)计算机基础教学发展战略联合声明》，声明中强调：①计算机基础教学是培养大学生综合素质和创新能力不可或缺的重要环节，是培养复合型创新人才的重要组成部分；②旗帜鲜明地把计算思维能力的培养作为计算机基础教学的核心任务；③进一步确立计算机基础教学的基础地位，加强队伍和机制建设；④加强以计算思维能力培养为核心的计算机基础教学课程体系和教学内容的研究。这标志着国内高校对如何运用计算思维作为计算机教学改革已经达成一致意见。

2012 年 1 月 30 日～2 月 3 日，教育部高等学校计算机科学与技术专业教学指导分委员会联合全国高等学校计算机教育研究会和中国计算机学会教育专业委员会召开了一次主任(理事长)扩大会议，就计算思维等多个问题进行了研究，形成了“积极研究和推进计算思维能力的培养”的基本意见。

2012 年 7 月 17～18 日，由教育部高等学校计算机基础课程教学指导委员会主办的第一届计算思维与大学计算机课程教学改革研讨会在西安举办，围绕计算思维有哪些基本的组成部分、这些基本组成部分的特征和表现是什么、这些组成部分如何在计算机课程中讲授、相应的课程体系和课程教学内容如何设计、教学方法如何改进等问题展开了讨论。

在对计算思维进行了长达 5 年的跟踪研究和教学实践的基础上，为快速推进改革，2012 年 11 月 22 日，教育部高等教育司发布了《关于公布大学计算机课程改革项目名单的通知》(教高司函〔2012〕188 号)，设立了 22 项以计算思维为切入点的大学计算机课程改革项目。

2013 年 5 月中旬，教育部高等学校大学计算机课程教学指导委员会的新老两届主任和副主任共聚深圳，就进一步推动项目进展，在高校计算机教育中加强计算思维的研究和教育进行了深入的讨论，并在此发表旨在大力推进以计算思维为切入点的计算机教学改革宣言。宣言认为:“计算机科学最具有基础性和长期性的思想是计算思维，到了 2050 年，每一个地球上的公民都应该具备计算思维的能力。”宣言提出了本轮教学改革的目标：①从理论层面研究计算思维的内涵、表达形式，以及对大学计算机教学的影响；②从系统层面科学规划大学计算机课程的知识结构和课程体系；③从操作层面将大学计算机课程建设成为培养学生多元化思维之一的计算思维能力的有效途径，并建设一批适用的教学资源；④从实践层面推动一批高校按照不同层次培养目标、不同专业应用需求开展大学计算机课程的改革探索。宣言还提出了本轮教学改革所面临的最大挑战就是构建培养计算思维能力的教学体系，需要解决计算思维的基本内容如何表达问题，清楚地描述计算思维相关的知识内容及其之间的关系，把有关计算思维的相关思维特征和方法分解到具体的教学内容之中。

2013 年 7 月 30～31 日，第二届全国计算思维与大学计算机课程教学改革研讨会在哈尔滨成功举办。来自全国 120 多所高校分管计算机基础课程教学的院长、主任及骨干教师共计 360 余名代表参加了该会议，解读了《计算思维教学改革白皮书(征求意见稿)》，提出了计算思维的表达体系，并研究了大学计算机课程教学体系与计算思维核心概念的对应关系。

2014 年 4 月 25 日，中国计算机学会青年计算机科技论坛(CCF YOCSEF)社会科学中的计算思维报告会在北京召开。来自全国学术界、企业界的 100 余人参加该报告会，会议再一次强调计算思维的重要性。

2015 年 6 月 27 日，中国计算机学会深圳会员活动中心在哈尔滨工业大学深圳研究生院成功举办了计算思维教育研讨会。陈国良教授做了“计算思维：大学计算教育的振兴，科学工程研究的创新”的专题报告，讲解了计算思维的实例、特征以及对其他学科的影响，重点阐述了计算思维对振兴大学计算机教育的重要性，以及推广计算思维教育促进科学与工程领域的革命性创新的必要性。王轩教授做了题为“浅谈计算思维方法及其应用”的报告，介绍了思维、科学思维以及计算的概念；从物质空间、意识空间和信息空间的关系分析了影响思维的基本因素，从而进一步分析了计算思维提出的背景、原因以及影响，从计算思维的角度生动形象地解释了为什么会出现云计算、大数据、智慧地球、车联网、智能家居、微博、微信等深刻影响人类社会和人们生活方式的信息技术。王轩教授最后强调计算思维渗透到每个人的工作和生活里，对人们的生活产生着深刻的影响，未来还将创造一系列新的生活方式。

2016 年 1 月 9 日，中国计算机学会中小学计算机基础教育发展委员会在北京召开首次研讨会。会议邀请高校和中学的教师代表对国内计算机基础教育的现状和存在的问题进行了深入探讨。与会专家一致认为，现在的中小学计算机教育只注重软件应用和技术操作，忽视了计算思维和编程能力的培养，导致中小学很难向高校输送具备计算机基本素质的人才。

2017 年 7 月 24～26 日，第六届计算思维与大学计算机课程教学改革研讨会在成都召开，重点交流以计算思维为切入点的教学改革经验。

2017 年，北京师范大学与 Bebras 开始在中国开展计算思维教育的本土化工作，开展各种吸引中小学参与的计算思维竞赛活动。

2017 年，我国发布了《新一代人工智能发展规划》，依然强调编程教育，同时许多学者和推广人工智能与编程的人员依然将计算思维作为人工智能与编程教育的核心。

总体上看，国内外对计算思维的认识以及如何进行计算思维能力的培养还处于初级阶段，很多问题还有待进一步的研究和实践。从国际发展对中国计算思维推动的启示来看，国内应加强计算思维的实证研究，加深对计算思维理论的研究。

8.5 小　　结

从全球来看，各个国家都对计算思维教育产生了浓厚的兴趣。从国家层面上看，美国、英国等国纷纷重新设计课程，形成新的课程体系。中国重点改革了高中信息技术课程。从企业和非营利组织来看，以在计算思维的旗帜下推广编码为主，形成了形形色色的编码俱乐部，Bebras 等将竞赛主题改为计算思维。在全球的努力下，计算思维正在形成合力而不断发展。

但从总体上，在推动过程中，编码、编程、计算机科学的声浪要高于计算思维。人们普遍认为，计算思维是它们的本质，编码、编程、计算机科学可以培养计算思维，计算思维的培养路径呈现多元化趋势。其中，编码是声浪最高的。宣传者将其宣传为人人可学，而国内又将其翻译成编程，以体现其高大上的品质，因此在国内也受到资本与市场的追捧和推广。

第9章　计算思维与教育的未来

自从计算思维提出以来，仅仅经过十几年的时间，K12计算机科学教育领域发生了翻天覆地的变化，而且计算思维被认为是创客教育、STEM/STEAM教育的核心技能，但仍然存在诸多问题。本章将分析计算思维的共识、争议及发展趋势。

9.1　计算思维的成绩与共识

经过十多年的计算思维研究与实践，计算思维的倡导者和研究者逐渐在如下方面达成共识。

1. 计算思维是21世纪的核心素养

计算思维作为利用计算机解决问题的重要手段，计算机超强的计算能力和准确性为科学研究和应用提供了新的思路，计算因此成为除理论、实验之外的第三大科学支柱。计算思维作为利用计算机解决问题的思维过程抽象，不仅是数学思维的延伸，而且以新的方式支持数学、物理、化学等学科的发展，成为科学发展道路上的新型推动力量，计算已经深入我们的生活，与生活融为一体，每一个人最终都会与计算相连接并与之互动，对计算的充分利用成为21世纪每一个人都应具备的基本技能。

2. 计算思维成为三大科学思维之一

计算思维成为与理论思维、实验思维相并列的思维方式。很多批评计算思维的论文也不否认计算的作用。计算已经和各个学科结合，成为物理、化学、生物、社会诸多学科中的一种新型思维方式，出现计算物理、计算化学、计算生物学、计算经济学、计算社会学等新的课程和研究领域，使计算成为“做科学”的新方式，计算已经使得很多危险(如核试验)和传统方式无法实现的内容(如碱基对匹配)通过仿真和模拟成为可能，计算成为STEM学科的新生支持力量，计算思维也正强力支持着当前人工智能的发展。

3. 实践是计算思维学习不可或缺的环节

从目前来看，计算思维的学习方式呈现出多种多样、百家争鸣的局面，有不插电活动、开发与设计游戏、教育机器人、编程等多种教学方式，甚至也有专家学者利用玩游戏、语文、艺术、英语等课程的知识点来学习计算思维，但这些方式是否都能促进计算思维学习还是有争议的。

尽管研究者就使用什么工具教授计算思维没有形成广泛共识，但在Brennan 和 Resnick(2012)将计算思维的学习过程分为计算思维概念、计算思维实践、计算思维意识三个阶段后，这一学习过程得到了业内同行的认可，正逐渐成为业内的基本共识。美国的《K12 计算机科学框架》将计算机科学的学习分为计算概念和计算思维实践两个环节，强调了计算思维实践的重要作用，充分肯定计算思维实践的重要意义，也间接说明了计算思维是一种实践技能。如果想要学习计算思维，就需要学习计算概念并进行计算思维实践，这也区别了一些不需要计算概念的计算思维实践和不需要进行计算思维实践的计算概念的教学方法，计算思维实践是计算思维获得的必由之路。

4. 搁置计算思维的内涵争议，积极展开教与学的实践

目前，尽管研究者在什么是计算思维方面有很大争议，但普遍认为计算思维教育实践是必不可少的。大量的计算思维课程实践、教与学的实践纷纷进行。各国纷纷修改计算机科学教育标准，将计算思维作为一种重要课程目标而明确写入标准，并基于此标准开发课程，如英国的“计算”、美国的“探索计算机科学”“AP 计算机科学原理”，这些课程都已经全面开展了教学实践。

各种非营利组织和项目也将计算思维纳入其中，声称编码的目标是培养计算思维，强调编码学习的过程就是获得计算思维的过程，并认为在此过程中通过思考、探究、制作、调试就能隐式习得计算思维。

5. 将计算思维的教与学融入中小学

2010 年，美国率先将计算思维融入 K12 课程标准中，将计算思维实践写入《K12 计算机科学框架》；2012 年，英国修改原课程标准，明确将计算思维融入中小学课程，将课程更名为“计算”，并从小学 1 年级开

始将其作为必修课在英国实施。2018 年，中国也正式发布了新的《普通高中信息技术课程标准》，明确提出教授计算思维。全球都在实施将计算思维融入中小学的计划。一些创客教育、STEM 教育、人工智能教育的研究者也将计算思维作为其核心素养来培养，计算思维正在中小学得到推广。

6. 计算思维教育中存在不公平性

很多学者研究认为，美国的计算思维教育是不公平的。有色人种和少数族群、女孩等参与计算思维学习的比例低于平均水平，这确实是一个普遍的问题。美国先后实施了 CS10K 计划、计算机科学教育全民计划、“计算机科学周”等项目和活动，非营利组织 Code.org 正在组织全球规模的活动，比较有特色的活动是“编码 1 小时”，且 2014 年美国总统奥巴马参加了这个活动。之后，各种编码俱乐部纷纷成立，世界各国纷纷响应，以希望解决这种“不公平”问题。

9.2　计算思维发展面临的问题和挑战

从文献的视角来看，研究者和倡导者对计算思维的定义、内涵和范畴的理解是千姿百态的，也经常将计算思维、计算机科学、计算、编程、编码混为一谈，计算思维的教学工具、评价方法也是多种多样的，造成了计算思维研究的混乱。因此，计算思维的研究面临许多问题和挑战。

9.2.1　计算思维的定义和内涵还存在争议

计算思维的学习和推动开始于 2006 年。在这个视角观点中，周以真教授提出并阐述了计算思维的概念和含义，引起了全球性的反响和持续思考。但是由于定义的模糊性，也引起了广泛的争议。2009 年，美国 NSF 组织了计算思维的本质与范畴研讨会，从会议纪要来看，计算教育界很难就计算思维定义、范畴和内涵达成共识。尽管许多倡导者雄心勃勃、广泛宣传，但计算思维的多重视角造成无法确定计算思维到底应该教什么，以及如何评估学生的计算思维掌握程度。

为此，2011 年，CSTA 联合 ISTE 进行了调查和研究，首先给出了计算思维的操作性定义，并通过调查分析列举出了构成计算思维的九大要素，但这并没有阻止对其的争论。很多组织和研究者提出了自己的计算思维要素。作为计算思维主要而有影响力的批评者，丹宁在 2009 年发表了《超越计算思维》一文。他认为，计算科学(Computational Science)不被看作源自计算机科学的概念，而是作为一个源自科学本身的概念，是一种新的科学。计算思维被看作是这种科学方式的特征，不被看作是计算机科学的特征。周以真认为，计算思维要利用计算机科学的基本概念，像计算机科学家一样思考，可以推断出周以真认为计算思维和计算机科学具有明确的关系。2017 年，丹宁在 *Communications of the ACM* 上发表《计算思维还存在的问题》一文，强调计算思维的定义仍然是模糊的，并认为计算思维一味地强调使用抽象、分解、数据表示等核心技术，而忽略使用这些技术的目的——建立模型。阿尔弗雷德 · 阿霍(Alfred Aho)也提出计算思维不包含模型是有问题的，通过抽象建立模型是计算机科学的本质。2018 年，奥斯曼 · 亚萨尔(Osman Yasar)提出了计算思维的新视角，认为抽象、分解、建模是一种科学上通用的技能，目前与认知功能产生共鸣的计算思维技能只有抽象和分解，其余的技能均依赖设备。

计算思维的抽象定义为计算思维的课程和教学带来了困扰，导致对计算思维产生了不同的解读。可喜的是，虽然人们对计算思维的定义依然持有不同意见，但在如何开展计算思维教育方面正逐渐达成共识——通过计算思维概念到计算思维实践这一路径获取计算思维。目前，基于计算思维的计算机科学标准不断涌现，都采用了这种观念并开发教程，也许经过几年的实践会使人们对如何讲授计算思维有更清晰的认识，而不再纠结于计算思维的抽象定义本身。

9.2.2 如何评价计算思维存在分歧

人们对如何评价计算思维有着广泛的分歧，出现机器人、玩游戏、开发与设计游戏、不插电活动、跨学科等多种教学与评价方式，而且目前仍然层出不穷。这些计算思维评价有些依据自己提出的概念或标准，有些依据是否使用抽象、分解等计算思维要素……但通过上述评价的学习者最终有多少真正掌握了计算思维？能像计算机科学家一样思考了吗？这是值得商榷的。

计算思维定义的模糊性给其评价留下了无限的空间。但像计算机科学家一样思考的路是蜿蜒曲折的，分阶段逐步完成学习、分阶段评价不是新的思想。目前著名且实用的模型是20世纪70年代由斯图亚特·德雷福斯(Stuart Dregfus)和休伯特·德雷福斯(Hubert Dreyfus)创建的框架，任何领域的实践者发展要经历六个阶段：初级新手、高级新手、胜任者、精通者、专家和大师。成为大师需要时间、实践和经验。目前来看，各K12标准和框架都定义了计算思维，并给出了计算思维实践的层次目标，为计算思维课程的设计奠定了基础，使得计算思维的评价不再过于草率。但是，如何设计出合理的计算思维成长之路与层级评价成为关键。

目前评价计算思维的方式也是多种多样的，有的利用问卷、有的利用测试、有的通过计算制品的代码来分析、有的通过计算制品制作后的访谈来评价……越来越多的学者认为计算思维是一种技能，通过问题解决、数字制品的评价越来越得到支持。美国的"AP计算机科学原理"考试中，通过卷面考试和将计算制品的相关内容做成视频的方式是一种比较有创意的评价方式。实际上，有时不进行计算制品开发，合理地将问题解决方案写于纸上也能反映出人的计算思维能力，而不一定就需要制作出计算制品，例如，作为计算机科学专业的博士生导师也不一定会使用指导学生所用的编程语言，但是能凭借计算思维直觉指导学生完成计算制品的开发，并对计算问题进行解决。因此，如何评价计算思维仍然是一个值得研究的问题。但有一点是确定的，计算思维评价的着眼点应落于解决实际问题。仅仅谈对概念的理解而不谈对计算概念的应用所形成的问题解决方法是行不通的。

9.2.3 夸大的主张与实施中的狭隘

周以真认为，计算思维是"像计算机科学家一样思考的简称"。计算机科学家拥有专业化的计算机科学知识，且需要经过10年、20年的专业学习和实践才成为真正的计算机科学家，因此要计算机科学领域外的人像计算机科学家一样思考是困难的，是被放大的主张，也许仅有少数人能达到。

在计算思维的教学实践中，很多研究者利用Scratch、App Inventor、机器人、玩游戏来教授计算思维，并且认为通过利用这些工具，被试者最终掌握了计算思维。这些被试者达到的水平和周以真的定义相差甚远。在社会实践中，很多倡议和组织，如Code.org和EU Code Week，都在大力宣传编码，学习编码，以此来学习计算思维，计算思维成为编程的外衣，在计算思维的伪装下学习编码，而周以真则表示，计算思维是概念化的，不是编程，更谈不上编码。编码教育不属于计算思维教育的核心，更不能让编程教育等同于计算思维教育。因此，在计算思维推广的实践中，编码和编程拉低了计算思维的本来高贵的倡议，体现出实施中的狭隘性。

9.2.4 计算思维的本质应包含、但未涉及计算模型

作为计算机科学领域的工作者，模型是非常重要而典型的思维内容。模型也是计算机科学理论中的重要概念。模型随处可见，如网络体系结构模型、B/S模型、用户案例模型、时序图模型，如此重要的概念虽然在2009年的计算思维范畴的讨论中作为计算思维的要素，但在后续的计算思维研究中很少提及。

在对计算思维的讨论中，阿尔弗雷德·阿霍(Alfred Aho)明确指出，计算思维是相对于计算模型而设计的，当我们利用计算机解决问题时，不可避免地要考虑计算模型，如利用模拟退火模型、遗传算法模型完成随机化的问题求解，计算流体动力学使用基于网格的斯托克斯方程模拟，计算生物学使用字符串匹配来筛选基因组数据。计算思维倡议者应该清楚计算步骤和算法与模型的关系，模型也具有不同的层次，如面向对象软件开发中使用的模型是面向目标问题解决的中间步骤，这些模型可以更容易地映射到计算机程序，但又独立于计算机程序，这种设计方法和思维是复杂系统不可或缺的，但计算思维又无法脱离计算机而独立存在，如果缺少自动计算的基石，很多看似可行的方法将毫无意义，特别是当今的大数据形态下，没有自动计算，其模型将是毫无意义的。缺少计算模型与机器行为的关系认识将夸大计算思维的应用，计算模型应成为计算思维关注的重点。

9.3 计算思维的未来发展

计算思维的一切问题都源于计算思维定义和内涵解释的模糊性，其模糊性直接导致了课程、教学内容、教学方式、评价的不确定性，给研究者留足了研究的空间，过分夸大或缩小计算思维的范围和作用都不利于计算

思维的教与学，特别是计算思维的跨学科特性使得计算思维的内涵解释更加复杂且困难。因此，计算思维应该赋予更好的、更明确的定义，计算思维范畴的研究应回到计算学科或计算机科学中来。毕竟计算思维的提出者明确指出，计算思维是像计算机科学一样思考的简称，计算思维的本质还是利用计算机科学中的概念解决问题，这是无可争议的。周以真自己也承认，在宣传的初期附带了某种夸张的成分，但计算机科学教育的普及是有目共睹的。因此，周以真提出计算思维的目的还是促进计算机科学的普及。避免计算的狭隘观点，正确认识计算思维、计算机科学、编程和编码的关系，使得学习者知道自己所处的位置，这都是非常重要的。编码作为将已有思想转化为程序代码的过程，是这四个概念中范畴最小的概念，甚至不被周以真教授看作计算思维的一部分，但当前它却是计算机科学教育推广中口号最响亮的，如各种俱乐部的名称和口号都包含“编码”一词，这需要计算思维的倡议者回到以计算思维为中心的认识上来。

计算思维的研究者也应正本清源，避免一味的倡议和主张，回归科学理性，注重计算思维和计算机科学的历史研究，正确理解计算思维提出的目标和希望。计算思维的研究者应回归计算机科学领域，萃取体现计算思维的计算机科学核心知识和实践，组成由计算机科学专家、教育专家和中小学教育实践者构成的核心团队，才能开发出适合中小学计算思维教育的课程资源和实践。

同时也应清醒地认识到，简短的几节课或初级(或玩具级)编程工具的学习无法成为计算思想家，计算机科学家需要多年的专业锤炼和实践。因此，掌握一定层次的计算思维需要系统化的学习和训练，但可以先入门，再边学习、边提升，所以当前的多数计算思维课更应属于利用计算机来自动化解决问题的入门，而不是说一学习就完全掌握了计算思维。

如今，包括美国、英国在内的世界各国纷纷进行了课程改革，淘汰了之前一直流行的 ICT 课程，并将计算机科学课程下沉到 K12 中，这是很好的开始。学者也不再纠结计算思维是什么，而是踏踏实实地以利用自动计算解决问题为目标，不断改革，终将实现周以真当时提出的目标。如果计算思维回归为计算机科学教育，那么 K12 将是计算机科学的奠基和起步阶段，这样计算思维就会化为宣传计算机科学教育的口号。

如果计算思维像计算素养、信息素养、步骤化思维、算法思维等具有更明确的意义和教学内容，而不是笼统的像计算机科学家一样思考，计算思维的提法也可能成为历史，毕竟研究和教育的车轮滚滚向前。

如果计算机科学能在 K12 中成功着陆，它就能像数学、语文、外语、地理、生物等科目一样，成为基础教育中的一门基本原理科目，那么计算思维的倡议也许就不再引人注目，计算思维也将归于平凡，就像在现行的中小学教育体制中数学、物理、化学是必修课，虽然数学思维、物理思维、化学思维非常重要，但倡议数学思维、物理思维、化学思维等学科思维的声浪是微弱的，因为按部就班地学习相应的学科知识并进行相应的学科实践就会被认为是在学习并能获得这些思维。从这个意义上讲，当计算机科学真正作为必修课进入 K12 教育之时，计算思维也就会变得平淡无奇了。

但从目前来看，计算机科学对 K12 教育的重要性能像数学、语文、物理等科目一样得到教育界普遍认同并赋予其同样的地位，还有很长的路要走，同样，计算思维的认识统一也有很长的路要走，但应坚信计算思维与计算机科学融入 K12 是历史发展的必然。

参 考 文 献

陈国良, 董荣胜, 2013. 计算思维的表述体系[J]. 中国大学教学, (12): 22-26.

蒋宗礼, 赵一夫, 2005. 谈高水平计算机人才的培养[J]. 中国大学教学, 9: 24-27.

教育部高等学校大学计算机课程教学指导委员会, 2013. 计算思维教学改革宣言[J]. 中国大学教学, (7): 7-10.

杨开城, 2005. 以学习活动为中心的教学设计理论[M]. 北京: 电子工业出版社.

朱珂, 贾彦玲, 冯冬雪, 2019. 欧洲义务教育阶段发展计算思维的理论与实践研究[J]. 电化教育研究, 40(9): 89-96, 121.

AHAMED S I, BRYLOW D, GE R, et al, 2010. Computational thinking for the sciences: A three day workshop for high school science teachers[C]. Proceedings of the 41st ACM Technical Symposium on Computer Science Education ACM: 42-46.

AHO A V, 2012. Computation and computational thinking[J]. Computer Journal, 55(7): 832-835.

ANGELI C, VOOGT J, FLUCK A, et al, 2016. A K-6 Computational thinking curriculum framework: Implications for teacher knowledge[J]. Journal of Educational Technology & Society, 19(3): 47-57.

APOSTOLELLIS P, STEWART M, FRISINA C, et al, 2014. RaBit EscApe: A board game for computational thinking[C]. Proceedings of the 2014 Conference on Interaction Design and Children: 349-352.

ATMATZIDOU S, DEMETRIADIS S, 2016. Advancing students' computational thinking skills through educational robotics: A study on age and gender relevant differences[J]. Robotics and Autonomous Systems, 75: 661-670.

BALLONE D L, 2004. The 5E Instructional model: A learning cycle approach for inquiry-based science teaching[J]. Science Education Review, 3: 49-58.

BARR D, HARRISON J, CONERY L, 2011. Computational thinking: A digital age skill for everyone[J]. Learning & Leading with Technology, 38: 20-23.

BARR V, STEPHENSON C, 2011. Bringing computational thinking to K-12: What is involved and what is the role of the computer science education community? [J]. ACM Inroads, 2(1): 48-54.

BARTH-COHEN L, HUANG X T, SHEN J, et al, 2017. Assessing elementary students' computational thinking in everyday reasoning and robotics programming[J]. Computers & Education, 109: 162-175.

BASAWAPATNA A, KOH K H, REPENNING A, et al, 2011. Recognizing computational thinking patterns[C]. ACM Technical Symposium on Computer Science Education: 245-250.

BERS M U, 2010. The TangibleK Robotics program: Applied computational thinking for young children[J]. Early Childhood Research & Practice, 12(2): 1-20.

BERS M U, FLANNERY L, KAZAKOFF E R, et al, 2014. Computational thinking and tinkering: Exploration of an early childhood robotics curriculum[J]. Computers & Education, 72: 145-157.

BRENNAN K, RESNICK M, 2012. New frameworks for studying and assessing the development of computational thinking[C]. Proceedings of the 2012 Annual Meeting of the American Educational Research Association: 1-25.

BURGETT T, FOLK R, FULTON J, et al, 2015. DISSECT: Analysis of pedagogical techniques to integrate computational thinking into K-12 curricula[C]. Frontiers in Education Conference: 1-9.

CHARLTON P, LUCKIN R, 2012. Time to re-load? Computational thinking and computer science in schools[R]. London: University of London.

COOPER S, DANN W, 2015. Programming: A key component of computational thinking in CS courses for non-majors[J]. ACM Inroads, 6(1): 50-54.

CORTINA T J, DANN W P, FRIEZE C, et al, 2012. Work in progress: ACTIVATE: Advancing computing and technology interest and innovation through teacher education[C]. Frontiers in Education Conference: 1-2.

CURZON P, 2013. CS4FN and computational thinking unplugged[C]. Proceedings of the 8th Workshop in Primary and Secondary Computing Education: 47-50.

CURZON P, MCOWAN P W, PLANT N, et al, 2014. Introducing teachers to computational thinking using unplugged storytelling[C]. Proceedings of the 9th Workshop in Primary and Secondary Computing Education: 89-92.

DAILY S B, LEONARD A E, JÖRG S, et al, 2014. Dancing Alice: Exploring embodied pedagogical strategies for learning computational thinking[C]. Proceedings of the 45th ACM technical symposium on Computer science education: 91-96.

DEMO G B, MARCIANO G, SIEGA S, 2008. Concrete programming: Using small robots in primary schools[C]. Proceeding of the 8th IEEE International Conference on Advanced Learning Technologies: 301-302.

DENNER J, WERNER L, ORTIZ E, 2012. Computer games created by middle school girls: Can they be used to measure understanding of computer science concepts? [J]. Computers and Education, 58(1): 240-249.

DENNING P J, 2003. Great principles of computing[J]. Communications of the ACM, 46(11): 15-20.

DENNING P J, 2017. Remaining trouble spots with computational thinking[J]. Communications of the ACM, 60(6): 33-39.

DURAN L B, DURAN E, 2004. The 5E instructional model: A learning cycle approach for inquiry-based science teaching[J]. The Science Education Review, 3(2): 49-58.

FALKNER K, VIVIAN R, FALKNER N, 2015. Teaching computational thinking in K-6: The CSER digital technologies MOOC[C]. Proceedings of the 17th Australasian Computing Education Conference: 63-72.

GOUWS L, BRADSHAW K, WENTWORTH P, 2013. First year student performance in a test for computational thinking[C]. South African Institute for Computer Scientists & Information Technologists Conference: 271-277.

GRETTER S, YADAV A, 2016. Computational thinking and media & information literacy: An integrated approach to teaching twenty-first century skills[J]. TechTrends, 60(5): 510-516.

GROVER S, COOPER S, PEA R, 2014. Assessing computational learning in K-12[C]. Proceedings of the 2014 Conference on Innovation & Technology in Computer Science Education: 57-62.

GROVER S, PEA R, 2013. Computational Thinking in K-12: A review of the state of the field[J]. Educational Researcher, 42(1): 38-43.

HAMBRUSCH S E, HOFFMANN C, KORB J T, et al, 2009. A multidisciplinary approach towards computational thinking for science majors[C]. ACM Technical Symposium on Computer Science Education: 183-187.

JENKINS J T, JERKINS J A, STENGER C L, 2012. A plan for immediate immersion of computational thinking into the high school math classroom through a partnership with the alabama math, science, and technology initiative[C]. Proceedings of the 50th Annual Southeast Regional Conference: 148-152.

KAFAI Y B, BURKE Q, 2013. The social turn in K-12 programming: Moving from computational thinking to computational participation[C]. Proceeding of the 44th ACM Technical Symposium on Computer Science Education: 603-608.

KOH K H, BASAWAPATNA A, NICKERSON H, et al, 2014. Real time assessment of computational thinking[C]. Visual Languages and Human-Centric Computing: 49-52.

KORKMAZ O, CAKIR R, OZDEN M Y, 2017. A validity and reliability study of the computational thinking scales(CTS)[J]. Computers in Human Behavior, 72: 558-569.

KOTSOPOULOS D, FLOYD L, KHAN S, 2017. A pedagogical framework for computational thinking[J]. Digital Experiences in Mathematics Education, 3(2): 154-171.

KRAUSS J. PROTTSMAN K, 2016. Computational thinking and coding for every student: The teacher's getting-started guide[M]. Thousand Oaks: Corwin Press.

LEE I, MARTIN F, DENNER J, 2011. Computational thinking for youth in practice[J]. ACM Inroads, 2(1): 32-37.

LYE S Y, KOH J H L, 2014. Review on teaching and learning of computational thinking through programming: What is next for K-12?[J]. Computers in Human Behavior, 41: 51-61.

MANNILA L, DAGIENE V, DEMO B, et al, 2014. Computational thinking in K-9 education[C]. Proceedings of the working Group Reports of the 2014 on Innovation & Technology in Computer Science Education Conference: 1-29.

MATEAS M, 2005. Procedural literacy: Educating the new media practitioner[J]. On the Horizon, 13(2): 101-111.

MINDSTORMS P S, 1980. Children, computers and powerful ideas[M]. New York: Basic Books.

MORENO-LEÓN J, ROBLES G, 2015. Computer programming as an educational tool in the English classroom a preliminary study[C]. Global Engineering Education Conference: 961-966.

MORREALE P, JOINER D, 2011. Changing perceptions of computer science and computational thinking among high school teachers[J]. Journal of Computing Sciences in Colleges, 26(6): 71-77.

NESIBA N, PONTELLI E, STALEY T, 2015. DISSECT: Exploring the relationship between computational thinking and English literature in K-12 curricula[C]. Frontiers in Education Conference: 1-8.

NRC, 2010. Report of a workshop on the scope and nature of computational thinking[M]. Washington D C: National Academies Press.

PERKOVIĆ L, SETTLE A, HWANG S, et al, 2010. A framework for computational thinking across the curriculum[C]. Proceedings of the 15th Annual Conference on Innovation and Technology in Computer Science Education: 123-127.

POKORNY K L, WHITE N, 2012. Computational thinking outreach: Reaching across the K-12 curriculum[J]. Journal of Computing Sciences in Colleges, 27(5): 234-242.

PORTELANCE D J, BERS M U, 2015. Code and tell: Assessing young children's learning of computational thinking using peer video interviews with ScratchJr[C]. Proceedings of the 14th International Conference on Interaction Design and Children: 271-274.

REPENNING A, BASAWAPATNA A, ESCHERLE N, 2016. Computational thinking tools[C]. Visual Languages and Human-Centric Computing: 218-222.

REPENNING A, WEBB D C, KOH K H, et al, 2015. Scalable game design: A strategy to bring systemic computer science education to schools through game design and simulation creation[J]. ACM Transactions on Computing Education,15(2): 1-31.

RODE J A, WEIBERT A, MARSHALL A, et al, 2015. From computational thinking to computational making[C]. Proceedings of the 2015 ACM International Joint Conference on Pervasive and Ubiquitous Computing: 239-250.

RODRIGUEZ B, KENNICUTT S, RADER C, et al, 2017. Assessing computational thinking in CS unplugged activities[C]. ACM SIGCSE Technical Symposium: 501-506.

RODRIGUEZ B, RADER C, CAMP T, 2016. Using student performance to assess CS unplugged activities in a classroom environment[C]. Proceedings of the 2016 ACM Conference on Innovation and Technology in Computer Science Education: 95-100.

ROMÁN-GONZÁLEZ M, PÉREZ-GONZÁLEZ J C, JIMÉNEZ-FERNÁNDEZ C, 2016. Which cognitive abilities underlie computational thinking? Criterion validity of the computational thinking test[J]. Computers in Human Behavior, 72(7): 678-691.

ROWE E, ASBELL-CLARKE J, CUNNINGHAM K, et al, 2017. Assessing implicit computational thinking in Zoombinis Gameplay: Pizza Pass, Fleens & Bubblewonder Abyss[C]. Extended Abstracts Publication of the Symposium: 195-200.

SEITER L, FOREMAN B, 2013. Modeling the learning progressions of computational thinking of primary grade students[C]. Proceedings of the 9th Annual International ACM Conference on International Computing Education Research: 59-66.

SHERMAN M, MARTIN F, 2015. The assessment of mobile computational thinking[J]. Journal of Computing Sciences in Colleges, 30(6): 53-59.

TAUB R, ARMONI M, BEN-ARI M, 2012. CS unplugged and middle-school students' views, attitudes, and intentions regarding CS[J]. ACM Transactions on Computing Education, 12(2): 1-29.

TUCKER A, DEEK F, JONES J, et al, 2003. A model curriculum for K-12 computer science[R]. Final Report of the ACM K-12 Task Force Curriculum Committee, CSTA: https://dl.acm.org/doi/book/10.1145/2593247.

WERNER L, DENNER J, CAMPE S, et al, 2012. The fairy performance assessment: Measuring computational thinking in middle school[C]. ACM Technical Symposium on Computer Science Education: 215-220.

WILENSK Y U, BRADY C E, HORN M S, 2014. Fostering computational literacy in science classrooms[J]. Communications of the ACM, 57(8): 24-28.

WING J M, 2006. Computational Thinking[J]. Communications of the ACM, 49(3): 33-35.

WING J M, 2008. Computational thinking and thinking about computing[J]. Philosophical Transactions, 366(1881): 3717-3725.

WOLZ U, STONE M, PEARSON K, et al, 2011. Computational thinking and expository writing in the middle school[J]. ACM Transactions on Computing Education, 11(2): 1-23.

YADAV A, MAYFIELD C, ZHOU N, et al, 2014. Computational thinking in elementary and secondary teacher education[J]. ACM Transactions on Computing Education, 14(1): 5.

YADAV A, STEPHENSON C, HONG H, 2017. Computational Thinking for Teacher Education[J]. Communications of the ACM, 60(4): 55-62.

YADAV A, ZHOU N, MAYFIELD C, et al, 2011. Introducing computational thinking in education courses[C]. Proceedings of the 42nd ACM Technical Symposium on Computer Science Education: 465-470.

YANG H I, MARTIN P, SATTERFIELD D, et al, 2011. A novel interdisciplinary course in gerontechnology for disseminating computational thinking[C]. Frontiers in Education Conference: T3H-1.

YASAR O, 2018. Viewpoint a new perspective on computational thinking[J]. Communications of the ACM, 61(7): 33-39.

ZAPATA-ROS M, 2015. Pensamiento computacional: Una nueva alfabetización digital[J]. Revista de Educación a Distancia.

(O-8352.31)

全球视野下的计算思维与教育

科学出版社互联网入口

科学出版社 工科分社
联系电话：010-64034873
销售电话：010-64031535
E-mail：gk@mail.sciencep.com

www.sciencep.com

ISBN 978-7-03-068430-1

定 价：118.00 元